도시를 만드는 법

건축과 법이
함께 만드는
좋은 도시

김지엽 지음

도시를 만드는 법

성균관대학교
출 판 부

차례

우리 것 같은 남의 땅
: 공개공지, 전면공지, 공공통로, 건물전면공간

허락 없이 건축할 수 없다
: 허가와 행정행위

해 줄게, 뭐 줄래?
: 기부채납과 공공기여

6장 도시는 색으로 관리된다
: 용도지역과 땅의 법적 성격

7장 도시계획시설과 도시공간의 입체적 활용

시작하는 글

학부에서 건축을 공부하고 대학원에서 도시설계를 전공할 때만 해도 나는 멋진 설계나 디자인이면 좋은 도시를 만들 수 있다고 생각했다. 그러나 도시설계 관련 실무를 경험하면서 디자인은 도시를 만들어가는 과정 중에 빙산의 일각일 뿐, 보이지 않는 바다 밑에는 도시를 만들어 가는 각종 시스템들이 있다는 것을 알게 되었다. 그리고 그 핵심에는 도시공간을 제어하고 있는 법과 제도가 있으며, 도시계획과 도시설계의 본질은 공익을 위해 사유 토지재산권을 제한하는 것이라고 생각하게 되었다.

당시 우리나라에는 제대로 된 관련 서적과 전문가가 없어 답답함을 느끼다가, 직접 조닝(Zoning)을 도시 관리 수단으로 도입해 정착시킨 뉴욕시에서 도시계획과 법을 공부해 보기로 마음먹게 되었다. 이렇게 해서 컬럼비아대학교에서 도시계획을 공부하고, 도시계획법과 환경법으로 특화된 페이스대학교 로스쿨에서 법무박사(Juris Doctor) 과정을 마치고 뉴욕주와 뉴저지주 변호사 자격까지 취득하게 되었다.

이 책은 내가 한국으로 돌아와서 도시를 만들어가는 법과 관련해 지금까지 축적해 온 교육과 연구의 결과물이다. 이 책의 틀과 내용은 건축 및 도시 전공 학생들을 위한 '도시와 법'이라는 과목으로 시작하였다. 아주대학교에서 대학원 과목으로 처음 골격을 잡았고, 작고하신 최막중 교수님의 요청으로 서울대학교 환경대학원에서 2년간 강의하면서 전체적인 내용을 채울 수 있었다. 성균관대학교 건축학과로 자리를 옮긴 이후에도 건축학과와 글로벌스마트시티융합전공 대학원 학생들을 위한 과목으로 강의하면서 내용을 조금씩 다듬어 왔으며, 올해부터는 KOICA 스마트시티 석사학위 프로그램으로 성균관대학교에서 공부하는 외국인 학생들을 위한 과목으로도 발전시켰다. 이처럼 이 책은 '도시와 법' 강의 내용을 바탕으로 그동안 발표한 논문, 저술, 연구 프로젝트 내용을 추가하여 하나의 결과물로 완성한 것이다.

건축과 도시를 규율하는 법을 떠올리면 먼저 '건축법'과 '국토의 이용 및 계획에 관한 법률(이하 "국토계획법")', 주택법, '도시 및 주거환경 정비법(이하 "도정법")', 도시개발법 등을 떠올린다. 그러나 개개의 관련 법률 이전에 헌법의 재산권 규정을 바탕으로 민법의 토지재산권에 대한 규정, 행정법의 행정행위 등에 관한 사항, 기본적인 도시계획·설계 기법과 수단들을 이해할 필요가 있다. 이와 같은 내용들을 바탕으로 이 책을 7장으로 구성하였다.

1장에서는 모든 법규의 뿌리가 되는 헌법의 재산권 보호 및 제한과 관련한 내용을 다루었다. 2장에서는 토지재산권의 특성을 살펴보고, 3장에서는 사유지 내 공적공간에서 헌법의 재산권 규정과 토지재산권이 예민하게 만나는 쟁점들을 생각해 보았다. 4장에서는 인허가와 관련한 행정법상 주요 원칙과 행정행위 및 행정계획의 특성들에 대해 다루었으며, 5장에서는 일반적으로 재량행위로 이루어지는 모든 인허가 과정에서 사업시행자에게 요구되는 기부채납, 공공기여 등의 법적 특성과 내용을 살펴보았다. 6장에서는 우리나라 도시계획의 근간이 되는 용도지역제를 이해하는데 필요한 내용들을 정리하였다. 7장에서는 도시에서 반드시 필요한 기반시설과 공공시설, 도시계획시설의 법적 의미를 살펴본 후, 입체적으로 도시공간을 활용하기 위한 법제도들이 어떻게 우리의 도시공간을 조성하고 있는지 분석해 보았다.

내가 미국에서 법학을 공부하면서 배운 것은 개별법들의 구체적인 내용보다는 법을 다루고 접근하는 방법이었다. 우리나라에도 1,500여 개가 넘는 법률이 있다. 아무리 변호사나 전문가라 할지라도 모든 법률 내용을 전부 알 수는 없다. 우리나라도 비슷하겠지만, 미국 로스쿨에서 배우는 법학 공부의 핵심은 해결해야 하는 법적인 문제가 생겼을 때 그 문제와 관련된 법률들을 찾아서 그 법률의 의미를 파악·해석하고, 해당 법률을 해결하고자 하는 문제에 적용하면서 원하는 결론을 찾아가는 방법을 배우는 것이다. 이러한 점은 도시계획이나 도시설계 프로젝트를 접근하는 방법과도 다를 바가 없다.

즉, 법적 문제나 도시 관련 프로젝트 모두 현황 또는 사실 관계를 분석해서 핵심적인 쟁점을 파악하고, 그 쟁점들을 해결하기 위한 기본방향과 목적을 설정하며, 그것을 달성하기 위한 전략과 대안들을 검토해서 원하는 결론에 도달하기 위한 논리를 구성하는 과정은 같다. 다만, 논리를 만들기 위해 도시계획이나 도시설계는 공익적 명분이 있어야 하고, 법적 문제는 근거가 되는 각종 법규가 필요하다는 것만 다를 뿐이다. 따라서 법적 근거들을 찾아서 그 의미들을 파악할 수만 있다면 얼마든지 해결하고자 하는 문제에 적용할 수 있다.

그러나 어떤 법령의 조항을 단편적으로 읽다 보면 외국어를 보는 것 같은 생경함에 빠지거나, 자신의 국어 실력을 탓해야 하는 상황도 자주 발생하게 된다. 법은 글과의 싸움이기도 하다. 법령 조항이나 규정들이 갖는 의미를 제대로 파악하지 못한다면, 그것을 적용할 수도 없기 때문이다. 더구나 우리나라 법령들의 개별 조항들은 문법에 맞지 않은 문장들도 많고,

실제로 무슨 의미인지 전달이 제대로 되지 않는 문장들도 많다. 특히, 3차원 물리적 환경을 다루는 건축과 도시 관련 법들은 더욱 그렇다. 그중에서도 최악은 건축법일 것이라 생각한다. 건축물이 갖는 구조적, 기술적 특성을 서술하다 보니 그 문장을 쓴 사람도 이해하지 못할 조항들도 많고, 우리의 법령들이 만들어진 역사적 특성상 일본 법령들을 어색하게 번역하여 지금까지 사용되고 있는 경우도 많다.

따라서 각 법규의 개별 조항들이 갖는 의미를 단편적이고 지엽적으로 읽기 이전에, 보다 큰 틀 속에서 그 조항이 도입된 취지와 목적을 생각하면서 접근한다면 훨씬 이해하기 쉬울 것이다. 독자들도 7개의 장에서 다룬 내용들을 충분히 숙지한다면, 건축과 도시와 관련한 여러 개별 법규들을 접할 때 훨씬 이해하기 쉬워질 것이다.

건축이나 도시 관련 분야의 학생들과 전문가들은 3차원 공간을 구상하고 계획하는 일에는 익숙하지만, 그것들을 규율하는 법규를 제대로 이해하는 것이 쉽지 않다. 반대로 법학 전공자들이나 변호사들은 법률에 대해서는 전문가들이지만, 3차원 물리적 환경을 계획하고 만들어 가는 부분을 이해하는 것에는 어려움을 느끼는 것을 종종 목격하였다. 나는 이러한 간극을 메꾸는 데 기여하고 싶었다. 따라서 건축과 도시를 공부하는 학생들과 전문가, 건축과 도시 관련 법규를 다루는 법률 전문가, 그리고 건축과 도시를 이해하고자 하는 일반인들이 건축과 도시계획, 도시설계와 관련한 법규를 이해하는 데 이 책이 자그마한 도움이 되었으면 하는 바람이다.

어디까지 제한할 수 있을까?

:: 헌법과 계획제한

도시계획을 통한
재산권 제한의 명분과 논리

도시계획은 공익을 추구하고 공공성을 확보하기 위해 개인의 토지재산권에 대한 제한이 필요하다. 공익은 도시계획뿐 아니라 개인의 자유와 권리를 제한하는 모든 법률의 근본적인 목적이라고 볼 수 있다. 또한, 공익은 행정이념의 최고가치이자 규범적 기준으로써[1], 헌법에서는 공공복리라는 용어로 표현되고 있다. 헌법 제37조 제2항에서는 국가가 법률을 통해 개인의 자유와 권리를 제한하기 위한 입법목적은 국가안전보장, 질서유지, 공공복리라는 대전제를 설정하고 있고, 헌법 제23조 제2항에서 재산권의 행사는 공공복리에 적합해야 한다고 하고 있다. 건축법과 국토계획법, 도시개발법 등 건축과 도시에 관련된 많은 법률의 제1조에서도 해당 법률이 추구하고자 하는 목적을 '공공복리'의 증진이라고 표방하고 있다.

　'공공성' 또한 공익, 공공복리와 유사한 개념이지만[2], 도시계획이나 도시설계에서는 일반적으로 공익보다는 작은 개념으로 '공공성'을 많이 사용한다. 즉, 도시계획이 추구하는 가장 큰 추상적 가치를 공익이라고 한다면, 공공성은 도시개발 과정에서 기부채납이나 공개공지 확보 등 '공공을 위해(for the public)' 실현되는 구체적인 수단과 방법을 의미하는 경우가 많

---

[1] 이계만·안병철, "한국의 공익개념 연구-공익관련 법률내용 분석을 중심으로", 「한국정책학학회보」 15(2), 2011, p.4.

[2] 공공성을 구현하기 위한 헌법 차원에서의 공공복리 개념을 고찰하면서, 헌법상 공공복리는 공익이나 사회국가 등의 매개개념을 통해 공공성 개념으로 수렴된다고 보았다. (정재요, "공공성의 정치이념적 스펙트럼과 헌법상 공공복리", 「21세기정치학회보」 30(1), 2020, pp.1-24)

다. 예를 들어, 어떤 부지에 초고층빌딩을 개발하기 위한 인허가 과정에서 인허가권자인 행정청은 '공공성'을 확보하기 위해 보다 많은 시민들이 자유롭게 활용할 수 있는 공개공지나 오픈스페이스를 조성하도록 요구하고, 해당 개발로 인해 발생하는 교통 문제를 해결하기 위해 도로를 설치해서 기부채납을 하도록 요구하기도 하며, 나아가 자동차 사용을 줄이기 위해 필요한 대중교통 대책을 위한 시설을 설치하도록 요구하기도 한다. 이와 같은 구체적인 공공성 확보수단 이외에도 해당 개발의 '공익'적 측면을 강화하기 위해 전시장이나 공연장 등의 문화시설과 같은 용도를 도입하여 운영하도록 하거나, 도시경관을 고려하여 건축물의 외관을 보다 아름답게 설계하도록 요구할 수도 있다.

물론 공익과 공공성을 칼로 자르듯 정확하게 구분하는 것이 중요한 것은 아니다. 다만 이 책에서 '공공복리'는 헌법에서 국민의 기본권을 제한할 수 있는 가장 근본적인 목적, '공익'은 도시계획을 통해 달성하고자 하는 큰 틀의 추상적 가치, '공공성'은 도시개발 과정에서 공공을 위해 실현되는 구체적인 수단이나 방법의 의미로 사용하고자 한다. 따라서, 공공복리, 공익, 공공성은 도시계획이나 도시설계에서 추구하는 가장 궁극적인 가치이며, 사익을 추구하는 개인의 재산권을 제한할 수 있는 명분이 된다.

토지재산권의 행사를 통해 개인의 이익을 향유하는 영역을 부동산 시장으로 본다면, 도시계획은 시장에 대한 국가의 간섭 형태로 나타난다. 여기가 자본주의 사회에서 항상 첨예한 대립이 발생하는 지점이다. 어려운 경제학 이론을 인용하지 않더라도 자본주의의 철학적 기반을 다진 아담 스미스(Adam Smith)의 "보이지 않는 손(invisible hands)"이나 존 스튜어트 밀(John Stuart Mill)의 자유주의 이념은 신자유주의(Neo Liberalism)로 이어지면서 국가 개입에 대한 시장의 자유를 추구해 왔다. 이러한 이론적 개념을 바탕으로 도시계획 역시 때에 따라 많은 공격의 대상이 되기도 한다. 바로 "개인의 토지에 대한 재산권 행사를 왜 국가가 제한하려 하는가?"라는 근본적인 질문이다.

이미 도시계획의 필요성에 대한 학술적 근거는 수많은 연구들을 통해 정립되어 왔다. 그중 미국의 도시학자인 클로스터먼(Klosterman)은 미국에서 1930년대부터 40년대에 걸쳐 이어진 도시계획의 필요성에 대한 대논쟁(Great Debate) 과정에 대해 설명하면서, 신자유주의 경제학자들이 주장하는 완전한 경쟁시장[3]에서도 해결하지 못하는 시장의 실패가 발생하기 때문에 도시계획이 필요하다고 주장하면서 이에 대한 구체적인 이유를 네 가지로 요약하였다[4].

첫째, 도시공간은 공공재로써 성격을 가지고 있다. 따라서 도시공간은 일반적인 시장의 수요와 공급법칙으로 가격이 결정되기 어려우며, 공공재로써의 상품 가격은 총 공급량에 의해 결정되기 때문에 환경이나 공영방송 등처럼 해당 상품에 대한 지불을 하지 않아도 편익을 누릴 수 있는 무임승차(free rider) 문제가 발생하게 된다.

두 번째는 외부효과(Externality) 문제이다. 도시에서의 토지 활용은 공간적으로 해당 토지에 국한되지 않고 인접 토지뿐 아니라 주변 지역, 때로는 도시 전체에 직간접적인 영향을 미치게 된다. 어떤 토지 개발로 주변 지역의 환경이 개선되거나 지가 상승 등 긍정적 외부효과도 있지만, 교통혼

---

3 '완전한 경쟁시장'이라는 개념도 현실세계에서는 실현되기 어려운 가설을 바탕으로 설정된다. 예를 들어, 파레토 효율을 주장한 파레토(Pareto)는 완전한 경쟁시장이 되기 위해서 ① 많은 구매자와 판매자의 재화 및 서비스에 대한 거래(양)가 일치해야 하고, ② 구매자와 판매자들은 합리적인 선택이 가능하도록 충분한 정보를 가져야 하며, ③ 소비자의 선택은 다른 분야(선호도)에 영향을 주지 않아야 하고, ④ 모두는 이윤 극대화를 추구해야 하고, ⑤ 생산, 노동, 소비의 전환(이동)은 완벽해야 한다고 가정하였다.

4 Richard E. Klosterman, "Arguments For and Against Planning", 「Town Planning Review」 56(1), 1985, pp.5-20.

잡, 기반시설 부담, 소음, 일조방해, 도시경관 등에 대한 부정적 외부효과는 시장이 통제할 수 있는 부분이 아니다.

세 번째로 '죄수의 딜레마'로 설명되는 경우이다. 어떤 개발이나 도시계획의 내용에 따라 개개인이 조금씩만 양보한다면 구성원 전체가 이익인 상황이 될 수 있음에도 불구하고, 현실세계 또는 시장에서는 모두가 최악인 상황으로 치달을 수 있는 경우가 많기 때문에 국가의 개입을 통해 시장에 대한 조정이 필요하다는 의미이다.

마지막으로 분배의 문제이다. 도시개발 과정에서 발생하는 개발이익이나 계획이득은 부정적 외부효과를 치유하거나 필수 기반시설을 설치하고 지역사회에 필요한 시설을 제공하는 등의 방법을 통해 일정 부분 사회에 환원시키기 위한 수단이 필요하다. 이는 시장에서 자발적으로 실행되기 어려운 것들이기 때문에 도시계획을 통해 국가의 적절한 개입이 필요한 것이다.

이처럼 학술적으로 설명할 수 있는 도시계획의 필요성 이외에도, 일반적인 재산권과 구분하여 토지재산권이 갖는 사회적 의무는 우리나라 헌법에서도 분명하게 명시하고 있다. 헌법 제122조는 국토의 효율적이고 균형 있는 이용과 개발, 보전을 위해 토지재산권에 대한 제한과 의무를 부과할 수 있다고 하고 있으며, 헌법 제120조 제2항에서도 국가는 국토와 자원을 보호하며, 그 균형 있는 개발과 이용을 위해 필요한 계획을 수립하도록 하고 있다. 이처럼 토지재산권은 토지가 갖는 사회성과 공공성을 고려하여 다른 재산권에 비해 더 강한 제한과 의무가 부과되고 있음을 알 수 있다.

또한, 헌법 제23조 제1항에서 토지재산권을 포함한 국민의 모든 재산권을 보장하고 있지만, 그 내용과 한계는 법률로 정하도록 하고 있어 재산권의 행사가 무한정 허용되지 않는다는 것도 분명히 하고 있다. 따라서, 내 땅이라고 해서 내 마음대로 개발할 수 있는 것이 아니다. 우리나라의 가장 핵심적인 도시계획 법률이라고 할 수 있는 '국토의 계획 및 이용에 관한 법률(이하 "국토계획법")'과 개별 건축물을 규율하는 건축법을 기본으로 하여 모든 토지에는 용적률, 건폐율, 높이, 건축물의 용도 등 각종 건축행위에 대한 제한 사항들이 정해져 있다. 이뿐만이 아니다. 필지의 성격에 따라 문화재보호법, 농지법, 하천법, 군사시설보호법 등 수많은 법률들도 각자의 목적에 따라 토지 활용을 제한하고 있다.

따라서, 토지 활용을 통해 최대한 이익을 확보하려는 토지소유자와 공익이나 공공성이라는 명분을 바탕으로 토지재산권에 제한을 가하고자 하는 국가가 창과 방패가 되어 충돌할 수밖에 없다. 뭔가 과도한 재산권에 대한 제한이나 규제라고 생각하는 토지소유자들은 재산권이 침해당했다는 불만을 제기하고, 이에 대해 국가는 공익을 위해 어쩔 수 없는 수단이라고 항변한다.

그렇다면 가장 본질적인 질문부터 시작해보자. 과연 국가는 어느 정도까지 국민의 토지재산권을 제한할 수 있을까?

법률유보의 원칙과 비례의 원칙

토지재산권에 대한 제한의 범위를 살펴보기 전에 헌법에서 보호하고 있는 국민들의 자유와 권리를 국가가 제한할 수 있는 원칙에 대해 기본적인 지식을 갖출 필요가 있다. 헌법은 우리나라뿐 아니라 법치국가를 표방하는 모든 국가에서 최상위법이며, 국가의 기본적인 체계와 틀을 설정하고 국민들의 자유와 권리를 보호하는 핵심적인 역할을 하고 있다. 우리나라 헌법에서도 모든 국민의 평등권을 포함하여, 거주·이전의 자유, 주거의 자유, 종교의 자유, 학문과 예술의 자유 등을 보호하고 있으며, 재산권도 헌법에서 보호하고 있는 가장 기본적인 국민의 권리 중 하나이다.

　그러나 헌법에서 보호받는 개개인의 자유와 권리(이하 "기본권")는 무한한 것이 아니다. 국가는 필요에 따라 국민의 기본권을 제한할 필요가 발생하게 된다. 이러한 원칙은 헌법 제37조 제2항에서 명시하고 있다.

> **대한민국 헌법 제37조**
> ② 국민의 모든 자유와 권리는 국가안전보장·질서유지 또는 공공복리를 위하여 필요한 경우에 한하여 법률로써 제한할 수 있으며, 제한하는 경우에도 자유와 권리의 본질적인 내용을 침해할 수 없다.

　이 조항에서는 국가가 국민들의 기본권을 제한할 수 있는 두 가지 중요한 원칙을 제시하고 있다. 먼저, 국가가 헌법에서 명시하고 있는 기본권을 제한할 수 있는 목적으로 1) 국가안전보장, 2) 질서유지, 3) 공공복리를 위해서만 가능하다는 한계를 설정하고 있다.

　그리고 이 세 가지 목적을 위하여 국민의 기본권을 제한하기 위해서는 반드시 '법률'에 의해서만 가능하다는 '법률유보의 원칙'을 제시하고 있다. 법의 종류는 법률, 시행령(대통령령), 시행규칙, 조례 등의 위계로 구성되어 있지만, '법률'이라고 헌법에서 명시한 이유는 국민들을 대표하는 입법기관인 국회에서 제정하는 법이 법률이기 때문이다. 즉, 법률유보의 원칙은 삼권분립의 원칙에 기초하여 국민의 기본권을 제한하는 내용은 반드시 입법기관을 통해서만 제정할 수 있게 한 것이다. 예를 들어, 법률인 건축법이 국회에서 제정되면 이에 대한 구체적인 사항은 법률의 위임에 따라 행정부의 수장인 대통령이 정하는 건축법 시행령, 그리고 해당 부처인 국토교통부에서 정하는 건축법 시행규칙에서 보다 자세한 내용들을 정하게 되고, 지자체로 위임된 사항은 각 지자체 건축조례에서 정하게 된다[5]. 그런데 건축법 시행령이나 건축법 시행규칙, 또는 각 지자체의 건축조례에서는 법률에서 정하고 있지 않은 내용으로 재산권이나 기본권을 제한하는 사항을 새롭게 도입할 수 없다. 만약 이런 일이 발생한다면 위임입법의 한계를 벗어날 뿐 아니라 법률유보의 원칙을 위반하게 되고, 따라서 헌법 제37조 제2항에 위배되는 "위헌"에 해당하는 법이 될 것이다.

　순천시의 주차장 조례와 관련한 대법원 판례를 살펴보자. 순천시는 주차장 조례를 개정하여 주차장법에 따라 어떤 부지에 부설주차장을 설치할 수 없는 경우에는 해당 부지 경계선으로부터 직선거리 300m, 도보거리 600m 이내에 단독 또는 공동의 부설주차장을 설치할 수 있도록 하면서, 이렇게 설치된 부설주차장은 본 시설물이 없어질 때까지 다른 용도로 사용할 수 없다는 조항을 추가하였다. 이 조례는 상위법률인 '주차장법'에서 부지 인근에 부설주차장 설치를 위한 규정을 시행령에 따라 지자체의 조

---

[5]　해당 법의 성격에 따라 시행규칙 하부에 훈령, 예규 등도 있지만, 이것은 직접적으로 국민들의 기본권을 제한하는 것이 아니라 행정의 행정행위를 규율한다.

례로 정할 수 있도록 하고 있는 위임규정에 따라 제정한 것이었다. 그러나 문제는 주차장법과 시행령에서 조례에 위임한 사항은 인근에 설치할 수 있는 부설주차장의 인근거리의 범위를 정하도록 한 것이지, 해당 주차장의 용도를 제한하는 사항은 위임하지 않고 있다는 데 있다. 따라서 대법원은

"이 사건 조례 규정은 법률의 위임 없이 주민의 권리제한에 관한 사항을 정한 것으로서 법률유보의 원칙에 위배되어 그 효력이 없다."

라고 판시하였다.

헌법 제37조 제2항에서 내포하고 있는 또 하나의 중요한 원칙은 국민의 기본권을 제한하는 경우에도 자유와 권리의 본질적인 내용을 침해할 수 없다는 '비례의 원칙' 또는 '과잉금지의 원칙'이다. 이것은 아무리 정당한 목적을 갖는 법률이라 할지라도 그 목적을 달성하기 위해 도입된 수단이 적절해야 하며, 해당 조항을 통해 침해받는 국민들의 기본권에 대한 피해가 이루고자 하는 목적보다 크지 않아야 하고, 공익과 사익이 균형을 이루어야 할 것을 요구하는 원칙이다[6]. 보통 우리나라 법원에서 '비례의 원칙'의 위반여부를 판단할 때는 해당 규제로 인해 "사회적 제약" 또는 "수인한도"를 넘는 "특별한 희생"이 발생하였는지 여부를 기준으로 사용한다.

예를 들어, 지금은 폐지된 1970년대의 '통행금지법'은 당시 질서유지

---

[6] 목적의 정당성(국민의 기본권을 제한하려는 의회의 입법은 그 입법의 목적이 헌법과 법률의 체계 내에서 정당성을 인정받을 수 있어야 한다는 것을 의미), 방법의 적정성(국민의 기본권을 제한하는 입법을 하는 경우에 법률에 규정된 기본권제한의 방법은 입법목적을 달성하기 위한 방법으로서 효과적이고 적절한 것이어야 한다는 것을 의미), 피해의 최소성(입법자가 선택한 기본권의 제한조치가 입법목적달성을 위해 적절한 것일지라도, 보다 완화된 수단이나 방법을 모색함으로써 그 제한을 필요 최소한의 것이 되게 해야 한다는 것을 의미), 법익의 균형성(기본권의 제한이 앞의 여러 원칙들에 적합한 경우에도 기본권의 제한이 의도하는 정치·경제·사회적 유용성과 그 제한에 의하여 야기되는 국민적·사회적 손실을 비교형량하여 양자간에 합리적인 균형관계가 성립해야 함을 의미) 등을 내용으로 하며, 그 어느 하나에라도 저촉되면 위헌이 된다는 헌법상의 원칙을 말한다. (헌법재판소 1992. 11. 24. 92헌가8 등 다수)

나 국가안전보장이라는 목적을 가지고 있었을 것이고, 이를 달성하기 위한 수단으로써 자정 이후 모든 국민의 통행, 즉 이동할 수 있는 자유와 권리를 제한하였을 것이다. 요즘 시대에 헌법재판소에서 이 법률의 위헌여부를 심사한다면, 해당 규제로 인해 개인이 감내해야 할 수인한도를 넘어 특별한 희생이 발생하는 과도한 규제로써 비례의 원칙을 위반하는 위헌적인 법률로 판단할 것이다.

아직도 사회적으로 첨예한 쟁점인 낙태금지법도 마찬가지이다. 2019년 헌법재판소는 낙태금지법에 대해

"자기낙태죄 조항은 입법목적을 달성하기 위하여 필요한 최소한의 정도를 넘어 임신한 여성의 자기결정권을 제한하고 있어 침해의 최소성을 갖추지 못하였고, 태아의 생명 보호라는 공익에 대하여만 일방적이고 절대적인 우위를 부여함으로써 법익균형성의 원칙도 위반하였으므로, 과잉금지원칙을 위반하여 임신한 여성의 자기결정권을 침해한다."

라고 하면서 헌법불합치결정을 내렸다[7]. 즉, 낙태금지가 공익을 위한 입법목적을 달성하기 위해 한 여성이 감내할 수 있는 기본권 침해의 정도를 넘었다고 판단한 것이다.

이처럼 '비례의 원칙'은 어떤 법률에 의해 침해받을 수 있는 국민의 기본권을 보호하는 가장 기본적인 법적 장치이며, "국가는 어느 정도까지 국민의 토지재산권을 제한할 수 있을까?"라는 질문의 "어느 정도까지"를 판단하는 중요한 기준이다.

---

[7]   헌법재판소 2019. 4. 11. 2017 헌바127

헌법 제23조 제3항과 공용제한

재산권에 대한 조항은 헌법 제23조가 핵심이다. 전술한 바와 같이 대한민국 헌법에서는 토지재산권을 포함한 국민의 모든 재산권을 보장하고 있다(제23조 제1항). 그러나, 이러한 재산권의 보장은 무한정 허용된 것이 아니다. 동조 제1항에서는 재산권의 내용과 한계를 법률로 정할 수 있다고 하고 있으며, 제2항에서는 재산권의 활용은 공공복리에 적합해야 한다고 규정하여 재산권의 행사 역시 공공복리라는 범위 안에서만 가능하다는 것을 분명히 하고 있다.

> **대한민국 헌법 제23조**
> ① 모든 국민의 재산권은 보장된다. 그 내용과 한계는 법률로 정한다.
> ② 재산권의 행사는 공공복리에 적합하도록 하여야 한다.

이처럼 헌법 제23조 제1항과 제2항에서는 재산권에 대한 보장과 한계에 대한 원칙을 제시하고 있다. 도시계획이나 건축 관련 규제와 관련해서 가장 중요한 조항은 아래의 제3항이다.

> ③ 공공필요에 의한 재산권의 수용·사용 또는 제한 및 그에 대한 보상은 법률로써 하되, 정당한 보상을 지급하여야 한다.

이를 해석해 보면 "공공필요"라는 목적과 "정당한 보상"을 전제로 국가는 국민의 재산권을 수용하거나 사용하거나 제한할 수 있다는 것이다. 여기서 "수용"과 "사용"의 의미는 분명하다. 예를 들어, 철도나 공항, 도로,

공원 등 공공의 필요를 위해 법률에 의한 사업을 진행할 때, 정당한 보상을 지급한다면 국가는 개인의 토지를 강제로 수용하거나 사용할 수 있다.

그러나, "제한"의 의미는 해석에 있어 논란의 여지가 많다. 왜냐하면, 기본적으로 도시계획은 토지재산권을 "제한"하기 때문이다. 따라서, 이 조항을 문장 그대로 해석한다면 모든 도시계획 제한에도 정당한 보상이 지급되어야 할 것이다. 그러나, 용적률 제한, 건폐율 제한, 높이 제한 등과 같은 도시계획 제한에서도 제한받는 부분만큼 국가가 보상을 지급해야 한다면 도시계획을 실현하는 것은 불가능할 것이다. 그렇다면 헌법 제23조 제3항에서 "수용", "사용"과 함께 제시된 "제한"이란 어떤 의미일까?

이에 대해, 우리나라 법학계의 선행연구에서는 이 조항에서의 "제한"을 '공용제한'과 '계획제한'으로 구분해서 설명하고 있다. 즉, 헌법 제23조 제3항에서 의미하는 "제한"이란 '수용'이나 '사용'처럼 "손실보상의 원인이 되는 재산권의 침해"에 해당하는 '공용제한'이고, 일반적인 도시계획 규제 등에 의한 토지재산권의 제한은 보상이 필요하지 않는 '계획제한'으로 해석한다[8].

그렇다면, '공용제한'과 '계획제한'은 또 어떻게 구분할 수 있을까? 어디까지가 보상이 필요 없는 계획제한이고, 어느 정도의 제한이 보상이 필요한 공용제한에 해당할까? 이것이 바로 "국가가 어느 정도까지 보상 없이 토지재산권을 정당하게 제한할 수 있을까?" 하는 질문으로 귀결된다.

이에 대한 내용을 보다 쉽게 이해하기 위해 이와 유사한 쟁점에 대해 100년 이상 법리를 축적해 온 미국의 '규제적 수용(Regulatory Takings)' 법리를 살펴보는 것이 도움이 될 수 있다.

---

8   김종보. "계획제한과 손실보상논의의 재검토", 「부동산 법학」, 제5권, 한국부동산법학회, 1999.2, p.28.

미국의 "규제적 수용(Regulatory Takings)"

미국은 성문법체계를 가지고 있는 우리나라와 다르게 여러 판례들을 통해 법리와 법의 원칙들이 축적되어 온 보통법(Common Law)체계를 가지고 있다. 이러한 보통법체계 속에서 국가는 공공의 안전(safety)과 질서(order), 도덕(moral), 공공복리(welfare) 등을 보호하기 위해 개인의 재산권에 대해 규제권(Police Power)[9]를 행사할 수 있다는 것과[10], 공공의 필요와 목적을 위해 개인의 재산권을 강제로 수용할 수 있는 권한(Eminent Domain)이 인정되어 왔다[11]. 그리고 이러한 국가의 권한은 헌법에서 보다 구체적으로 명시되어 있다. 이와 관련한 핵심 조항인 미국 수정헌법 제5조(Fifth Amendment)와 제14조(Fourteenth Amendment)의 내용은 다음과 같다.

> ⟨Fifth Amendment⟩
> No person shall be … deprived of life, liberty, or property, without due process;.. nor shall private property be taken for a public use, without just compensation.
> (국가는) 적법절차 없이 어느 누구의 생명이나 자유, 재산을 빼앗을 수 없으며, 개인의 재산은 공공의 목적을 위해서라도 정당한 보상 없이는 수용할 수 없다.

---

9 많은 선행연구에서 "Police Power"를 "경찰권"으로 번역하고 있으나, "규제권"이 더 자연스러운 번역이라고 생각한다.

10 Daniel R Mandelker & John M Payne., 「*Planning and Control of Land Development: Cases and Materials* (5th Edition)」, 2001, New York: Lexis, pp.72-73.

11 John R. Nolon, "Historical Overview of the American Land Use System: A Diagnostic Approach to Evaluating Governmental Land Use Control", 2007, Special Edition, p.827.

> ⟨Fourteenth Amendment⟩
> ...; nor shall any state deprive any person of life, liberty, or property, without due process of law;
> 어떤 주정부도 개인의 생명, 자유, 재산을 적법절차 없이 빼앗을 수 없다.

　여기에는 세 가지 핵심 키워드가 나온다. "공공사용(public use)", "적법절차(due process)", "정당한 보상(just compensation)"이다. "공공사용"과 "정당한 보상"은 우리나라 헌법 제23조 제3항의 "공공필요"와 "정당한 보상"과 같은 의미이다. 수정헌법 제5조 후단을 해석해 보면, 국가는 1) 공공필요를 위해 2) 정당한 보상을 전제로 국민들의 재산을 수용할 수 있다는 것이고, 이는 "제한"만 제외하면 우리나라 헌법 제23조 제3항과 다를 바가 없다. 이를 바탕으로 미국에서도 공공의 목적을 위해 개인의 토지재산권을 수용하여 활용해 온 것이다.

　그러나, 여러 법제도의 시행과정에서 애매한 상황이 발생하게 되었다. 직접적인 수용은 아니지만 거의 수용과 같은 효과가 있는 규제가 있다는 것을 깨닫게 된 것이다. 1922년 미국 연방대법원의 펜실베니아 석탄회사 대 마혼(Pennsylvania Coal Co. v. Mahon)[12] 판례가 대표적인 사례이다. 1921년 펜실베니아 주정부는 '콜러법(The Kohler Act)'을 제정하여 토지 상부의 건축물 안전에 영향을 줄 수 있는 지하 부분의 채굴을 전면 금지하게 된다. 이런 상황 속에서 1878년부터 마혼(Mahon)이 소유하고 있는 토지 하부에 대한 채굴권을 가지고 있던 펜실베니아 석탄회사(Pennsylvania Coal Co.)가 마혼의 주택이 위치한 토지에서 석탄을 채굴하겠다는 통지서를 보내게 되었다. 그러나 토지소유자인 마혼은 콜러법을 근거로 채굴 금지를 요청하였다. 정

12　Pennsylvania Coal Co. v. Mahon, 260 U.S. 393 (1922)

당하게 획득한 채굴권을 사용하지 못하게 되자 펜실베니아 석탄회사는 펜
실베니아 주정부를 상대로 '콜러법'은 수정헌법 제14조의 "적법절차(Due
Process)" 등을 위반하며, 자신들의 재산권을 침해하는 위헌적인 법률이라
는 소송을 제기하게 되었다. '콜러법'은 국민의 안전을 보호하기 위해 토지
사용을 제한하기 위한 법률이고, 펜실베니아 석탄회사의 재산권에 해당하
는 채굴권은 "수용" 당한 것이 아니라 단지 재산권 행사가 제한되었을 뿐
이었다. 그러나, 그 제한으로 인해 채굴권을 전혀 사용하지 못하게 되었으
니 결국 그 채굴권은 무용지물이 된 것과 같았을 것이다. 차라리 "채굴권"
이 수용되었다면 보상이라도 받을 수 있을 텐데, 직접적인 수용은 아니기
때문에 당연히 보상은 주어지지 않는 상황이었다. 이에 대해, 미국 연방대
법원은 다음의 유명한 판시를 통해 직접적인 수용이 아니더라도 수용과 같
은 효과를 낼 수 있는 규제는 수용과 같은 것으로 인정하고 정당한 보상을
지급해야 한다는 '규제적 수용(regulatory takings)' 개념을 도입하게 되었다[13].

> "재산권은 어느 정도 규제될 수 있지만, 너무 지나치게 재산권을 규제한다
> 면 그 규제는 수용으로 간주될 것이다.(while property may be regulated to a
> certain extent, if regulation goes too far it will be recognized as a taking.)"

이후 미국에서는 여러 판례들을 통해 도시계획 관련 법·제도가 보상
이 필요 없는 일반적인 규제권의 범위에 해당하느냐, 보상이 필요한 규제
적 수용이냐를 판단하는 기준들을 발전시켜 왔다. 그렇다면 어느 정도가
수용으로 인정될 만큼 과도한 규제이냐가 논쟁의 핵심이 될 것이다.

---

[13] 'Regulatory Taking'의 번역에 있어 '규제적 수용'보다는 '수용적 규제'가 더 적합한 용어라는 주장도 있
다. (김민호, "간접수용 법리의 합헌성 연구", 「저스티스」 제96권, 한국법학원, 2007, p.13)

규제적 수용의 가장 명확한 유형은 도시계획 규제로 인해 토지를 전혀 사용할 수 없는 경우이다. 1992년 남캐롤라이나 해변위원회(South Carolina Coastal Council)는 허리케인으로 인한 해변가의 피해를 방지하기 위해 '해변관리법(Beach Management Act)'을 제정하여 해변가의 일정 부분에 대해서 전면적으로 건축물 신축을 금지하게 된다. 불행히도 신축이 금지되는 지역에 두 개의 필지를 소유하고 있던 토지소유자는 시정부를 상대로 소송을 제기하였고, 이에 대해 연방대법원은 토지를 "전혀" 사용할 수 없을 만큼의 도시계획 규제는 목적이 정당하다 할지라도 보상이 필요한 규제적 수용에 해당한다고 판결하였다(Lucas 판례)[14].

두 번째 유형은 토지재산권에 대해 지속적인 물리적 침해가 발생하는 경우이다. 뉴욕시에서는 방송케이블을 설치하는 과정에서 사유재산인 건축물 벽면 일부에도 케이블을 설치하였는데, 이에 대해서도 연방대법원은 지속적인 사유재산에 대한 물리적인 침해는 규제적 수용에 해당한다고 판결하였다(Loretto 판례)[15].

세 번째와 네 번째 유형은 우리나라의 기부채납과 유사한 강제징수(Exactions)와 관련한 경우이다. 먼저, 해변가에 위치한 필지에 주택을 신축하는 과정에서 허가를 조건으로 해당 지자체는 일반 대중이 해변으로 통행할 수 있는 보행통로를 필지 전면부에 조성하여 20년간 공공에게 개방하라는 조건을 부과하게 된다. 이에 대해 연방대법원은 허가권자인 지자체는 해당 개발행위와 허가 시 부과한 조건 사이의 "필수적 연관성(Essential Nexus)"을 증명해야 한다고 하면서, 해당 건축물의 신축을 위한 허가와 공공통로 개방 요구는 연관성이 미약하므로 일반적인 규제권(police power)의

---

14   Lucas v. South Carolina Coastal Commission 505 U.S. 1003 (1992)

15   Loretto v. Teleprompter Manhattan CATV Corp.458 U.S. 419 (1982)

한계를 벗어난 규제적 수용에 해당한다고 판결하였다(Nollan 판례)[16]. 또한, 상업시설 허가과정에서 해당 토지소유자에게 홍수와 교통혼잡을 방지하기 위해 공공녹도(greenway)와 자전거도로를 기부채납 하라는 요구에 대해서도 연방대법원은 지자체가 토지소유자에게 허가 조건으로 부과한 공공녹도 및 자전거도로의 양과 해당 개발로 인한 자전거 유발 등의 효과 사이에 '대략적 비례(Rough Proportionality)' 관계를 제시하지 못한다면 규제적 수용에 해당한다고 판결하였다(Dolan 판례)[17].

위와 같은 네 가지 유형에 해당하지 않는다면 어떤 규제가 규제적 수용에 해당하는가를 판단할 때 1978년 펜 센트럴(Penn Central) 판례에서 도입된 '세 가지 테스트(Three-part Test)'의 법리를 활용하고 있다[18]. 규제적 수용 관련 판례뿐만 아니라 2장에서 설명할 '개발권양도제(Transfer of Development Rights)'와 관련한 중요 판례인 펜 센트럴 판례는 1965년 뉴욕시가 제정한 '뉴욕시 역사보존법(The New York City Landmarks Law)'에서 시작되었다.

현재 맨해튼 중심부에 위치한 '메디슨스퀘어 가든(Madison Square Garden)'을 개발하기 위해 1963년 뉴욕시에서 가장 오래된 기차역 중 하나인 '펜실베이니아역사(Pennsylvania Station)'가 철거되자 뉴욕 시민들은 큰 충격을 받게 된다. 이에 따라, 뉴욕시는 역사적 가치가 있는 건축물을 보존하기 위한 '뉴욕시 역사보존법'을 제정하게 되었고, 이 법에 따라 맨해튼의 중앙기차역인 그랜드센트럴역(Grand Central Station) 또한 역사보존 건축물로 지정되었다. 당시 건물주인 그랜드센트럴역 주식회사는 해당 건물의 상부

---

16   Nollan v. California Coastal Community, 483 U.S. 825 (1987)

17   Dolan v. City of Tigard, 512 U.S. 374 (1994)

18   Penn Central Transportation Co. v. New York City, 438 U.S. 104 (1978)

에 고층 건축물을 증축하려는 허가를 요
청하게 되었는데, 뉴욕시는 역사보존법
을 근거로 허가를 거부하였다. 이에 대해
건물주는 역사보존법에 의해 자신의 토
지 상부를 활용할 수 있는 권리, 즉 공중
권(Air Right)이 보상 없이 수용되었다는 소
송을 제기하게 된 것이다. 따라서, 역사보
존법에 의한 도시계획 제한이 규제적 수
용에 해당하는지를 판단하는 것이 소송
의 핵심 쟁점이었고, 연방대법원은 해당
규제가 규제적 수용인지를 판단하기 위
해 ① 규제로 인한 해당 대지의 경제적
영향(the economic impact of the government
action) ② 관련 규제가 개발로 인해 기대
된 경제적 효과에 미치는 정도(investment-
backed expectations), ③ 공공규제의 성격(the
character of the government action) 등의 세 가
지 기준을 정립하게 되었다.

그림1. 역사보존 건축물로 지정된 그랜
드센트럴역 상부에 허용된 용적률만큼
증축 허가를 신청하였으나, 뉴욕시가 역
사보존을 위해 허가를 거부하면서 규제
적 수용 관련 소송이 시작되었다.

이러한 기준에 따라 연방대법원은
1) 해당 토지는 역사보존법이 제정되었다
할지라도 철도역사로서 지속적으로 사용이 가능하기 때문에 해당 규제로
인한 경제적 영향은 미미하다고 판단하였고, 2) TDR 등으로 사용하지 못
하는 토지 상부를 다른 토지로 이전하여 건물주의 경제적 손실에 대한 효
과도 어느 정도 상쇄할 수 있으며, 3) 해당 규제는 시 전체에 지정된 보존
가치가 있는 건축물에 동등하게 적용된다는 사실들을 근거로 보상이 필요

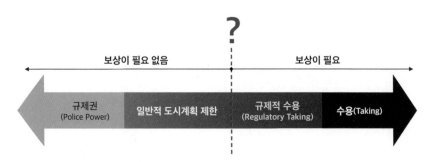

그림2. 미국의 '규제적 수용' 개념

없는 정당한 도시계획 제한이라고 판단하였다.

　요약해 보면, 미국에서는 아무리 정당한 도시계획 규제라 할지라도, 그 규제 강도가 어느 선을 넘는다면 헌법에 따라 보상이 필요한 규제적 수용으로 인정된다.

　물론 규제적 수용 개념이 우리나라의 '공용제한'과 같다고 볼 수 있는 것은 아니다. 우리나라 법학계에서는 헌법 제23조 제3항의 공용제한을 해석함에 있어, 미국의 규제적 수용처럼 헌법에 의해 직접적 보상이 요구되는 '수용유사침해'가 아닌 행정상 손실보상제도로 보는 것이 일반적인 견해이기 때문이다[19].

19　이와 관련하여 법학계에서도 논쟁이 계속되고 있는데, 1) 헌법에 의한 손실보상 규정은 입법에 대한 방침규정일 뿐이므로 법률상 보상규정이 없다 해도 헌법에 근거하여 보상을 청구할 수 없다는 '방침규정설', 2) 헌법상의 보상규정은 입법을 기속하는 행위이므로 보상규정을 두지 않은 법률은 위헌무효라는 '위헌무효설', 3) 보상은 법률에 직접적인 규정을 요하지 않고 직접 헌법규정에 의해 보상청구권이 발생한다는 '직접효력설', 4) "보상규정이 없는 경우 헌법 제23조 제1항(재산권보장) 및 제11조(평등원칙)에 근거하고 헌법 제23조 제3항 및 관계규정의 유추해석을 통하여 보상을 청구할 수 있다는 '유추적용설'" 등이 있다. 또한, 이에 대한 관련 판례들 역시 일관된 입장을 보이지 못하고 있다. (유인출, "도시계획제한에 따른 사유재산권의 침해와 권리구제에 관한 연구: 개발제한구역을 중심으로". 한남대 박사학위 논문, 2003, pp.57-60; 박철곤, "토지소유권 제한의 한계에 관한 사법적 연구", 전주대학교 박사학위 논문, 2003. pp.144-145; 김관호. "한미 FTA와 간접수용: 국내 재산권 보호 제도에의 시사점". 「규제연구」16(1), 한국경제연구원, 2007, p.50. 등)

개발제한구역 판례와
장기미집행 도시계획시설 판례

그렇다면 우리나라에서도 정당한 목적을 갖는 도시계획 제한 중에서 '공용제한'에 해당할 만큼 과도한 규제라고 인정된 제한이 있을까? 답은 "있다"이다. 헌법재판소에서 1998년과 1999년에 각각 헌법불합치결정을 내린 개발제한구역과 장기미집행 도시계획시설이다.

그린벨트(Green Belt)로도 불리는 개발제한구역은 "도시의 무질서한 확산을 방지하고 도시 주변의 자연환경을 보전"하기 위해 국토계획법에 따라 지정되는 구역이며[20], 개발제한구역에 해당하는 토지들은 매우 강한 규제를 받게 된다. 왜냐하면, 개발제한구역으로 지정되는 토지들은 건축물의 신축은 말할 것도 없고 용도변경을 포함한 거의 모든 건축행위가 금지되기 때문이다[21]. 앞서 살펴본 미국의 규제적 수용 판례에서 토지의 활용이 전면 제한되는 Lucas 판례와 비교할 수 있다. 그렇다면 개발제한구역의 제한들이 수인한도를 넘는 또는 비례의 원칙을 위반한 제한인지가 쟁점이 될 것이다. 이에 대해 1980년대까지 대법원은 해당 제한이 과도한 것은 사실이지만 정당한 목적을 갖는 법률에 의해 도입된 제한이기 때문에 보상규정이 없다 하더라도 토지소유자가 참아야 하는 사회적 제약의 범위 이

20　국토계획법 제38조 제1항

21　개발제한구역의 지정 및 관리에 관한 특별조치법 제12조 (개발제한구역에서의 행위제한)
개발제한구역에서는 건축물의 건축 및 용도변경, 공작물의 설치, 토지의 형질변경, 죽목(竹木)의 벌채, 토지의 분할, 물건을 쌓아놓는 행위 또는 「국토의 계획 및 이용에 관한 법률」 제2조제11호에 따른 도시·군계획사업(이하 "도시·군계획사업"이라 한다)의 시행을 할 수 없다.

내라는 입장을 고수해 왔다[22]. 이러한 판결은 당시 우리나라의 사회적, 정치적 분위기를 고려한다면 이해 못 할 것도 아니다. 그러나, 1990년대를 지나면서 민주주의가 본격적으로 자리잡게 되고 국민 소득도 10,000달러를 넘어서게 되면서, 토지재산권에 대한 인식도 점차 변하게 되었다. 이러한 여건 변화를 바탕으로 개발제한구역 내 토지소유자들은 다시 한 번 헌법재판소에 위헌 소송을 제기하게 되었고, 마침내 1998년 헌법재판소는 개발제한구역이 다음과 같은 이유로 헌법에 불합치하다는 획기적인 결정을 하게 된다.

"실질적으로 토지의 사용·수익권이 폐지되는 경우에 아무런 보상 없이 이를 감수하는 것은 비례성의 원칙에 위반되어 토지소유자의 재산권을 과도하게 침해한다."[23]

즉, 직접적인 수용이 아닌 정당한 도시계획 제한이라 할지라도 토지의 사용권이나 수익권을 "실질적으로" 활용할 수 없는 경우에는 보상이 요구되는 공용제한에 해당할 수 있다는 의미로 해석할 수 있는 것이다.

바로 다음해인 1999년, 헌법재판소는 장기미집행 도시계획시설에 대해서도 헌법불합치결정을 내리게 된다. 장기미집행 도시계획시설이란 어떤 토지에 도시계획시설이 결정은 되었지만 아직 집행이 안 되어 보상이 지급되지 않은 경우이다. 만약, 내 땅에 도로가 생기기로 도시계획시설이 결정되었다면 아직 보상을 받지 못한 상황이라도 그 땅을 온전하게 사용하고 수익을 내는 데는 한계가 있을 것이다. 또한 앞으로 도로가 될 토지를

---

22   대법원 1990.5.8. 선고 89부2 결정; 1992.11.24. 선고 92부14 판결

23   1998.12.24. 89헌마214 (도시계획법제21조에대한위헌소원)

살 사람 역시 없을 것이므로 토지 처분도 사실상 불가능하다. 따라서, 토지 재산권 행사가 매우 제한될 수밖에 없다. 이처럼 도시계획시설로 결정된 이후 10년 이상이 지났음에도 아직 집행되지 않은(보상이 이루어지지 않은) 도시계획시설이 전국적으로 매우 많다. 국민의 재산권을 고려하지 않은 국가의 무책임한 행동으로 토지소유자들은 해당 토지를 이러지도 저러지도 못하는 상황에 처하게 된 것이다. 이에 대해 헌법재판소는 개발제한구역 판례에서 한 발 더 나아가 다음과 같이 판시했다.

> "장기간 해당 도시계획시설의 미집행으로 인한 토지의 실제적 사용에 대한 배제는 사회적 제약의 범위를 넘어서는 수용적 효과를 인정하여야 한다."[24]

이처럼 일반적인 도시계획 제한도 수인한도를 넘어서게 되면 수용과 같은 효과를 갖는다는 미국의 규제적 수용과 매우 유사한 개념을 사용하였다.

그러나, 헌법재판소는 위 두 개의 도시계획 제한에 대해 위헌결정이 아닌 헌법불합치결정을 내렸다. 어떻게 보면 위헌 판결을 내리지 못했다고 생각할 수도 있다. 만약 당시 개발제한구역에 대해 위헌결정을 내렸다면 감당할 수 없는 결과로 이어졌을 것이다. 왜냐하면 위헌결정을 내리는 순간 전국에 지정된 개발제한구역이 무효가 되어 버리거나, 개발제한구역을 유지하기 위해서는 해당 토지의 보상을 위한 천문학적인 예산이 필요하기 때문이다. 장기미집행 도시계획시설 역시 위헌결정과 함께 모든 도시계획

---

24   1999.10.26. 97헌바26 (장기미집행 도시계획시설에 대한 보상을 위한 입법개선 촉구)

시설들이 해제되어 버렸을 텐데, 그 파급효과는 상상을 초월했을 것이다. 당시 서울시에서 헌법재판소에 제출한 의견서를 보면 만약 헌법재판소가 장기미집행 도시계획시설에 대한 위헌결정을 내리게 되어 당장 집행을 해야 한다면 약 140조가 넘는 예산이 필요하다고 읍소하기도 했다. 물론 이 정도의 금액이 전부가 아니다. 장기미집행이란 10년 이상 집행되지 않은 시설을 의미하는 것이니 시간이 흐를수록 10년에 도달하는 미집행 도시계획시설의 숫자는 지속적으로 늘어나기 때문이다. 헌법재판소에서도 이러한 상황을 고민했다는 것이 판결문에서 고스란히 드러난다.

> "도시계획을 시행하기 위해서는 계획구역 내의 토지소유자에게 행위제한을 부과하는 법규정이 반드시 필요한데, 헌법재판소가 위헌결정을 통하여 당장 법률의 효력을 소멸시킨다면, 토지재산권의 행사를 제한하는 근거규범이 존재하지 않게 됨으로써 도시계획이라는 중요한 지방자치단체행정의 수행이 수권규범의 결여로 말미암아 불가능하게 된다. 도시계획은 국가와 지방자치단체의 중요한 행정으로서 잠시도 중단되어서는 안 되기 때문에, 이 사건 법률조항을 입법개선 시까지 잠정적으로 적용하는 것이 바람직하다고 판단된다."[25]

여기서 중요한 것은 두 판례 모두 일반적인 도시계획 제한이라 할지라도 그 정도가 지나치게 되면 수용의 효과에 준하는 '제한'이 있다는 것은 인정했지만, 이러한 '제한'이 미국의 규제적 수용처럼 곧바로 보상이 요구되는 공용제한 또는 수용유사침해로 인정한 것은 아니라는 점이다. 따라

25　1999.10.26. 97헌바26 (장기미집행 도시계획시설에 대한 보상을 위한 입법개선 촉구)

서, 헌법재판소는 위헌결정 대신 헌법불합치결정을 통해 해당 법률은 유효하지만 보상규정이 없는 부분이 위헌에 해당하기 때문에 입법 보완으로 보상규정을 도입하도록 한 것이다.

이에 따라 국회는 「개발제한구역의 지정 및 관리에 관한 특별조치법」을 제정하였고, 여기서 판결문의 문장을 그대로 인용하여 ① "종래의 용도로 사용할 수 없어 그 효용이 현저히 감소된 토지", 또는 ② "토지의 사용 및 수익이 사실상 불가능한 토지"의 경우 보상이 필요한 제한으로 규정하고 매수청구권을 부여하게 되었다[26]. 이 의미는 모든 개발제한구역 내 토지가 매수청구권 대상에 해당하는 것은 아니라는 것이다. 개발제한구역 내 토지소유자가 신청을 하게 되면 국토부의 심사를 통해 위 두 가지 조건을 만족하는 경우에만 보상이 필요하다고 인정되고, 설사 인정된다 할지라도 직접적인 현금 보상이 아닌 매수청구권을 부여하는 간접적인 보상방법을 사용하도록 하고 있다[27].

또한, 장기미집행 도시계획시설 판결에 따라 국토계획법이 개정되어 "미집행 도시계획시설"의 개념을 도입하고, 도시계획시설 결정 후 20년 이상 미집행된 경우 해당 도시계획시설이 자동으로 실효된다는 일몰제 조항을 추가하여 각 지자체가 미집행 도시계획시설에 대한 대비를 할 수 있는 시간을 제공하였다. 이에 따라, 2020년 7월 1일부터 (20년 전인) 2000년 7월 1일 이전에 결정 고시되었지만 그동안 미집행되어 온 도시계획시설들이 해제되기 시작하였다.

---

26 「개발제한구역의 지정 및 관리에 관한 특별조치법」 제17조 제1항
27 실제로 매수청구권이 인정된 사례는 매우 드물다.

경계이론과 분리이론

위 두 사건에 대해 위헌결정이 아닌 헌법불합치결정을 내릴 수밖에 없었던 헌법재판소의 고민은 충분히 이해된다. 그러나 어떻게 판결문의 논리를 구성했는지에 대해서는 의문이 남는다. 위헌적인 요소가 있지만 위헌은 아니고 헌법불합치라는 결론을 내리게 된 과정과 헌법 제23조 제3항에서의 제한을 직접적인 보상이 요구되는 '수용유사침해'가 아닌 기존의 손실보상제도의 틀 안에서 어떻게 논리를 구성했는지가 매우 흥미롭다. 이에 대해 법학분야의 선행연구들에서는 독일의 헌법재판소에서 활용한 '경계이론'과 '분리이론'으로 설명하려는 시도를 해 왔다.

'경계이론'은 미국의 규제적 수용처럼 제한의 정도가 수인한도를 넘어서게 되면 바로 보상의무가 발생하는 공용제한으로 전환된다는 것이다. 이것은 1952년 독일연방 헌법재판소에서 도입한 이론으로 직접적인 수용 이외에도 과도한 제한은 공용제한에 해당한다고 본다[28]. 이 이론을 적용한다면 개발제한구역이나 장기미집행 도시계획시설은 특별한 희생이 발생하는 제한이기 때문에 공용제한으로 인정되며, 보상 규정이 없기 때문에 그 자체가 위헌적인 제한이 된다. 따라서 개발제한구역을 유지하기 위해서는 헌법에 의한 직접적인 보상이 필요하다.

이에 비해, '분리이론'은 1981년 독일연방 헌법재판소가 자갈채취결정(NaBauskiesung)에서 도입한 법리로써, 헌법 제23조의 1항과 2항을 제3항

---

28 고헌환, "토지재산권의 사회적 구속성과 한계에 관한 법리", 「법학연구」 제24권, 한국법학회, 2006, p.67-68.

과 분리하여 보는 시각이다[29]. 헌법 제1항과 제2항은 재산권의 내용에 대한 규정이고 제3항은 수용에 관한 규정인데, 개발제한구역과 장기미집행 도시계획시설은 수용규정이 아니라 재산권의 내용을 규정한 제1항과 제2항에 의한 것으로 본다. 따라서 특별한 희생이 발생하는 제한이기는 하지만 수용규정은 아니므로 보상이 필요한 공용제한이 아니라 보상의무가 있는 재산권의 내용규정에 해당한다는 관점이다[30]. 따라서, 입법 보완을 통해 보상규정이 마련된다면 이 같은 결함을 치유할 수 있다는 논리구성이 가능한 것이다.

그러나, 분리이론은 우리나라 헌법 제23조에 적용하기에는 한계가 있다. 왜냐하면, 우리나라는 독일 헌법 제14조와 다르게 "제한"이 이미 헌법 제23조 제3항에 명시되어 있기 때문에, 공용제한이든 계획제한이든 제한이 분명한 도시계획 규제들을 헌법 제23조의 제1항과 제2항에 의한 재산권의 내용규정으로만 해석하는 것은 논리적 결함이 있다고 생각한다[31].

이처럼 우리나라에서는 수인한도를 넘는 과도한 제한이 바로 보상이 필요한 공용제한으로 인정되는지에 대한 법리가 아직 명확하게 확립되어 있지 않다. 그러나 정당한 목적을 갖는 도시계획 제한이라 할지라도 그 정도가 수인한도를 넘어서 비례의 원칙을 위반한다고 인정된다면 보상이 필요한 "제한"으로 인정될 수 있다는 것은 분명한 사실이다.

---

29 김배원, "한국헌법상 토지재산권의 보장과 제한: 헌법재판소 판례를 중심으로", 「토지법학」 제20권, 한국토지법학회, 2005, p.7.

30 김배원, 상게논문, p.25.

31 김민호·김지엽, "한미 FTA의 간접수용과 한국 손실보상법리의 비교 연구", 「토지공법연구」 제39권, 한국토지공법학회, 2008, 상게서, p.15.

어디까지 제한할 수 있을까?

2021년 현재까지 우리나라 판례의 관점으로 본다면, 도시계획 등 공공복리를 위한 재산권의 제한은 개발제한구역이나 장기미집행 도시계획시설의 경우처럼 실질적으로 토지에 대한 사용이나 수익을 전혀 못하는 경우가 아니라면 보상이 없이도 제한이 가능한 '계획제한'에 해당할 것이다.

몇 년 전 서울시 강남구 대치동 은마아파트 재건축 추진과정에서 조합측이 49층으로 제안한 계획안에 대해 서울시는 '2030서울플랜'에 따라 서울시 주거지역에서는 35층으로 층수를 제한한다는 불허 입장을 고수하였고, 이에 대해 조합은 과도한 재산권 침해라고 반발하였다. 서울시의 남산이나 북한산 자락의 경관지구에서 건축물의 층수를 3층으로 제한하고 있는 층수 규제나, 북촌의 한옥 보존을 위한 여러 가지 건축행위 제한에 대해서도 주민들은 과도한 재산권 침해를 주장한다. 그러나 이러한 제한들은 헌법적 관점에서 보상이 필요할 정도의 수인한도를 넘어서는 제한으로 보기 어렵다. 해당 규제가 토지의 전면적인 사용이나 수익을 불가능하게 하는 정도이거나, 토지를 기존 용도대로 사용하지 못하게 하는 것은 아니기 때문이다.

보다 첨예한 사례로 생각해 보자. 1999년 헌법재판소의 판결에 따라 2020년, 장기미집행 도시계획시설이 실효되기 이전에 여러 도시계획시설 중 특히 공원이 지자체들의 큰 고민거리가 되었다. 왜냐하면 미집행 공원의 면적이 방대하기 때문이었다. 모두 집행하자니 예산이 턱없이 모자라고, 그렇다고 집행하지 못한다면 공공의 입장에서 반드시 공원의 기능을 유지시켜야 할 토지들을 관리할 방법이 없어지기 때문이다. 이에 대해, 서울시는 필수적으로 보상을 통해 공식적인 도시계획시설로써 확보해야 하는 공원 이외에 반드시 공원 기능을 유지시켜야 할 토지에 대해서는 국토계획법에 의한 '도시자연공원구역'으로 지정하고자 하였다. 당연히 많은 토지소유자들은 반발하고 있고, 2021년 12월 현재도 몇 건의 관련 소송이 진행 중이다. 오랫동안 공원으로 도시계획시설 결정이 되어 있었지만 보상도 없이 토지의 사용과 수익의 방법이 제한되어 있었는데, 또 다시 건축행위가 제한되는 도시자연공원구역으로 지정한다는 것은 헌법재판소의 취지에 반한다는 것이 해당 토지소유자 주장의 핵심이다. 그렇다면 과연 도시자연공원구역의 지정은 수인한도를 넘어서는 보상이 필요한 제한에 해당할까?

도시계획시설인 공원과 '도시자연공원구역'은 모두 지자체의 '도시관리계획'에 의해 결정된다. 그러나, 도시계획시설로서의 공원과 '도시자연공원구역'은 법적, 도시계획적 성격이 다르다. 도시계획시설은 국토계획법에서 정한 도로나 공원 등 "기반시설" 중에서 '도시관리계획'으로 결정되는 것과 달리 '도시자연공원구역'은 국토계획법에 따른 용도구역 중 하나로서 어떤 토지가 '도시자연공원구역'으로 지정된다 할지라도 제한적이긴 하지만 건축행위가 가능하기 때문에 토지의 사용권이나 수익권이 전면적으로 폐지되는 것은 아니다. 따라서 도시계획시설로서의 공원이나 개발제한구역과 달리 보상이 필요한 (공용)제한에 미치는 정도의 수인한도를 넘는다고 판단되기는 어렵다고 생각한다.

2013년 서울고등법원 판례에서도 도시자연공원구역으로 지정된 토지가 종래의 용도에 의한 사용이 배제되지 않고 있고 허가에 의해 가능한 건축행위의 가능성이 존재하기 때문에 "사용 및 수익이 사실상 불가능한 토지에 해당하지" 않는다고 판시한 바 있다[32]. 만약 '도시자연공원구역' 지정으로 인하여 매수청구 대상이 되는 특별한 희생이 발생하는 조건인 ① 종래의 용도로 사용할 수 없어 그 효용이 현저히 감소된 토지이거나 ② 토지의 사용 및 수익이 사실상 불가능한 토지에 해당하는 경우가 발생한다면, 매수청구권을 부여하여 보상을 받을 수 있는 수단도 도입되어 있다.

표1. 공원(도시계획시설)과 도시자연공원구역의 차이

	공원(도시계획시설)	도시자연공원구역
법적 성격	도시계획시설	용도구역
근거 법률	국토계획법 제43조~제48조	국토계획법 제38조의2
시행주체	사업시행자(일반적으로 지자체)가 수용	토지주
행위제한 내용	수용시까지 실질적인 토지의 사용, 수익 제한	허가에 의해 일부 건축행위 가능
손실보상 내용	10년 이내 집행(보상): 계획제한 10년 이상 미집행: 공용제한 →보상 필요	※ 일부 공용제한으로 인정되는 경우에 한하여 매수청구권 부여

　　무엇보다 국토계획법에서 정한 목적에 따라 도시계획을 통해 용도지역, 용도지구, 용도구역을 결정하고 이에 따른 건축행위를 제한하는 것은 토지의 합리적 이용과 공익을 위한 지자체장의 의무이자 권한이다. 이러한 지자체장의 도시계획 재량은 공익과 사익 사이의 정당한 비교교량의 범위 내에 있거나, 특별히 불합리하거나 공익에 비해 침해되는 사익이 훨씬 크다고 할 수 없는 한 광범위하게 형성의 자유가 허용되게 된다[33]. 따라서, 도시관리계획으로 "도시의 자연환경 및 경관을 보호하고 도시민에게 건전한 여가·휴식공간을 제공하기 위하여" '도시자연공원구역'을 지정하는 것은 헌법재판소의 장기미집행 도시계획시설에 대한 위헌소원 및 국토계획법 제48조(도시·군 계획시설의 실효 등)와는 다른 사안으로 볼 가능성이 높다. 물론 이것은 현재의 기준이다. 만약 법원에서 도시자연공원구역에 대해서도 보상이 필요할 정도의 제한으로 인정하게 된다면 우리나라 도시계획 제한

32　　서울고등법원 2013.5.23. 선고 2012누30990 판결

33　　대법원 2010.2.11. 선고 2009두16978 판결

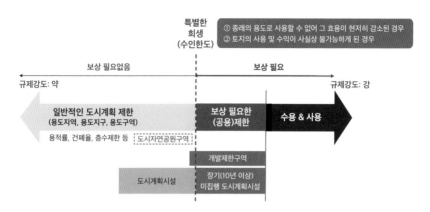

그림3. 공용제한과 계획제한 구분: 넘지 말아야 할 선-수인한도

전반에 다시 한 번 커다란 변화가 요구될 것이다.

결론적으로 2021년 현재까지 도시계획 제한이 특별한 희생 또는 수인한도를 넘어서는 정도의 제한이라고 인정된 경우는 개발제한구역과 10년 이상 장기미집행 도시계획시설밖에 없다. 일반적인 도시계획 제한이 수인한도를 넘어서는 제한으로 인정되기 위해서는 재산권의 본질을 심각하게 침해하거나 비례의 원칙을 위반했다고 볼 수 있는 근거가 필요하다. 물론, 국민들의 재산권에 대한 인식도 높아져 가고 우리나라의 경제적, 사회적 여건도 발전함에 따라 미국의 규제적 수용처럼 수인한도의 범위도 재산권의 보호를 보다 중요하게 고려하는 방향으로 점차 확대될 것으로 예상해 볼 수 있다[34].

---

34 실제로 2016년 고등법원에서 도시계획시설인 학교를 폐지하는 대가로 서울시가 토지소유자에게 요구한 25% 기부채납은 비례의 원칙을 위반하여 과도한 것으로 본 판례도 나타나고 있다. (서울고등법원 2017. 2. 23 선고 2016누70255 판결)

한미 FTA와 간접수용[35]

살펴본 바와 같이 미국의 규제적 수용과 우리나라의 손실보상제도로서 공용제한은 유사하긴 하지만 본질적인 차이가 있다는 것을 알 수 있었다. 규제적 수용으로 인정되면 헌법에 따라 직접적인 보상이 요구되는 미국과 달리 우리나라에서는 보상이 필요한 공용제한으로 인정된다 하더라도 입법보완에 따라 매수청구권 등의 간접적인 방법을 활용한다. 그리고 보상이 필요한 제한으로 인정되는 범위 역시 미국에 비해 우리나라는 아직 한정되어 있다.

그러나 미국의 규제적 수용의 개념은 이미 우리나라에도 국제법을 통해 영향을 미치고 있다. 바로 FTA(Free Trade Agreement)를 통해서이다. 2007년 한미 FTA 체결을 앞두고 한미 FTA의 '투자자-국가 소송제도(Investor-State Dispute Settlement: ISDS)'와 '간접수용(Indirect Expropriation)' 조항이 우리나라 부동산 정책과 도시계획 규제를 무력화시킬 수도 있다는 우려가 제기되었다[36]. 투자자-국가소송제도는 외국 투자자에게 해당 국가를 상대로 정부 정책 등으로 피해를 입었다는 요지의 소송을 우리나라 법원이 아닌 국제투자분쟁해결센터(ICSID)에 제소할 수 있는 제도이고, 간접수용 조항은 지금까지 살펴보았던 미국의 규제적 수용 개념과 거의 같다고 봐도 무방하다. 그렇다면 국제법상 간접수용과 우리나라 손실보상법리가 어떻게 다른지 비교해 볼 필요가 있다.

---

35 김지엽·정종대·김홍주, 「한미 FTA가 한국 주택 및 부동산 정책·제도에 미치는 영향과 대응방안」, 2007, 주택도시연구원; 김민호·김지엽, 전게논문, pp.1-32.

36 경향신문 2007.4.6.; 오마이뉴스 2007.4.5.; 프레시안 2007.2.2.

국제법에서 수용이 쟁점이 된 것은 1938년으로 거슬러 올라간다. 당시 멕시코 정부가 멕시코에 투자한 미국 석유회사를 국유화한 것에 대해 미국 내무부 장관인 코델 헐(Cordell Hull)이 멕시코 정부의 해당 행위는 수용에 해당하고, 이에 대해 국제법은 "즉각적이고, 적정하며, 효율적(prompt, adequate, and effective)"인 보상을 해야 한다고 주장하였다. 이 원칙은 이후 FTA의 수용조항에 반영되게 된다[37].

FTA에 포함되어 있는 간접수용 개념은 FTA의 전신인 '양국투자조약(BIT: Bilateral Investment Treaty)'에서부터 본격적으로 사용되었다. BIT에서는 당시 국제법에서 '점진적 수용(creeping expropriation)', '사실상 수용(de facto expropriation)' 등 다양한 표현으로 정의되던 간접수용을 "수용에 상응하는 수단들(measures tantamount to expropriation)"이라고 표현하였다. 그리고 미국 최초의 FTA인 NAFTA(North American Free Trade Agreement)에서 이러한 표현을 그대로 도입하는데, 그 의미가 너무 포괄적이라는 문제가 제기되었다. NAFTA에 따른 간접수용 소송에서 처음으로 국가에 보상을 요구한 판례가 메탈클래드(Metalclad) 사건이다. 미국 회사인 메탈클래드가 멕시코의 산 루이스 포토시주(San Luis Potosi)에 유해물질 매립시설을 개발하여 운영하기 위한 사업을 진행하고 있었고, 이미 코테린(Coterin)이라는 회사가 당시 연방정부와 주정부로부터 건축허가를 받은 상황에서 메탈클래드는 코테린 회사 자체를 매입하게 된다. 그러나, 해당 매립시설의 환경적 문제가 제기되어 주민들과 해당 지자체가 사업을 반대하게 되었고, 결국 해당 시설의 공사중지명령과 허가마저 취소되고, 더 나아가 중앙정부는 매립시설 사용까지 금지하게 된다. 이에 대해 메탈클래드는 멕시코 정부의 이러한 규제는 NAFTA에

37   Vicki, Been & Joel C., Beauvais. "The Global Fifth Amendment? NAFTA's Investment Protections And The Misguided Quest For An International Regulatory Takings Doctrine", 2003, vol.78, p.47.

서 정의하는 "수용에 상응하는(tantamount to expropriation)" 행위라는 요지의 소송을 제기하게 되었고, 분쟁조정을 담당한 ICSID는 멕시코 정부의 환경규제는 간접수용에 해당한다는 결정과 함께 멕시코 정부에게 1,670만 달러의 배상판결을 내리게 되었다. 이러한 소송의 결과는 한 국가의 성당한 환경규제가 외국 투자자에게 무력화될 수 있다는 비판을 불러오게 되었다[38].

이 사건 이후 미국은 자칫하면 미국 정부 또한 자국의 유사한 규제에 대해 외국 투자자로부터 소송의 대상이 될 수 있다는 것을 인지하였고, 2002년 무역촉진권한법(Bipartisan Trade Promotion Authority Act, TPA)을 제정하여 향후 무역협정에서 국가의 정당한 규제권(police power)이 침해받지 않기 위한 장치를 마련하게 된다. 특히, 국제법상 간접수용 조항에 미국의 규제적 수용 법리가 반영되도록 하였다. 이러한 흐름 속에서, 미국-칠레 FTA부터 규제적 수용의 중요한 판단기준으로 앞서 살펴보았던 펜 센트럴(Penn Central) 판례의 '세 가지 테스트(Three-part Test)'와 Lucas 판례의 '100% 경제적 손실 기준'이 간접수용의 판단기준으로 협정문에 포함되었다.

이러한 기존 협정문을 바탕으로 한미 FTA에서는 우리나라 상황을 조금 더 반영한 것으로 보인다[39]. 우선 NAFTA에서 보호받는 투자의 범위로 인정되었던 "시장접근(market access)", "시장점유(market share)", "기대이익(expected gains)" 등은 그 자체만으로 보호받는 '투자'가 아니라는 항목을 추가하였고[40], 간접수용의 판단기준인 펜 센트럴(Penn Central)의 세 가지 테스트 역시 우리나라의 맥락을 반영하였다. 예를 들어, '정부규제의 성격

---

38 "The Metalclad Award opened the door for property owners to use NAFTA to assert what we in the United States think of as 'regulatory takings' challenges to land use and environmental regulations." Been & Beauvais, 전게서

39 김지엽 외, 2007, 전게서; 김민호·김지엽, 2008, 전게논문

40 "For greater certainty, market share, market access, expected gains, and opportunities for profit-making are not, by themselves, investments." 한미 FTA Chapter 11, Section C, Article 11.28.

(the character of the government action)'을 판단하기 위해 "정부규제의 목적과 맥락을 포함(including its objectives and context)"한다는 문구를 추가하여 우리 나라의 상황을 고려하고자 하였다. 특히 "정부의 규제가 투자자 또는 투자가 공공의 이익을 위해 감내해야 하는 것을 넘어서 특정한 투자자 또는 투자에 특별한 희생을 부과하는지 여부[41]"라는 조항은 우리나라 손실 보상법리에서 사용하는 "사회적 제약을 넘는 특별한 희생"이라는 개념을 참고한 것으로 보인다. 또한, "합리적 투자기대(reasonable investment-backed expectations)"를 판단함에 있어 정부규제의 성격과 범위를 고려해야 한다는 것을 명시하여 국가의 정당한 규제권(police power)을 보호하기 위한 내용을 추가하였다. 이외에도 합법적 공공복리를 위한 규제나 행위들은 간접수용에 해당하지 않는다는 것을 명시하였고, 간접수용에 해당하지 않는 "공공건강, 안전, 환경" 등의 공공복리를 위한 목적에 "부동산 가격 안정화 정책"을 구체적으로 포함하였다.

물론 국제법상 판례 경향도 국가의 정당한 규제권과 자주권을 존중하는 방향을 보이고 있다. 따라서, 우려와 달리 한미 FTA에 의한 간접수용 소송 때문에 우리나라 부동산 정책이나 도시계획 규제들이 무력화된다는 것은 지나친 기우였다고 할 수 있다. 다만, 살펴본 바와 같이 우리나라 손실 보상법리에 따라 공용제한이 인정된 경우는 개발제한구역과 장기미집행 도시계획시설 정도의 제한에 국한되기 때문에, 아직까지 우리나라 공용제한에는 해당하지 않지만 미국의 규제적 수용에 해당할 수 있는 소지가 있는 제한들이 있다. 또한, 미국의 규제적 수용과 국제법상 간접수용은 즉각

---

41 "Relevant considerations could include whether the government action imposes a special sacrifice on the particular investor or investment that exceeds what the investor or investment should be expected to endure for the public interest." (한미 FTA Chapter 11, Annex 11-B, 3-Cb)

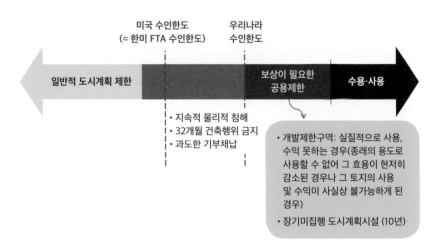

그림4. 우리나라 수인한도와 미국 및 국제법상 간접수용의 수인한도

적 보상을 요구하고 있지만, 우리나라는 즉각적 보상이 아닌 입법보완을 통한 매수청구권뿐 아니라, 대토보상, 환지, 채권, 현물보상 등 다양한 방법을 활용하고 있다. 만약 외국투자자가 제기한 소송에 따라 즉각적인 현금 보상을 해 준다면 내국인과의 형평성 문제도 발생할 수 있을 것이다[42]. 이처럼 국제법상 간접수용 조항과 우리나라 손실보상법리는 상충하는 부분이 존재하는 것은 사실이다. 따라서 보다 국제적 관점에서 우리나라 도시계획법 제도의 체계를 합리적으로 개선하고, 법적으로 논리적 결함을 해소해 나가야 할 필요가 있다.[43]

---

42 실제로 캐나다 국적과 미국 국적의 투자자가 재개발 사업으로 자신의 상가 건물이 수용된 것에 대해 FTA 협정문을 바탕으로 ISDS를 활용하여 소송을 제기하는 사례들이 나타나고 있다. (서울신문 2017. 10. 24., 2019. 6. 4.)

43 김지엽 외, 2007, 전게서

공공필요의 의미

헌법 제23조 제3항에서 한 가지 더 짚고 넘어가야 할 것이 있다. 바로 수용, 사용, 제한의 전제인 "공공필요"의 의미이다. 도로나 공원, 철도 등 기반시설을 설치하는 것은 "공공필요"의 범위에 해당하고, 이를 위해 사유지를 수용이나 사용할 수 있는 권한을 헌법에서 국가에 부여하고 있다.

이처럼 공공필요에 의해 토지 등을 수용할 수 있는 공익사업의 종류는 '공익사업을 위한 토지 등의 취득 및 보상에 관한 법률(이하 토지보상법)'에서 규정하고 있다. 국방군사에 관한 사업, 국가나 지방자치단체가 설치하는 공공용 시설에 관한 사업, 관계 법률에 따라 시행되는 기반시설 설치 사업뿐 아니라 도시개발법에 의한 도시개발사업, 공공주택특별법에 의한 공공주택개발사업 등의 개발사업들도 포함된다. 그러나, 민간사업 시행자에 의한 수용권은 매우 제한적으로 허용하고 있다. 과거에는 민간 개발사업 시행자에게도 수용권을 부여하였지만, 재개발사업 과정에서 발생했던 소위 철거용역에 의한 폭력사태는 우리나라의 근대화 과정을 배경으로 한 영화나 드라마에 사용될 만큼 부작용이 컸다. 따라서, 도정법에 의한 재개발사업이나 재건축사업, 주택법에 의한 지역주택조합사업처럼 민간인 조합이 추진하는 사업에서 수용방식은 더 이상 허용하지 않고 있다[44].

또한 과거에는 공공필요의 의미가 보다 폭넓게 해석되었다. 현재 W호텔 부지에 있는 워커힐 호텔은 1960년대 우리나라 최초의 고급호텔로 개발

---

[44] 토지보상법 별표

그림5. 1960년대 공익사업으로 수용을 통해 개발된 워커힐 호텔

되었다. 그런데 놀랍게도 당시 이 사업은 공익사업의 명목으로 사유지를 수용하면서 진행되었다. 당시 수용된 토지소유자가 제기한 소송에서 1971년 대법원은 정부의 방침 아래 교통부 장관이 호텔을 문화시설로 보고 추진한 해당 사업을 공익사업으로 인정하고, 교통부 장관이 스스로 기업자가 되어 토지수용 재결신청에 의한 적법한 수용이라고 판단하였다[45].

요즘이라면 당연히 기반시설도 공공시설도 아닌 상업시설인 호텔 개발이 공공필요가 있다고 인정받지는 못할 것이다. 2017년 제주 예래휴양단지 사건을 보면 격세지감을 느낄 수 있다. 제주 예래휴양단지는 제주도 서귀포에 위치한 74만m^2 부지에 외국 자본과 합작하여 설립한 민간회사가 추진했던 2조 5,000억 원 규모의 대형 개발사업이었다. 문제는 이 사업을 추진하면서 일반적인 개발사업이 아니라 도시계획시설(유원지)사업으로 진행했다는 것이다. 굳이 이 사업을 도시계획시설사업으로 추진한 이유는 토지확보를 용이하게 하기 위함이었을 것으로 추측해 볼 수 있다. 왜냐하면 국토계획법에 따른 도시계획시설사업의 시행자는 토지를 수용할 수 있는 법적 권한이 부여되기 때문이다. 이에 따라 민간인 사업시행자가 약 12만 5천m^2의 땅을 수용하여 사업을 진행하고 있었는데, 토지수용에 반발한 토지소유자 4명이 제주도 지방토지수용위원회와 해당 회사를 상대로 토지수용 재결 처분 취소소송을 제기하였다.

이에 대해 대법원은 도시계획시설로 유원지를 설치하는 사업은 도시계획시설로 주로 주민의 복지향상에 기여하기 위해 설치하는 오락과 휴양을 위한 시설이어야 하고, 그 실시계획 역시 도시계획시설의 결정·구조 및 설치의 기준에 적합하여야 하는데, 예래휴양단지는 "고소득 노인층 등 특

45　대법원 1971.10.22. 선고 71다1716 판결

정 계층의 이용을 염두에 두고 분양 등을 통한 영리 추구가 그 시설 설치의 주요한 목적이라고 할 수 있고, 그 주된 시설도 주거 내지 장기 체재를 위한 시설로서 일반 주민의 이용가능성이 제한될 수밖에 없을 뿐만 아니라 전체적인 시설의 구성에 비추어 보더라도 일반 주민의 이용은 부수적으로만 가능하다고 보이므로" 도시계획시설로서 유원지의 성격이 아니라고 판단하였다[46]. 이처럼 공공필요가 인정되지 않는 사업에 토지수용권을 부여한 것은 헌법 제23조 제3항도 위반한 것이다[47].

이와 같이 우리나라에서도 토지수용은 과거에 비한다면 엄격하게 허용되고 있는 추세이다. 이런 경향은 미국도 마찬가지이다. 1930년대부터 60년대까지 미국 전역에서 활발하게 추진되었던 철거형 재개발사업인 '슬럼 클리어런스(Slum Clearance)' 사업을 1960년대 폐기한 이후 거의 시행되지 않았던 대규모 철거형 재개발사업이 2000년대 초반부터 미국 전역에서 경제개발(Economic Development)이라는 명분으로 추진되었다. 환지 방식이 없는 미국에서 재개발사업은 오직 수용에 의한 방법밖에 없다. 지자체가 노후불량지역을 재개발사업구역으로 지정하면 지자체의 개발공사가 투입되어 해당 구역 내 토지들을 수용에 의해 확보하고, 마스터플랜에 따라 민간사업자를 공모하여 사업시행자 자격을 부여하고 사업을 추진하는 것이 일반적인 방법이다.

그러나 뉴런던시에서 재개발사업을 추진하고자 수용한 토지들 중 킬로(Kelo)를 포함한 일부 소유자들이 해당 재개발사업은 민간개발사업이지 공공필요에 의한 사업 또는 공익사업이 아니기 때문에 수용은 위헌에 해

---

46 대법원 2015.3.20. 선고 2011두3746 판결 (토지수용재결처분취소등)

47 물론 이 판례의 핵심 쟁점은 헌법 제23조 제3항의 "공공필요" 조항은 아니었고, 공공성이 미흡한 도시계획시설의 실시계획 인가가 적정했는지 여부였다.

당한다는 소송을 제기하게 된다[48]. 이 소송에서 연방대법원은 9인의 대법관이 5대 4로 뉴런던시의 손을 들어주긴 했지만, 결과적으로 공공의 토지 수용권 남용에 대한 사회적, 학술적 논쟁이 발생하게 되었다. 결과적으로는 많은 주정부들이 재개발사업을 위한 토지수용을 금지하는 법률을 제정하게 되었으며, 현재는 미국에서도 수용을 위한 "공공필요"의 개념을 매우 좁게 해석하여 재개발사업을 위한 수용권도 제한적으로 사용하고 있다.

　　이 같은 추세는 최근 우리나라를 떠들썩하게 했던 대장동 사건을 떠올리게 한다. 이 사업에서 막대한 이익을 민간사업 시행자가 얻었다는 사실 이전에, 분양주택 개발 위주인 도시개발사업을 헌법 제23조 제3항에서 의미하는 "공공필요"의 범위로 보아 사업시행자에게 수용권을 부여하는 것이 옳은지에 대한 본질적인 고민이 필요한 시점이다[49].

48　Kelo v. City of New London, 545 U.S. 469(2005)

49　대장동 도시개발사업은 도시개발법에 따라 성남시와 민간사업 시행자가 특별목적법인(SPC)을 구성하여 관민협력방식으로 추진되었다.

:: 토지재산권의 이해

토지재산권은 공간적 범위가 있다

재산권의 특성과 종류

도시계획은 토지 활용을 계획적으로 관리하기 위해 토지재산권에 대한 제한이 필수적이다. 따라서, 토지재산권에 대한 기본적인 이해가 필요하다.

이를 위해 재산권, 소유권, 물권, 채권 등의 용어들을 정리할 필요가 있다. 앞장에서 살펴본 바와 같이 헌법 제23조에서는 "재산권"을 다른 기본권과 함께 보장하고 있다. 그리고 우리나라 민법에서는 재산권을 "물권"과 "채권"으로 구분하고 있다. 물권은 물건에 대한 권리이며, 채권은 채무와 같이 사람에 대한 권리이다. 그리고 민법에서 물권은 점유권, 소유권, 지상권, 지역권, 전세권, 유치권, 질권, 저당권 등 8가지 종류로 규정하고 있다[1]. 따라서 재산권이 가장 큰 개념이며 우리가 흔히 사용하는 소유권이라는 용어 역시 여러 재산권의 종류 중 하나일 뿐 재산권과 동일어가 아니라는 것을 알 수 있다. 이 책의 목적상 여기에서는 채권에 대해서는 언급하지 않고 물권에 집중하기로 한다. 물권의 가장 기본적인 법적 개념은 물건에 대한 절대적인 지배권이다. 영미법에서도 물권의 본질은 '배타적 권리(The Right to Exclude)'로 정의된다.

물권은 점유권과 본권으로 구분되고, 본권에는 소유권과 제한물권이 있다. 일반인들이 흔히 생각하는 재산권이 '소유권'일 것이다. 민법에서 소유권은 "소유자는 법률의 범위 내에서 그 소유물을 사용, 수익, 처분할 권리가 있다.[2]"라고 규정하고 있는데, 이처럼 소유권이란 사용가치(사용, 수익)

---

[1]   민법 제2편 제2장, 제9장

[2]   민법 제211조

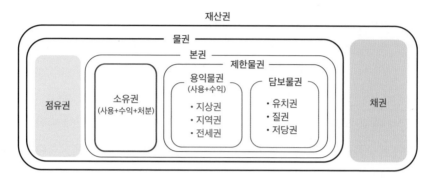

그림1. 민법에 의한 우리나라 재산권의 종류

와 교환가치(처분) 모두를 지배할 수 있는 권리로, 어떤 물건을 소유자 의지대로 사용하고 수익하고 처분할 권리가 모두 가능해야 한다. 거꾸로 말하면, 어떤 물건에 대해 사용이나 수익, 처분 중 하나라도 행사하는 데 문제가 있다면 이는 온전한 소유권이라고 볼 수 없다. 앞 장에서 살펴본 개발제한구역 판례에서는 개발제한구역 지정에 따라 토지를 종래 목적으로도 "사용"할 수 없거나 법적으로 허용된 토지이용의 방법도 없어 실질적으로 토지의 "사용"이나 "수익"에 제한이 발생하기 때문에 사회적 제약을 넘는 것으로 보았으며, 장기미집행 도시계획시설 판례에서도 도시계획시설결정으로 인해 종래의 용도대로 토지를 사용할 수 없거나 사적 이용권이 완전히 배제되기 때문에 수인한도를 넘어서는 과도한 부담이라고 판단했던 것이다.

토지소유권의 특징

로마법의 소유권 개념에서는 동산과 부동산을 따로 구분하지 않았다. 그러나 중세 독일에서 저당제도를 통해 부동산에 대한 자금화가 필요해졌고 이에 따라 동산과 부동산을 분리하기 시작했으며 이를 위한 등기제도도 도입되었다³. 우리나라 물권법에서는 동산과 부동산을 엄격하게 분리하고 있지는 않지만 토지에 대한 재산권은 특수한 성격을 가지고 있다. 예를 들어, 우리나라 물권법에서는 하나의 물건에 하나의 권리만 인정된다는 일물일권주의가 원칙이고, 물건의 일부나 구성부분은 물권의 객체가 될 수 없다. 그러나 토지는 하나의 독립된 물건이 아니라 "필(筆)"로 구분된다.

즉, 토지의 단위는 필이다. 필지(筆地), 대지(垈地), 획지(劃地), 부지(敷地) 등의 용어는 가끔 전문가들도 혼돈할 수 있다. 필지는 앞에서 설명한 것처럼 지적과 등기에서 토지의 가장 작은 단위이고 세금의 기준이 된다. 대지는 건축물을 지을 수 있는 땅이라는 의미이고, 획지는 프로젝트가 진행되는 한 단위의 구획된 토지이며, 부지는 건축물이나 공작물 등이 건설되는 토지라는 의미이다. 따라서 대지나 획지, 부지는 여러 개의 필지로 구성될 수도 있다. 하나의 필지를 나누기 위해서는 분필, 두 개 이상의 필지를 하나로 합치기 위해서는 합필이라는 수단을 통해 하나의 단위로 변경할 수 있다. 이처럼 토지의 단위는 필로 구분되기 때문에, 일반적인 물권에서의 일물일권주의 원칙이 다양하게 적용되며 집합주택 등 한 건물에 한 개 이

---

3 김상용, 「물권법」, 2006, pp.14-15.

상의 소유권을 인정해야 할 필요성 때문에 구분소유권도 인정하고 있다[4].

또한, 토지소유권은 일반적인 동산에 대한 소유권과는 다른 특성이 있다. 토지에 대한 소유권은 의무를 수반하는 상대적 권리이며, 역사적이고 사회적 개념도 포함하고 있다. 다른 재산에 비혜 그 활용에 있어 공공복리 또는 공익을 더 강하게 요구받게 되며, 토지공개념도 이러한 맥락에서 꾸준히 논의되고 있다. 이러한 거시적 관점 이외에 토지소유권의 가장 큰 특성은 공간적 범위를 갖는다는 것이다. 로마법에서는 토지소유권의 범위를 위로는 천국, 아래로는 지옥까지 미친다고 정의하고 있으며, 이러한 개념을 영국의 법학자인 윌리엄 블랙스톤(William Blackstone)이 저서를 통해 영국 보통법(Common Law)으로 계승하고 있다[5].

우리나라 민법에서도 토지소유권은 "정당한 이익이 있는 범위 내에서 토지의 상하에 미친다(민법 제212조)."라고 하고 있다. 토지소유권의 범위가 무한정 하늘과 땅 밑으로 확대되는 것은 아니라 "정당한 이익이 있는 범위"라는 한계를 정하고 있다. 그렇다면 토지소유권이 미치는 "정당한 이익"의 범위를 어디까지로 볼 수 있을 것이냐가 쟁점이 될 수 있다. 물론 국토계획법 등 토지공법들을 통해 용적률과 건폐율, 높이 등의 도시계획 제한을 바탕으로 실제로 건축할 수 있는 공간적인 한계는 정해져 있다. 그러나, 건축할 수 있는 범위 이외에도 정당한 이익이란 토지를 이용할 때 발생하는 일반적인 이익을 의미하고, 여기서 이익은 재산적 이익뿐 아니라 보호할 수 있는 가치가 있는 모든 이익을 포함한다는 것이 일반적인 견해이다[6]. 여러 판례들에서도 정당한 이익이란 토지소유자의 토지이용에 방해

---

4   민법 제215조; 「집합건물의 소유 및 관리에 관한 법률」 제1조
5   "Cuius est solum, eius est usque ad caelum et ad inferos." ("For whoever owns the soil, it is theirs up to Heaven and down to Hell.") "Commentaries on the Laws of England", 1766
6   김상원, "지하공간 이용에 관한 보상문제", 「토지법학」 23(1), 2007, p.74.

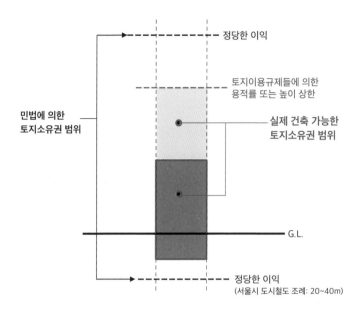

정당한 이익

토지이용규제들에 의한
용적률 또는 높이 상한

민법에 의한
토지소유권 범위

실제 건축 가능한
토지소유권 범위

G.L.

정당한 이익
(서울시 도시철도 조례: 20~40m)

그림2. 민법과 토지공법 등에 의한 토지소유권의 공간적 범위

를 받지 않는 범위로 보고 있다[7]. 내 땅 위로 고압선이 지나간다면 해당 부
분에 대한 사용료를 요구할 수 있다. 또한, 민법에 따라 이웃집의 나뭇가지
가 나의 토지 상부에 침범하게 되면 이에 대한 제거를 청구할 수 있으며 거
부한다면 직접 제거할 수 있는 권리도 인정된다[8]. 지하로는 아직 명확한 기
준은 없다. 다만, 도시철도법에서 위임하여 제정된 '서울특별시 도시철도
의 건설을 위한 지하 부분 토지의 사용에 따른 보상기준에 관한 조례'에서
입체이용저해율을 규정하고 있는데, "토지소유자의 통상적 이용행위가 예

---

7   차영민·김유정, "지하공간에 대한 토지소유권의 효력범위", 「법과 정책」 20(2), 제주대학교 법과정책연
구원, 2014, p.536.

8   민법 제240조(수지, 목근의 제거권)

상되지 않으며 지하시설물 설치로 인하여 일반적인 토지이용에 지장이 없는 것으로 판단되는 깊이"를 한계심도라고 정의하고, 지상부의 밀도에 따라 20~40m를 설정해 두고 있다[9]. 따라서 대심도 차도나 GTX 등의 철도는 개인의 토지소유권의 범위를 넘어서는 지하 40m 이하로 계획되고 있다.

내 땅 위에 있는 수목이나 암석 등 토지의 정착물은 소유권의 범위에 있고, 관습상 토지와 분리하여 거래할 수 있는 거래의 객체가 된다. 그렇다면 땅 밑을 흐르는 지하수나 광물은 어떠할까? 지하수는 이웃 땅에도 흐르는 성질을 가지고 있기 때문에 내 땅에서 끌어올리는 지하수는 나의 소유이긴 하지만 이웃의 사용을 방해해서는 안 된다는 한계가 있으며[10], 금광이나 원유 등 광물은 내 땅에서 발견된다 하더라도 '광업법'에 의해 국가가 채굴하거나 취득할 권리를 부여할 수 있다.

이 외에도 토지재산권에만 적용되는 특수한 법이 여럿 있다. 20년 이상 다른 사람의 부동산을 평온, 공연하게 점유하고 있다면 등기를 통해 소유권을 가질 수 있는 시효취득이라는 개념은 땅이라는 한정된 자원을 보다 효율적으로 사용할 수 있도록 한 법적 장치라고 할 수 있다[11]. 또한 이웃 간의 관계를 설정하고 있는 상린관계가 중요하다. 토지소유자는 매연, 열기체, 액체, 음향, 진동 등 이웃토지 사용을 방해하거나 이웃거주자의 생활에 고통을 주지 않을 의무가 있으며[12], 2미터 이내 거리에서 이웃 주택의

---

9   서울시 도시철도 조례 제8조(한계심도)에서는 고층시가지 40m, 중층시가지 35m, 저층시가지 및 주택지 30m, 농지 및 임지 20m로 정하고 있다.

10   김상용, 「물권법」, 2006, pp.339-339.

11   제245조 (점유로 인한 부동산소유권의 취득기간)
      ①20년간 소유의 의사로 평온, 공연하게 부동산을 점유하는 자는 등기함으로써 그 소유권을 취득한다.
      ②부동산의 소유자로 등기한 자가 10년간 소유의 의사로 평온, 공연하게 선의이며 과실 없이 그 부동산을 점유한 때에는 소유권을 취득한다.
      ※ 미국에서도 이와 똑같은 'Adverse Possession'이라는 개념이 있다.

12   민법 제217조 (매연등에 의한 인지에 대한 방해금지) 제1항

그림3. 유럽 도시들의 경우 합벽 건축이나 맞벽 건축이 일반적인 것에 비해 (상단 사진) 우리나라는 건축법뿐 아니라 민법에서도 인접한 대지경계선에서 50cm 이상을 이격하도록 되어 있다. (하단 사진)

내부를 관망할 수 있는 창이나 마루를 설치할 경우 차면시설을 설치할 의무도 있다[13]. 또한, 민법에서는 건축법에서 정하지 않더라도 건축물을 지을 때 인접대지경계선에서 50cm 이상을 이격하도록 하고 있다[14]. 유럽 도시들을 보면 도시 내 건축물들이 측벽을 공유하면서 가로벽을 형성하는 도시경관이 일반적인데, 우리나라는 이러한 도시의 가로경관이 대개 법적으로 불가능하다.[15]

---

13   민법 제243조(차면시설의무)

14   민법 제242조(경계선부근의 건축) 제1항

15   건축법 제59조(맞벽건축과 연결복도)에 따른 예외도 있다.

용익물권의 개념과 종류

도시가 다양한 삶을 위한 공간으로 기능하기 위해서는 많은 사람들이 토지를 활용하여 살아가야 한다. 이를 위해서는 토지를 직접 매입하여 소유권을 취득하지 않고도 사용이나 수익할 수 있는 방법도 필요하다. 토지의 매입 없이 남의 토지를 사용하거나 수익하기 위한 가장 쉬운 방법은 임대차 계약과 같은 채권적 방법일 것이다. 그러나 우리나라에서 부동산의 사용과 수익을 위한 채권적 방법은 임차인의 대항력 확보가 어렵고 사용·수익할 수 있는 기간도 제한적이라는 근본적인 한계가 있다. 따라서, 토지에 대한 사용권과 수익권을 보다 안정적으로 확보할 수 있는 물권적 방법이 필요하다. 이것이 용익물권의 개념으로써 타인의 토지에 대해 사용가치인 사용과 수익에 관한 권리만 행사할 수 있는 물권이다. 우리나라에서는 지상권, 지역권, 전세권 등 세 가지 용익물권이 민법에서 규정되고 있으며, 도시계획에서 다양한 목적으로 활용할 수 있다.

특히, 우리나라는 토지와 그 토지 위에 건축되는 건축물이나 공작물을 별도의 부동산으로 분리하는 것이 가능하기 때문에, 토지소유자가 아닌 타인이 토지 상부만 활용할 수 있는 지상권이 많이 활용되고 있다. 이것 또한 영미법과의 큰 차이점이다. 서양에서는 봉건시대에 토지는 왕이 소유하고(Freehold Estate) 대부분의 국민인 농노는 보유만(Leasehold Estate) 할 수 있었던 전통적 개념이 근대로 이어지면서 공중권(Air Rights)의 개념으로 자연스럽게 이어졌다. 따라서 토지와 그 위에 지어지는 건축물은 하나의 소유권만 인정되지만, 토지 상부인 공중권은 자유롭게 임대하는 채권적 방법이 자리잡아 왔다. 이것이 가능한 이유 중 하나는 보통법상에서 토지에 대한

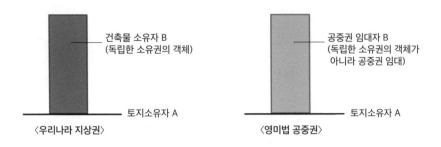

그림4. 타인의 토지 상부에 대한 우리나라와 미국의 활용 방법 차이

계약은 "토지와 함께 지속(run with land)"된다는 원칙이 등기제도와 연동되어 있기 때문이다[16]. 따라서 토지소유자가 아무리 바뀌어도 계약에 따른 기간 동안 안정적으로 토지 상부를 활용하는 것이 가능하다.

반면 우리나라는 토지와 건축물을 별개의 부동산으로 보아 별도의 소유권을 인정하고 있다. 이를 활용하여 토지 상부의 건축물에 대해 다른 소유권을 설정할 수 있는 물권이 바로 지상권이다. 지상권을 설정한 건축물 소유자는 해당 건축물의 소유권만 가지고 있기 때문에 건축물이 놓여 있는 토지는 처분하지 못한다. 이처럼 지상권은 토지에 대해 처분권을 제외한 사용권과 수익권만 부여하는 용익물권이며, 민법에서는 "타인의 토지에 건물이나 공작물, 그리고 수목을 소유하기 위해 그 토지를 사용할 수 있는 권리"로 정의하고 있다[17].

또한, 경우에 따라서 남의 토지 상부나 하부의 전체가 아니라 일부만 사용하고 수익해야 할 필요가 있을 때가 있다. 서울시에서는 1980년대 지

16 정종대·김지엽·배웅규, "미국 래드번 주거단지에 활용된 사적규약의 특징 및 시사점 연구", 「대한건축학회논문집」 25(3), 대한건축학회, 2009, p.177.

17 민법 제279조(지상권의 내용)

하철 2호선 공사를 계기로 을지로 지하상가를 조성하게 되었는데, 이 과정에서 상가 중 일부가 사유지의 지하를 관통하는 경우가 발생하게 되었다. 사유지의 지하 부분을 사용하기 위해서는 해당 토지에 대한 사용과 수익에 대한 권리가 필요하고, 이를 위해 지상권 설정이 가장 일반적인 방법이었다. 그러나 지상권 설정에 따른 지상권료의 산정은 지상권 설정 면적이 기준이 되기 때문에, 토지의 지하 중 지하상가로 사용될 일부를 사용하기 위한 권리를 취득하기 위해 지하 전체에 대한 지상권 설정은 과도한 것이었다. 따라서, 토지 상부나 지하의 일부분에 대해서만 지상권을 설정할 필요가 생기게 되었고, 이를 위해 '구분지상권'을 도입하게 되었다[18]. 즉, 구분지상권은 토지의 상부나 하부의 일부의 범위에 대해서만 건축물과 공작물을 소유할 수 있는 권리이다.

이처럼 지상권이나 구분지상권은 타인의 토지에 건축물이나 공작물을 소유할 수 있는 권리인데, 건축물이나 공작물은 한 번 지어지면 철거하기가 쉽지 않기 때문에 민법에서는 지상권 약정에 있어 석조 등으로 만들어지는 견고한 건축물의 경우 30년, 공작물의 경우 5년 등의 최소기간을 정해 두고 있다. 이처럼 우리나라 토지소유권은 일반적인 물건에 대한 소유권과 달리 그 공간적 범위가 토지공법뿐 아니라 지상권 등의 용익물권에 의해서도 달라질 수 있다[19].

지상권을 포함한 모든 용익물권은 토지소유자와의 계약을 통해 등기로써 설정된다. 구분지상권의 경우는 해당 건축물에 존재하는 기존의 모든 용익권자의 승낙도 필요하다. 그러나 계약에 의한 지상권 설정이 아니라

---

18 민법 제289조의2(구분지상권)

19 김지엽 외, "용적이양제 도입을 위한 법적 타당성과 법리구성", 「국토계획」, 48(1), 대한국토·도시계획학회, 2016, p.86.

법률이나 관습법에 의해 자동적으로 지상권이 설정되어 있다고 인정해 주는 '법정지상권'도 있다.

가장 대표적인 것이 분묘기지권인데, 아직까지 유교문화가 뿌리 깊게 자리잡고 있는 우리나라에서 볼 수 있는 독특한 형태의 법정지상권이다. 예를 들어, 신도시 개발을 위해 사업시행자가 토지를 수용했는데 만약 무연고 묘지들이 남아 있다면, 아무리 토지에 대한 소유권이 있다 해도 묘지를 마음대로 제거하지 못한다. 법적으로 묘지에 지상권이 설정되어 있는 것으로 보는 것이다. 따라서, 토지소유권을 확보한 사업시행자는 관련 법률에 따라 일정기간 이상 분묘 설치자나 연고자를 찾는 노력을 해야 하고, 그래도 연고자가 나타나지 않는다면 해당 묘지의 유골을 화장하여 일정기간 봉안하였다가 처리하도록 하고 있다[20].

또한, 민법에서 건물의 전세권과 법정지상권을 규정하고 있다[21]. 내가 어떤 건물에 전세권을 설정하고 거주하고 있는데 토지소유권이 제3자에게 이전되었다면 나는 새로운 땅주인의 토지에 대해서는 아무 권리도 없이 사용하게 되는 상황이 발생하게 될 것이다. 이와 같은 법적인 허점을 해결하기 위해 비록 내가 새로운 토지소유자와 지상권 설정을 하지 않았지만, 법적으로 지상권이 설정되어 있다고 인정해주는 제도를 도입하게 된 것이다.

토지재산권의 공간적 범위 중 상하의 일부를 입체적으로 타인이 사용

---

20   장사 등에 관한 법률 제27조(타인의 토지 등에 설치된 분묘 등의 처리 등)

21   민법 제305조(건물의 전세권과 법정지상권)
　　① 대지와 건물이 동일한 소유자에 속한 경우에 건물에 전세권을 설정한 때에는 그 대지소유권의 특별승계인은 전세권설정자에 대하여 지상권을 설정한 것으로 본다. 그러나 지료는 당사자의 청구에 의하여 법원이 이를 정한다.
　　② 전항의 경우에 대지소유자는 타인에게 그 대지를 임대하거나 이를 목적으로 한 지상권 또는 전세권을 설정하지 못한다.

그림5. 버려진 철도를 공원화한 뉴욕시의 하이라인(High Line)이 관통하는 사유지 내 호텔 저층부에 지역권을 설정하여 공공통로를 확보한 사례

하거나 수익할 수 있는 것이 지상권이나 구분지상권이라면, 자기 토지의 편익을 위해 타인 토지를 평면적으로 사용하거나 수익할 수 있는 지역권[22]도 있다. 이때 편익을 제공하는 토지를 승역지, 편익을 제공받는 토지를 요역지라 한다. 미국의 지역권(Easement) 개념은 로마법에서부터 계승된 것으로써, 특정인이 타인의 토지를 이용하는 인역권과 특정 토지의 편익을 위해 타인의 토지를 이용하는 지역권의 개념을 모두 포함하고 있다. 미국에서는 근대적인 도시계획 수단인 조닝의 도입 이전에 사적 토지이용규제가 활용되었는데, 불법방해행위(Nuisance)는 현재도 토지이용규제와 환경법의 가장 기본적인 법리가 되는 개념이며[23], 지역권(easement)과 규약(covenant)을 포함하는 토지예속권(Servitude)은 타인의 토지에 제한을 가하는 사적규약으로써 기능해 오고 있다[24]. 지역권은 두 개의 토지 간에 설정되는 '부속지역권(Easement Appurtenant)'과 특정인이 타인의 토지를 이용할 수 있는 권리인 '대인지역권(Easement in Gross)'의 개념도 있다. 이를 통해 공공의 통로나 공원 등의 공공시설을 확보하는 '적극적 지역권(affirmative easement)'뿐 아니라 타인의 토지에 건축물의 높이나 건축선 등을 제한하기 위한 '소극적 지역권(negative easement)'도 활용된다[25]. 심지어, 공해를 유발하는 공장이 주변 토지의 지역권을 매입하여 지역주민과 환경문제에 대한 해결방법으로도 활용될 만큼 미국에서 지역권은 도시계획뿐 아니라 환경문제 해결 등을 위해 폭넓게 활용되고 있다[26].

---

22   민법 제291조 (지역권의 내용) 지역권자는 일정한 목적을 위하여 타인의 토지를 자기토지의 편익에 이용하는 권리가 있다.

23   Daniel R Mandelker & John M. Payne, 「*Planning and Control of Land Development: Cases and Materials*」, 5th Edition, 2001, New York: Lexis, p.54.

24   John R. Nolon & Patricia E. Salkin, 「*Land Use in Nutshell*」 *2006*, MN: West Group.p.26.

25   정종대·김지엽·배웅규, 전게논문 (각주16)

26   이는 Negative Easement라고 하고, 가장 널리 알려진 판례인 Boomer v. Atlantic Cement Co. Inc.

그러나 우리나라에서는 도시계획의 목적으로 지역권을 활용하는 경우가 많지 않다[27]. 특히, 우리나라의 지역권은 로마법의 인역권과 지역권 중에서 특정 토지의 편익을 위한 지역권만을 제도화하였다고 보는 것이 일반적인 시각이다[28]. 그러나 지역권은 나중에 다룰 공공보행통로나 보차 혼용통로 등의 법적 구속력을 확보해 두기 위한 수단 등 도시계획적으로 활용할 수 있는 잠재력이 크다.

마지막으로 전세권 또한 많이 활용되는 용익물권이다. 전세권 설정자는 전세기간 동안 해당 주택을 사용과 수익을 할 수 있는 권리를 확보한다. 지상권이나 지역권과 달리 전세권은 채권적 성격도 가지고 있는데, 부동산 임대차로서의 전세는 '주택임대차보호법'이나 '상가건물임대차보호법'을 통해 등기 없이도 채권적 성격으로 보호된다[29].

(N.Y.1970)에서 시멘트 공장의 먼지로 인해 피해를 받던 주민들이 불법방해행위에 근거하여 시멘트 공장에 대해 행위금지명령을 위한 소송을 냈고, 이에 대해 법원은 불법방해행위는 인정하였지만 공장의 지역사회에 대한 경제적 중요성을 들어 행위금지는 명령하지 않았다. 대신 주민들의 대지를 침해하는 먼지와 공해물질을 지역권으로 구입하도록 명령했다.

27 지상권, 지역권 등의 용익물권은 우리나라에서 소극적으로 활용되는데 이는 토지소유에 대한 강한 집착을 바탕으로 채권적 방법으로도 타인의 토지를 사용할 수 있는 방법이 있기 때문으로 해석되고 있다. (김상용, 전게서, p.468)

28 김상용, 전게서, pp.509-514.

29 김상용, 전게서, pp.525-529.

TDR과 용적이양제

토지소유권이 갖는 공간적 특성을 활용한 도시계획적 수단 중 하나가 개발권양도제 또는 개발권이양제 등으로 알려진 TDR(Transfer of Development Rights)이다. 어떤 토지에서 법적으로 용적률에 의해 허용된 용적 중에서 활용하지 못한 부분을 다른 토지에서 매입하여 그만큼 더 개발할 수 있게 해주는 제도로써, 미국에서는 역사보존이나 자연환경 보존 등의 목적으로 광범위하게 활용되고 있다. 우리나라도 1970년대 후반부터 도입을 검토하였으나 기존 법체계 속에서는 도입이 불가능하다는 논란이 있어 제도화에 성공하지 못했다. 여러 법학자들이 TDR 도입에 부정적이었던 이유는 "개발권(Development Rights)"이라는 용어가 문제가 된 것으로 보인다. 우리나라의 소유권 개념은 사용, 수익, 처분이 합쳐진 지배권인데, 여기서 개발권이라는 일부 권능을 분리하는 것은 우리나라 소유권 개념에서 불가능하다는 것이 주요 반대논리였다[30].

그러나 이것은 개발권에 대한 오해에서 비롯되었다고 생각한다. 우리말로 번역 역시 개발권양도제보다는 '용적이양제'라는 용어가 더 적합하다. 왜냐하면, "개발권"이라는 용어도 정확하지 않을 뿐더러 TDR의 본질은 미사용된 용적을 이전하는 것일 뿐 어떤 권리를 이전하는 것이 아니기 때문이다. TDR을 도입한 미국에서도 개발권(Development Rights)이라는 용어

30 윤철홍, 「소유권의 역사」, 법원사; 1995, 곽윤직, 「물권법」, 박영사; 1998, 김갑성 외, "개발권양도제도의 도입을 통한 농업진흥구역 보전의 타당성 분석: 김포지역 사례를 중심으로", 「지역연구」 21(2), 한국지역학회, 2005, pp.167-171.

그림6. 뉴욕시 역사보존법에 의해 역사보존 건축물로 지정된 티파니(Tiffany) 건물 상부의 활용하지 못하는 공중권을 매입하여 조닝에서 허용하고 있던 용적률 이상으로 개발한 트럼프타워

를 사용한 것은 큰 의미가 없다. 오히려 '공중권(Air Rights)'이 정확한 용어이다[31]. 따라서 TDR을 정확하게 이해하기 위해서는 공중권을 활용한 뉴욕시의 경험을 살펴볼 필요가 있다.

앞에서 설명한 것처럼 영미법에서는 우리나라와 같이 토지와 토지 상부 건축물의 소유권이 분리되는 용익물권의 개념이 없기 때문에 토지 상부를 사용할 수 있는 권리를 공중권으로 인식하고 있다. 또한 국공유지에 대한 민간의 활용이 매우 제한적인 우리나라와 달리 국공유지 역시 민간에 99년 또는 그 이상 장기임대하여 활용하게 하는 방식이 매우 보편화되어 있다. 이러한 법적 체계 속에서 미국에서 처음으로 공중권을 활용하여 대규모로 도시개발사업을 한 사례가 1900년대 초반 뉴욕시의 그랜트센트럴역(Grand Central Station) 및 파크 애비뉴(Park Avenue)의 철도지하화 사업이었다.

---

31   김지엽·송시강·남진, 전게논문 (각주19)

뉴욕시 철도 지하화 사업과
공중권 활용[32]

1800년대 중반 미국에 본격적으로 철도가 도입된 이후 1800년대 말에는 현재 뉴욕시의 그랜드센트럴역(Grand Central Station)이 핵심 철도역사로 자리잡게 되었고, 주변 지역도 점차 도심지역으로 발전해 갔다. 반면, 철로가 뉴욕 맨해튼의 한가운데를 가로지르면서 도시를 동부와 서부로 단절시키고 있었고, 적어도 매일 50,000명의 승객이 이용하는 300여 대의 증기기관차가 유발하는 소음, 그을음, 가스발생 등의 문제로 증기기관차를 반대하는 시민들의 목소리가 높아져 갔다.

이러한 여건 속에서 설상가상으로 1902년 1월 8일 파크 애비뉴 선상의 58번가에 위치한 터널에서 15명의 사상자가 발생한 열차 충돌사고가 나게 되고, 뉴욕주와 뉴욕시는 할렘강(Harlem River) 남쪽 지역에서 증기기관차의 운행을 전면 금지하는 법을 제정하게 된다. 또한, 당시 파크 애비뉴에 건설된 기존 철로와 노후화된 그랜드센트럴역의 개선 문제 등 그동안 축적되어 온 복합적인 문제해결을 위해 역사와 철도시스템을 개편할 필요성이 시급히 요청되었다. 이에 대한 해결방안으로, 전기를 기차의 동력원으로 변경하면서 맨해튼을 남북으로 가로지르는 철로와 철도부지를 지하화하고 역사를 신축하고자 하는 계획이 진행되었다.

이 같은 계획은 당시 총 공사비 4,075만 달러(현재 가치로 원화 약 1조

---

32 Kurt C. Schlichting, 「Grand Central Terminal: Railroads, Engineering, and Architecture in New York City」, 2001, The Johns Hopkins University Press.

센트럴파크

철도 지하화 구간
(42nd St. ~97th St.)

Terminal
City

GCT

그림7. 철도 지하화 구간과 터미널시티 및 그랜드센트럴
역(GCT)

2천억 원)에 이르는 막대한 비용이었으며, 공사 2년 후인 1906년에는 7,180만 달러로 공사비만 두 배 가량 증가하게 되었다. 1902년 그랜드센트럴역 주식회사의 총수입이 8,200만 달러였던 것을 고려한다면 회사로서는 사활을 걸어야 하는 투자였는데, 이 엄청난 비용 문제를 해결하기 위해 당시 수석 엔지니어였던 윌거스(Wilgus)는 획기적인 방법을 통해 재원 확보 방법을 마련하였다.

그 획기적인 방법이 바로 지하화된 기존 철로와 철도부지 상부의 공중권(Air Rights)을 민간 사업자에게 임대하여 건물을 개발하도록 함으로써 토지에 대한 임대수익으로 공사비를 충당하고자 하는 계획이었다. 이것이 공중권을 실제 대규모 도시개발에 적용한 최초의 사례이다. '터미널시티(Terminal City)'로 명명된 이 계획은 맨해튼 42번가에서 54번가까지(Madison Avenue와 Lexington Avenue 사이)에 걸쳐 있는 그랜드센트럴역 주식회사 소유의 철로 및 철도부지를 지하화하면서 상부를 대규모 도시로 개발하는 야심찬 개발사업이었다[33]. 이 사업은 몇십 년에 걸쳐 성공적으로 마무리되

1906년 당시 그랜드센트럴역 철도부지 모습 (사진 출처: Schlichting, 2001)

철도부지에 인공데크 공사가 진행중이며, 첫 번째로 공중권을 활용하여 건설되는 중인 Biltmore Hotel이 보인다.(사진 출처: Schlichting, 2001)

새롭게 만들어진 인공데크 상부 공간(공중권)을 민간에 임대하여 고밀업무중심지로 개발한 현재 파크 애비뉴(지하에 철로가 지나가고 있음)

그림8. 공중권을 활용한 미국 최초 대규모 도시개발사업 사례: 터미널시티(Terminal City)

무리되었고, 현재는 뉴욕시 랜드마크 중 하나인 그랜드센트럴역과 고밀
업무중심지인 파크 애비뉴(Park Avenue)로 탈바꿈하였다.

---

33 1800년대 중반에 토지들을 매입할 당시만 해도 42번가는 맨해튼 도심의 최북단일 정도로 미개발상태
였다.

그랜드센트럴역 판례와 TDR

새롭게 만들어진 인공테크 상부의 공중권을 민간 사업자에게 임대하여 활용하는 것에서 한 발 더 나아가, 1960년 그랜드센트럴역이 역사보존 건축물로 지정된 이후 뉴욕시는 역사 상부의 활용하지 못하는 공중권의 용적만큼을 다른 대지로 이전할 수 있도록 하는 TDR을 도시계획 수단으로 도입하게 되었다. 앞 장의 규제적 수용 사례에서 살펴본 펜 센트럴(Penn Central) 판례는 규제적 수용 판례로도 중요하지만, 처음으로 TDR을 사법부에서 법적으로 인정한 판례로도 그 의미가 크다. 연방대법원은 펜 센트럴에서 도입한 규제적 수용을 판단하기 위한 3가지 기준 중 2번째 기준인 "관련 규제가 개발로 인해 기대된 경제적 효과에 미치는 정도"를 판단함에 있어 TDR을 통해 역사보존법으로 인한 경제적 손실을 어느 정도 경감할 수 있다는 논리를 전개한 바 있다. 그랜드센트럴역 주식회사는 뉴욕시의 TDR 적용 제안을 소송 이전에는 거부하였지만, 패소 이후 TDR을 활용하여 회사 소유의 인접대지였던 메트라이프 빌딩(구 Pan Am Building)에 그랜드센트럴역사 상부에서 사용하지 못한 용적만큼을 추가하여 개발하게 된다.

여기서 중요한 것은 TDR이라고 하는 것이 개발권이라는 용어를 사용하긴 했지만 개발권이라는 권리를 이전하는 것이 아니라, 어떤 대지 상부의 사용하지 못하는 공중권 부분을 다른 대지로 이전하여 사용하는 것이라는 점이다. 이러한 내용은 미국에서 TDR을 소개한 1916년 자료에서도 '사용하지 않는 공중권(unused air rights)'이라는 개념으로 설명하고 있고 [34], TDR 관련 판례에서도 활용하지 못하는 공중권을 이전하는 것으로 언급하고 있다. 따라서, TDR에서의 '개발권(Development Rights)'이라는 의미는

그림9. 뉴욕시 역사보존법에 따라 그랜드센트럴역사를 보존하고 활용하지 못하는 상부 공중권을 이전하여 개발된 후면의 메트라이프(MetLife) 건물

토지 상부를 활용할 수 있는 공중권(Air Rights)의 다른 표현으로 볼 수 있다. 또한, TDR은 어떤 도시계획 제한으로 상실되는 토지가치의 일부에 대한 손해를 경감시켜 주는 수단일 뿐이지, 보상 수단으로는 사용할 수 없다는 것도 판례를 통해 분명히 하고 있다[35].

이를 통해 볼 때 우리나라 선행연구들에서 TDR이 개발권을 소유권에서 분리한다는 접근은 TDR의 본질을 제대로 파악하지 못한 결과라고 할 수 있다.

따라서, 우리나라에서도 TDR을 도입하기 위한 법적 쟁점은 소유권에 관한 문제가 아니라, 국토계획법 등의 토지공법에서 정하고 있는 토지소유권의 공간적 범위에 관한 사항으로 볼 수 있다. 거꾸로 말하면, 토지소유권의 공간적 범위는 토지에 부속된 하나의 가치일 뿐 토지소유권의 본질적인 문제가 아니다[36]. 또한 실제 건축이 가능한 토지 상부의 공간적 범위를 결정하는 건폐율과 용적률은 국토계획법에서 지방자치단체장에게 위임한 도시계획 권한에 해당한다. 따라서, 지자체장은 이러한 권한을 활용하여 어떤 토지에서는 허용된 용적률을 더 낮추는 대신, 활용하지 못하는 용적만큼을 사용할 수 있는 토지에 용적률을 더 높여주는 것이 가능하다. 결론적으로 용적이양제는 광업권처럼 정책적 목적에 의해 설정된 토지소유권에 부속된 가치에 관한 사항이며, 지자체장의 도시계획 권한을 바탕으로 도시의 밀도관리를 위한 도시계획 수단으로 보는 것이 타당하다[37].

34   Johnston, Robert A. & Madison, E. Mary E., "From Landmarks to Landscapes: A Review of Current Practices in the Transfer of Development Rights", 「Journal of the American Planning Association」, 63(3): 1997, pp.365-378.

35   Suitum v. Tahoe Regional Planning Agency, 520 U.S. 725 (1997)

36   김지엽·송시강·남진, 전게논문 (각주19)

37   김지엽·송시강·남진, 전게논문 (각주19)

결합개발, 결합건축과 TDR 도입을 위한 과제

용적이양제는 아니지만 우리나라에도 유사한 제도가 도입되어 이미 시행되고 있다. 도정법에 의한 결합개발과 건축법에 의한 결합건축이다. 결합개발은 두 개 이상의 정비구역을 하나의 사업구역으로 보고 해당 구역의 용적률을 조정하는 제도로써 도정법 제18조에서는 둘 이상의 구역을 하나의 정비구역으로 결합할 수 있도록 하고 있고, '도시재정비촉진을 위한 특별법' 시행령 제6조 제3항 제4호에서는 "산지·구릉지 등과 같이 주거 여건이 열악하면서 경관을 보호할 필요가 있는 지역과 역세권 등과 같이 개발 여건이 상대적으로 양호한 지역을 결합"할 수 있도록 하고 있다. 즉 해당 용도지역에서 허용하고 있는 용적률을 전부 사용하지 못하는 산지나 구릉지의 정비사업지역과 허용된 용적률보다 더 많은 용적으로 개발할 필요가 있는 역세권 등에 입지한 정비구역을 하나로 묶어서 각각의 용적률 총합을 자유롭게 활용하여 사업계획을 수립할 수 있다.

그러나, 관리처분 방식으로 진행되는 정비사업에서 각각 조합의 관리처분 금액에 대한 가치산정 방식의 합의가 쉽지 않아 많은 사례가 추진되고 있는 것은 아니다[38]. 서울시에서는 주로 구릉지의 경관보호와 정비사업 촉진을 유도하기 위해 시행하고 있는데, 대표적으로 성북2구역과 신월곡1구역의 결합개발 사례가 있다. 한양도성 인근 저층주거지인 성북2구역

---

38   구릉지에 입지한 정비구역의 자산가치와 역세권 등에 입지한 정비구역의 자산가치가 다르기 때문에, 구릉지 정비구역에서 미활용된 용적이 사용되는 역세권에 위치한 정비구역에서의 자산가치를 어떻게 인정할 것인지가 쟁점이 된다.

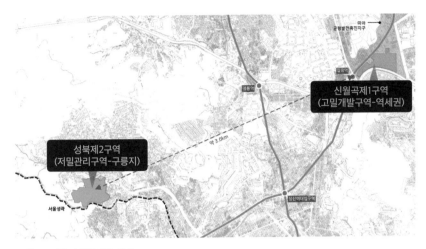

그림10. 서울시 결합개발 사례

은 경관문제로 인해 저밀개발이 요구되는 지역이고, 신월곡1구역은 용적률 600%가 허용된 지역이다. 이 두 개의 구역을 하나의 결합구역으로 묶어 성북2구역에서 활용하지 못하는 용적률 80% 정도를 신월곡 1구역에서 활용하여 용적률 680%로 사업이 추진 중이다.

물론 결합개발은 정해진 정비구역에서만 시행되기 때문에 자유롭게 용적을 사고 파는 TDR과는 차이가 있다. 이러한 점에서 건축법에서 2016년에 도입된 결합건축이 용적이양제와 가장 유사하다. 다만 결합건축 역시 용적이 상호 이전되는 필지들이 500m 이내에 있어야 한다는 등 현실적으로 시행되기 어려운 한계 때문에 2021년 현재까지 사례가 전무한 실정이다[39].

그러나 무엇보다 TDR을 우리나라에서 도입하기 어려운 보다 근본적

---

39 최초 도입 시에는 100m 이내였으나 2021년 1월 건축법 시행령 개정을 통해 500m로 확대되었다.

인 문제가 있다. 용적이 이전된 내용 등에 관한 물권의 변동을 모두가 알 수 있게 하는 공시 수단이 미흡하다는 것이다. 즉, 어떤 토지에서 미활용 용적을 이전했는데 이후에 해당 토지를 매입한 토지소유자가 그 사실을 알지 못하는 경우가 발생할 수 있다. 등기는 가장 강력한 토지에 대한 공시 수단이지만, 우리나라 등기에는 소유자와 저당권에 관한 사항만이 기재된다. 지적공부, 토지이용계획확인서, 건축물대장 등 물적사항에 대한 공시 제도가 있지만 모두 한계가 있다.

미국의 경우는 등기인 레코드(Record)에 해당 토지에 대한 모든 사항이 기록되어 어느 토지에 어떤 도시계획 제한들이 있는지, 어떤 조건이 붙어 있는지가 명확하게 표기되어 있다. 이런 등기제도는 미국에서 조닝이라는 도시계획 수단을 도입하기 이전에 활용되었던 사적규약과도 연계되어 자리잡아 온 제도인데, 앞에서도 설명한 것처럼 "토지와 함께 지속(run with land)"되는 법적 특성을 가지고 있다. 따라서 모든 토지에 관한 내용들은 현재 토지소유자뿐 아니라 이를 승계하는 모든 소유자에게 적용되며, 규약의 당사자뿐 아니라 제삼자들도 해당 내용을 강제할 수 있는 권리가 부여

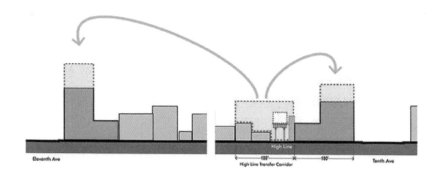

그림11. 하이라인(High Line) 주변의 계획적인 도시경관을 조성하기 위해 하이라인과 연접한 대지들은 층고를 제한하고, 이로 인해 사용하지 못하는 공중권을 구역 외곽으로 이전할 수 있도록 TDR을 활용하고 있는 뉴욕시 웨스트첼시 특별지구(Special West Chelsea District) (출처: https://www1.nyc.gov/assets/planning/download/pdf/plans/west-chelsea/westchelsea.pdf)

된다. 이처럼 미국에서는 TDR을 통해 어떤 토지의 용적을 이전했다면 그 내용이 등기에도 표시가 되어 누구나 그 토지의 현재 가치를 파악할 수 있다. 이와 같은 안정된 법적 장치들을 바탕으로 미국 대부분의 지자체에서 TDR을 다양한 목적으로 사용하고 있으며, 뉴욕시는 조닝의 실현 수단으로도 적극 활용하고 있다. 따라서, 우리나라에서도 결합건축이나 용적이양제와 같은 제도가 제대로 작동하기 위해서는 등기제도의 개선이 필수적이다.

또 하나의 관건은 용적을 팔고 싶어 하는 토지와 살 수 있는 토지가 충분해야 한다는 것이다. TDR이 가장 활발하게 사용되는 뉴욕시의 경우 공급처뿐 아니라 수요처도 많기 때문에 미리 미사용 공중권을 구입해 두는 시장도 형성되어 있으며, 공공기관이 TDR 은행의 역할을 하는 지자체도 많다. 그러나 서울의 경우 용적을 구매하여 허용하는 용적률 이상으로 개발할 수 있는 잠재력이 충분한 곳이 많지 않다는 것도 용적이양제 도입에 걸림돌이 될 수 있다[40].

---

40   서울시립대학교, 「친환경 도시재생을 위한 용적이양제 도입방안 연구」, 서울특별시, 2012

3장

우리 것 같은 남의 땅

: 공개공지, 전면공지, 공공통로, 건물전면공간

공용제한과
계획제한의 경계

지금까지 다룬 헌법과 토지재산권에 관한 내용을 요약해 보자. 헌법에서 보장하고 있는 토지재산권은 공공복리를 위해 법률에 따라 제한될 수 있다. 그러나 소유권의 본질인 사용과 수익, 처분권을 침해한다면 수인한도를 넘어서는 특별한 희생으로 인정되고, '비례의 원칙'을 위반하게 된다. 토지재산권은 공간적 범위를 가지고 있으며, 토지공법에 의해 정해지는 토지 상부의 건축이 가능한 범위를 포함하여 정당한 이익이 있다고 인정되는 지상과 지하 부분까지 헌법에 의해 보호받는 토지소유권의 범위가 미치게 된다. 따라서 이 부분에 대한 어떠한 계획제한도 토지소유권의 본질인 사용, 수익, 처분권을 침해하지 않아야 한다. 이것은 앞으로 이 책에서 계속 다룰 모든 도시계획이나 도시설계에서 가장 근본적으로 요구되는 법적 원칙이므로 항상 기억해 두어야 한다.

　이러한 원칙이 도시공간에서 가장 먼저 쟁점이 될 수 있는 부분이 사유지 내에 조성되지만 일반 대중이 거의 자유롭게 활용하고 있는 공개공지, 전면공지, 공공보행통로 또는 보차혼용통로(이하 "공공통로"), 건물전면공간 등의 공지들이다. 이러한 공지들은 남의 땅임에도 불구하고, 하루에도 수십 번씩 우리는 이 공간을 침범하고 활용하고 있다. 사실 남의 땅인지 의식도 못하는 경우가 대부분일 것이다. 물론 이러한 공지들은 건축법이나 국토계획법의 계획제한들에 의해 조성된다. 공개공지는 일반 대중의 휴식공간으로 조성되어야 하며, 전면공지는 주로 통행을 위한 보행공간으로, 공공통로 역시 사유지 내를 관통하는 보행이나 차량의 통행을 위해 제공

전면공지
(남의 땅)

인도
(우리 땅)

대지경계선

그림1. 건축선 후퇴로 조성된 전면공지는 일반 사람들이 보행 등의 목적으로 무심결에 사용하지만 엄연하게 사적 토지재산권의 영역이다.

해야 하는 공지들이다. 따라서 토지소유자 입장에서는 토지소유권의 사용과 수익이 제한될 수밖에 없다. 그렇지만 보상은 주어지지 않는다.

　그렇다면, 이러한 제한들은 헌법 제23조 제3항에 의한 공용제한에 해당하지 않는 것일까? 거꾸로 말하면, 어떻게 정당한 보상도 없이 개인의 토지소유권이 인정되는 사유지 일부에 대해 사용과 수익을 제한할 수 있을까? 그 땅의 소유자들은 어떤 마음으로 남에게 자기 땅을 내주고 있는 것일까?

대지 안의 공지 규정과
공공 성격의 공지들

토지소유의 관점에서 도시공간은 내 땅과 남의 땅, 그리고 우리 땅으로 구분할 수 있을 것이다. 당연히 남의 땅은 사유재산이므로 함부로 들어갈 수 없다. 남의 땅에 함부로 들어간다면 형법에 의한 주거침입죄에 해당할 수도 있다. 우리 땅이라 하면 공공 영역의 공간들이다. 국유지 또는 공유지로써 도로나 공원 등으로 조성되어 공공에 열려져 있는 곳은 모두 사용할 수 있다. 그리고 제3의 공간이 있다. 사유지 내에 위치해 있으면서 거의 공공 공간처럼 사용되는 공지들이다.

먼저 대지 안에서 반드시 공지를 조성해야 하는 규정에 대해 살펴보자. 가장 기본적으로 건축물의 밀도를 제어하는 핵심적인 수단은 건폐율과 용적률이다. 건폐율은 대지에서 건축물이 들어서는 부분을 제어한다. 대지의 100%를 꽉 채워 건축물을 지을 수 있게 허용한다면 그야말로 우리가 살아가는 도시환경은 질식될 것이다. 따라서 건폐율이라는 수단을 통해 용도지역에 따라 녹지지역에서는 대지면적의 20%, 중심상업지역에서 최대 90%까지 건축물이 들어설 수 있도록 면적을 통제하고 있다.

예를 들어, 제1종 전용주거지역에서는 건폐율 60%와 용적률 100%가 적용되므로 자연스럽게 마당 등의 공지가 만들어진다. 이렇게 만들어지는 공지들은 대지 내에 일반적으로 만들어지는 공지들이다. 또한, 건축법에서는 건축선과 인접대지경계선에서의 이격거리를 제한하고 있다. 건축법에 따라 도로와 접하는 대지경계선이 건축물이 최대로 들어설 수 있는 "건축선"이다. 그러나 대지경계선을 따라 건축할 수 없는 경우가 있다. 만약

그림2. 인접대지경계선 이격에 따라 조성되는 대지 안의 공지(좌)와 건폐율 등에 의해 대지 내 조성되는 마당 등 공지(우).

접하고 있는 도로가 건축법에서 정한 최소 너비인 4m가 되지 않는다면, 도로 건너편 필지와 함께 4m 도로를 확보할 수 있을 만큼 도로의 중심선에서부터 후퇴한 선이 건축선이 된다[1]. 이렇게 조성된 부분이 건물전면공간이다. 또한 건축법 제58조의 '대지 안의 공지' 규정에 따라 필지가 위치한 용도지역, 용도지구, 그리고 해당 건축물의 용도 및 규모 등에 따라 최대 6m까지 후퇴해야 하는 경우가 있다[2]. 즉, 인접대지와 연접한 인접대지경계선

---

[1] 건축법 제46조(건축선의 지정) ①도로와 접한 부분에 건축물을 건축할 수 있는 선[이하 "건축선(建築線)"이라 한다]은 대지와 도로의 경계선으로 한다. 다만, 제2조 제1항 제11호에 따른 소요 너비에 못 미치는 너비의 도로인 경우에는 그 중심선으로부터 그 소요 너비의 2분의 1의 수평거리만큼 물러난 선을 건축선으로 하되, 그 도로의 반대쪽에 경사지, 하천, 철도, 선로부지, 그 밖에 이와 유사한 것이 있는 경우에는 그 경사지 등이 있는 쪽의 도로경계선에서 소요 너비에 해당하는 수평거리의 선을 건축선으로 하며, 도로의 모퉁이에서는 대통령령으로 정하는 선을 건축선으로 한다.

[2] 건축법 제58조(대지 안의 공지) 건축물을 건축하는 경우에는 「국토의 계획 및 이용에 관한 법률」에 따른 용도지역·용도지구, 건축물의 용도 및 규모 등에 따라 건축선 및 인접대지경계선으로부터 6미터 이

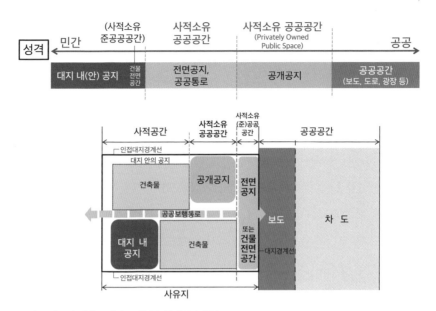

그림3. 사유지 내에 조성되는 다양한 공지들의 성격

에서는 일정 부분 띄워서 건축물을 배치해야 한다. 앞서 살펴본 바와 같이 건축법이 아니더라도 이미 민법에서 옆집의 대지경계선으로부터는 반드시 0.5m 이상 이격하도록 하고 있다. 한옥과 담으로 대지의 경계가 지어지는 우리나라 전통건축 양식의 특성도 있고 방화의 목적도 있다. 유럽도시를 가면 흔하게 볼 수 있는 맞벽 또는 합벽 건축물을 우리나라에서 거의 볼 수 없는 이유이다. 이렇게 건폐율과 대지경계선으로부터 이격거리를 준수하게 되면 건축물이 들어서는 건폐 부분을 제외한 나머지 부분은 자연스럽게 공지가 된다. 이런 공지들이 대지 '안의' 공지이며, 소유자의 취향에 따라 조경이나 휴게공간 등 다양한 목적으로 활용된다. 이러한 "대지 안의 공

내의 범위에서 대통령령으로 정하는 바에 따라 해당 지방자치단체의 조례로 정하는 거리 이상을 띄워야 한다.

지" 이외에 건폐율 등에 따라 조성되는 마당 등을 포함한 모든 공지들은 대지 내 공지로 구분하고자 한다. 어쨌든 대지 내 공지나 대지 안의 공지나 모두 사적 공간임에는 틀림이 없다. 내 집 마당에 누군가 허락 없이 들어오는 것을 좋아할 사람은 아무도 없다.

그러나 사유지임에도 불구하고 타인이 사용할 수 있도록 허용해 줘야 하는 공지들이 있다. 먼저, 공개공지는 대중을 위한 휴게공간으로 조성되어야 한다. 사유지이지만 공공공간의 역할을 하기 때문에 이를 "사적소유 공공공간"으로 정의하고자 한다. 전면공지는 지구단위계획에 따른 건축선 후퇴에 의해 조성되는 공지로 공공공간인 보도와 연접해 있다. 따라서, 보도블럭 형태 등을 주의 깊게 살펴보지 않으면 그 경계가 모호한 경우도 많다. 보도의 기능을 확장하여 보행공간으로 활용하기 위한 목적으로 도입되어 공개공지처럼 공공공간으로써 명확한 성격을 가지고 있지 않은 경우도 있지만 역시 "사적소유 공공공간"에 해당한다. 주의할 것은 전면공지는 대지 안의 공지로서 건물전면공간과 구분해야 한다는 것이다. 건물전면공간과 전면공지는 형태는 거의 유사하지만 법적 성격은 전혀 다르기 때문이다. 마지막으로 사유지를 관통하는 공공보행통로와 보차혼용통로 등의 공공통로도 전면공지와 유사한 성격으로 보면 큰 무리가 없을 것으로 생각한다.

이중 공공적인 성격이 가장 강한 공개공지부터 알아보도록 하자.

공개공지의 도입: 뉴욕시 POPS

공개공지는 뉴욕시에서 1961년 도입되었다. 우리나라에서는 공개공지라는 용어를 사용하지만, 영어로는 '사적소유 공공공간(Privately Owned Public Space:이하 "POPS")'으로 표현되며 그 의미가 훨씬 명확하다. 즉, 사유지에 조성된 공공공간이라는 의미이다. 사유지와 공공공간이라는 의미는 서로 상충할 수밖에 없다. 보상 없이 사유지 일부분의 사용과 수익을 제한하는 공개공지는 보상 없는 계획제한과 보상이 필요한 공용제한의 중간영역에 위치해 있다.

나중에 용도지역제 부분에서 자세히 설명하겠지만, 1916년 뉴욕시는 조닝(Zoning)을 핵심적인 도시관리 수단으로 도입하여 세 가지 용도지역으

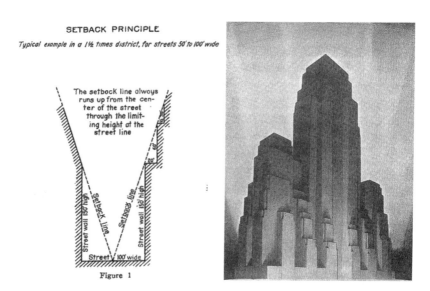

그림4. 1916년 뉴욕시 조닝(Zoning)의 사선제한에 의한 건축물 밀도 관리와 이에 따라 최대의 용적을 확보하기 위한 건축물 형태

로 도시를 구분하여 관리하기 시작하였다. 이때는 용적률 개념이 없었다. 따라서 밀도는 도로사선제한을 바탕으로 5개의 높이지구로 분류하여 관리하게 된다. 가장 높이 올라갈 수 있는 상업지역에는 대지만 크다면 하늘 끝까지도 건축물을 지을 수 있을 정도였다. 당시 개발업자와 토지소유자는 최대한의 밀도를 확보하기 위해 사선제한 규정에 따른 건축물을 설계하여, 당시 맨해튼에는 웨딩 케이크(wedding cake) 스타일이라는 고층건축물이 유행하기도 했다.

그러나 최대의 밀도로만 건축물을 짓다 보니 도심에는 오픈스페이스 하나 없이 고층건축물만 들어섰고 가로에서는 조망과 일조가 차단되어 가로환경이 답답하고 삭막해져 갔다. 따라서 초기 조닝에 대한 개선 요구 중 도심의 보행환경 개선은 시급한 해결 과제였다.

이때 뉴욕시 고민에 해결책을 제시해 준 것이 모더니즘 건축의 거장으로 알려진 미스(Mies Van der Rohe)가 설계한 시그램빌딩(Seagram Building)이었다. 미스는 조닝에 따라 최대한 밀도를 확보하는 일반적인 설계안 대신 대지 전면부를 과감하게 오픈스페이스로 계획하였다. 이러한 설계는 당시 부동산개발의 상식을 크게 벗어나는 것이었다. 왜냐하면 가장 임대료가 비

그림5. 과감하게 대지 전면부에 오픈스페이스를 조성하여 뉴욕시 공개공지의 모델이 된 시그램빌딩

그림6. 가로변 지상층을 필로티로 조성하여 내부 오픈스페이스로 보행동선을 연결한 레버하우스

싼 지상부의 건축면적을 반 이상 포기해야 했기 때문이다. 결론적으로 시그램빌딩이 준공되어 전면에 조성된 광장은 뉴욕시에서 처음으로 사유지 내에 조성된 오픈스페이스가 되어—법적인 공개공지는 아니지만— 지금도 많은 사람들의 사랑을 받는 장소로 사용되고 있다.

시그램빌딩 바로 근처에 SOM이 설계한 레버하우스(Lever House and The Chase Manhattan Bank) 역시 당시 조닝에 의한 전형적인 디자인에서 벗어나, 저층부를 필로티로 들어올려 만들어진 보행공간을 통해 연결되는 내부 중정부분을 오픈스페이스로 조성하여 새로운 고층건물 디자인의 가능성을 보여 주었다[3].

이처럼 사유지 내에 시원한 오픈스페이스를 확보한 시그램빌딩과 레버하우스는 뉴욕시에 큰 영감을 주게 되었다. 당시 뉴욕시의 조닝 개편을 이끌었던 건축가 부히스(Voorhees)는 "새로운 조닝은 공공가로와 가로에 면하는 건축물의 전면부에 빛과 공기를 제공하고 가로레벨에서 개방성을 확

3   Jonathan Barnett, 「Redesigning Cities」, 2003, APA, p.248

보해야 한다"고 주장하였다. 그리고 마침내 1961년 민간 토지에 오픈스페이스를 확보하기 위한 새로운 조닝시스템이 만들어지게 되고 이에 따라 공개공지인 POPS가 탄생하게 된 것이다.

　그러나, 공개공지를 도입할 때 사유지의 일부를 24시간 공공에 제공하게 한다는 것은 법적인 한계가 있다는 것을 인식하게 되었다. 왜냐하면 보상 없이 사유지의 일부를 공공에게 제공하도록 요구하는 것은 규제적 수용에 해당될 것이 분명했기 때문이다. 따라서, 뉴욕시는 이를 해결하기 위해 인센티브 조닝제도를 도입하여 강제가 아닌 권장사항으로 토지소유자가 자발적으로 공개공지를 조성하도록 유도하였다. 이를 위해, 건축물의 밀도를 제어하는 수단으로 사선제한 대신에 용적률(FAR) 개념을 도입하였고, 토지소유자가 공개공지를 조성하면 조닝에서 정한 용적률의 20%를 인센티브로 제공하는 인센티브 조닝(Incentive Zoning)제도를 도입하게 된다.

　이 같은 인센티브 조닝을 바탕으로 뉴욕시는 2000년까지 320개 건물에 503개의 공개공지를 확보하게 되었다[4]. 그러나 인센티브를 바탕으로 사유지 내에 공개공지를 확보하다 보니 많은 문제점도 발생하게 된다. 예를 들어, 토지소유자 입장에서 일반 대중이 공개공지를 잘 활용하도록 조성하기보다는 인센티브만 받기 위해 질적인 고려 없이 양적으로만 공간을 확보하거나, 질적인 수준을 확보했다 할지라도 건축물 준공 이후 사유화하거나 아예 공공의 접근을 막거나 폐쇄하는 경우도 많이 발생하게 되었다. 하버드대학교 도시계획학과 제롤드 케이든(Jerold Kayden) 교수는 2000년 뉴욕시에 조성된 공개공지에 대한 연구를 진행하였는데, 당시까지 조성된 503개 공개공지 중 제대로 공개공지의 기능을 유지하지 못하고 있는 비

4　Jerold Kayden, 「Privately Owned Public Space: The New York City Experience」, 2000, The Municipal Art Society of New York

그림7. 뉴욕시의 잘 활용되고 있는 공개공지 사례(좌)와 조성 이후 일반인 접근이 차단되어 사유화된 사례(우)

율이 41%에 달하는 것으로 분석하였다[5]. 이에 따라 뉴욕시는 공개공지 유형을 간소화하고 실제로 시민들을 위한 유용한 오픈스페이스로 활용될 수 있도록 디자인 지침을 수립하는 등 노력을 기울이고 있다[6].

5   상게서

6   김지엽·배웅규·정종대, "The Limitations and Improvement Schemes of the Zoning System for Privately Owned Public Space in New York City", 「도시설계」 8(2), 한국도시설계학회, 2007, pp.17-32.

우리나라의 공개공지

우리나라에서 공개공지 개념이 도입된 것은 1980년 도시설계 제도를 도입한 건축법에 따른 '도시설계 작성기준'의 '공지'로부터 시작된 것으로 알려져 있으며, '소공원 조성 의무화 지침'에 따른 공중공지나 소공원 등이 도심재개발 사업을 통해 본격적으로 조성되기 시작하였다[7]. 그리고 1992년 건축법 제67조에 공개공지의 확보에 관한 규정이 도입되면서 일반 건축물로 확대되었다[8]. 현재 건축법에서는 5,000m² 이상의 판매시설, 문화 및 집회시설, 종교시설 등이나 건축조례로 정하는 건축물에 대지면적의 10% 이하 범위에서 조례로 정하는 만큼 공개공지를 조성하도록 하고 있으며[9], 이에 따른 용적률과 높이 제한을 20%까지 완화해서 적용할 수 있도록 하고 있다[10]. 또한 건축법뿐 아니라 국토계획법에 따른 지구단위계획에서도 공개공지가 필요한 부지에는 의무적으로 설치하도록 하고 있다. '서울시 지구단위계획 수립기준'에서 공개공지는 "사유대지 안에 시민의 보행·휴식, 녹지공간의 연속적 조성 등······ 일반시민에게 상시 개방되는 대지 안의 공지"로 정의하고 있다[11]. 물론 지구단위계획에 따른 공개

---

7   김도연·최윤경, "공개공지 조성지침 시대별 특징 및 개선방안 연구", 「대한건축학회 논문집」 34(3), 대한건축학회, 2019, p.107.

8   김주석·최장순·최찬환, "공개공지의 설치기준에 관한 연구", 「대한건축학회 논문집」 18(5), 대한건축학회, 2002, p.43.

9   건축법 제43조 제1항; 건축법 시행령 제27조의2 제1항, 제2항

10   건축법 시행령 재27조의2 제4항; 서울특별시, 「서울특별시 지구단위계획 수립기준·관리운영기준 및 매뉴얼」, 2020, p.233.

11   서울시, 상게서, p.231.

그림8. 공개공지는 사유지 내에서 일반 시민들을 위한 휴식공간으로 조성하기 위해 인센티브를 대가로 해당 부분에 대한 토지소유권의 사용과 수익을 제한한다.

공지의 제공도 용적률 인센티브와 연동되어 있어, 사유지 일부를 일반 대중의 활용을 위해 토지소유권의 사용과 수익을 제한하는 것에 대한 최소한의 법적 장치를 두고 있다.

이렇게 조성된 도심 내 공개공지는 시민들을 위한 소중한 오픈스페이스로 기능하고 있다. 그러나 우리나라 역시 뉴욕시의 사례처럼 인센티브 확보만을 위해 질적인 고려 없이 양적으로만 조성하거나, 준공 이후에는 옥외영업공간으로 사유화 또는 폐쇄되는 경우, 유지관리가 되지 않아 쓸모없는 공간으로 버려져 있는 문제점들이 지적되어 왔다. 따라서 제대로 된 공개공지가 조성되고 활용되기 위해서는 계획·설계 단계에서부터 인센티브 확보만을 위한 양적 기준만 충족하여 쓸모없는 공개공지가 조성되지 않도록 건축심의 등의 단계에서 세심한 검토가 필요하며, 지속적인 유지·관리를 위한 노력도 필요하다. 건축법과 지구단위계획에서는 공개공지의

그림9. 지하철역과 연계된 선큰형 공개공지(역삼역 GS타워)와 을지로입구역 앞 공개공지

활용을 담보하기 위해 물건을 쌓아두거나 출입을 차단하는 시설을 설치하는 행위, 일정 공간을 점유하여 영업하는 행위 등 공개공지 활용을 저해하는 행위가 금지되어 있다[12]. 다만 60일 이내에서 건축조례로 정하는 바에 따라 문화행사나 판촉활동을 허가하고 있다[13].

　그러나 여전히 공개공지는 사유지에 해당하기 때문에 공공이 강제할 수 있는 법적인 한계가 있다. 따라서 최근에는 공개공지를 주변 지역의 활성화와 연계하여 지역 매니지먼트(Area Management) 기법을 활용한 운영·관리 연구도 많이 진행되고 있다.

12　건축법 제43조 제4항, 건축법시행령 제27조의2 제7항

13　건축법 시행령 제27조의2 제6항

전면공지와 건물전면공간

전면공지는 대지경계선에서부터 건축선 후퇴(setback)에 따라 지정되는 건축선이나 벽면선 등으로 만들어지는 건축물 외벽과 대지경계선 사이에 조성되는 선형 공지이다[14]. 이러한 전면공지는 도로와 연접해 있기 때문에 공공영역과 사적공간이 만나는 곳에 위치해 있어 도시 미관 형성과 가로 활력을 만들어낼 수 있는 보행환경 확보를 위해 매우 중요한 공간이며, 개별 필지의 얼굴이자 진입공간이라고 할 수 있다. 따라서 공공공간과 유사한 공적인 성격을 가질 수밖에 없다.

이러한 형태의 공지는 지구단위계획에 의해 전면공지라는 이름으로 만들어지게 되는데, 건축법의 '대지 안의 공지' 규정에 따라 만들어지는 건물전면공간과 물리적인 형태는 같지만 법적인 성격은 다르기 때문에 반드시 구분해야 한다.

우선 건축법에 의해 조성되는 건물전면공간은 서울이 도시화가 진행되던 때에 보도 공간이 부족한 도심지역에서 보행공간을 확보하기 위한 목적으로 1975년 도입된 미관지구에서 본격적으로 조성되기 시작하였다. 미관지구에서는 3m 건축선을 후퇴하여 사유지의 전면부분을 보행공간으로 확보하고자 하였고[15], 이렇게 조성된 공지에는 보행에 방해가 되는 장애

14 　도시설계학회, 「지구단위계획의 이해」, 2005, 기문당, p.96; 전면공지에 대한 보다 구체적인 정의는 김지엽·배웅규·한지형, "건축선후퇴에 의한 전면공지의 법적 한계와 개선방향", 「대한건축학회논문집」 26(11), 대한건축학회, 2010, pp. 283-292 참조

15 　3미터 확보는 3인이 부딪치지 않고 지나갈 수 있는 거리로 계산한 것으로 보인다. (백세나·양윤재, "미관지구 내 건축선 지정의 효과분석", 「도시설계학회 춘계학술발표대회 논문집」 2003, pp.84-85.)

그림10. 건축법의 '대지 안의 공지' 규정에 따라 조성되는 건물전면공간은 상품적치, 가판대, 주차장이나 옥외영업공간으로 활용되고 있는 경우가 많다.

물 설치를 금지하였다[16]. 미관지구는 2003년 건축법 개정으로 삭제되었으나, 건축법 제58조 "대지 안의 공지" 조항에서는 대지가 위치한 용도지역이나 용도지구 등에 따라 건축선으로부터 6미터 이하 범위 내에서 조례로 정하는 거리 이상 이격하도록 하고 있어 결과적으로 대지 전면부에 공지가 조성되게 된다. 그러나 별도의 용적률 인센티브도 주어지지 않기 때문에, 이 부분에 대한 사용과 수익권을 엄격하게 제한할 수 있는 법적 근거는 없다. 따라서, 마당이나 대지 내부에 조성되는 다른 공지처럼 사적 영역으로 보아야 한다. 선행 연구들에서 분석한 바와 같이 실제로 미관지구에서 조성된 건물전면공간은 주차장이나 상품적치 등의 사적인 용도로 활용되는 경우가 많고[17], 이외에도 가판대 설치뿐 아니라 옥외영업공간이나 심지어 내부공간을 연장하여 증축한 경우도 많이 발견되고 있다[18].

그러나 애당초 보도의 기능을 확보하기 위해서 사유지의 일부를 사용한 것 자체가 무리가 있는 것이다. 보도가 필요하다면 당연히 국가의 예산으로 도로를 확보하여 조성해야 함에도 불구하고 아무런 보상도 없이 사유지를 활용하여 보도공간을 확보하고자 하는 것은 당시로써는 고육지책이었겠지만, 현재라면 공용제한의 논란을 피할 수 없을 것이다. 문제는 우리 도시 공간 속에서 많은 건물전면공간이 여전히 보도의 역할을 하고 있다는 점이다. 물론 전면공지와 마찬가지로 건축법에 의해 조성된 건물전면

---

16   2003년 개정 이전의 건축법 시행령 제31조, 제73조, 제118조와 1999년 개정된 서울시 건축조례(1999년 7월 31일 조례 제3665호) 제43조에서 미관도로 건축후퇴선 부분은 개방감 확보, 출입의 용이 및 도시 미관이 향상될 수 있도록 공작물, 계단, 담장, 주차장, 기타 이와 유사한 시설물의 설치를 금지하였으며, 구청장에게 미관도로 건축후퇴선 부분에 차량 진출입을 금지하기 위하여 볼라드, 돌의자 등을 설치하도록 하였다.

17   백세나·양윤재, 전게서, p.82.

18   김인자, 「가로변 건축물의 전면 공지 이용에 관한 연구: 서울시 상업가로변 4개 지구를 중심으로」, 홍익대학교 대학원 석사학위논문, 2005; 이지영·김석기·박영기, "도심상업지역의 공개공지 사유화에 대한 연구", 「건축학회 학술발표대회논문집」 28(1), 대한건축학회, 2008, pp.257-260 등

그림11. 유럽이나 미국 도시들에서 흔히 볼 수 있는 옥외영업공간은 도로점용을 통해 조성된다. 대지경계선이 곧 건축선이기 때문에 공개공지와 같은 특별한 경우가 아니라면 사유지 일부를 보도로 사용하는 건물전면공간은 만들어지지 않는다.

그림12. 일반인 통행을 막아버린 극단적인 건물전면공간 사례: 건물전면공간은 사유지 내 '대지 안의 공지'이기 때문에 공공의 개입으로 토지재산권의 사용과 수익을 제한하는 데 근본적인 한계가 있다.

공간 역시 공적 영역인 보도나 차도와 직접 만나는 부분이기 때문에, 가로 경관과 가로공간의 질적 향상을 위해 매우 중요한 공간들이다. 그러나 전면공지와 달리 인센티브도 주어지지 않기 때문에 토지소유자가 공공의 통행을 막는다 할지라도 토지소유권의 사용과 수익을 원천적으로 제한할 수 있는 법적 근거가 없다.

그렇다고 많은 건물전면공간이 차단되거나 제대로 된 관리 없이 방치된다면 우리 도시의 가로환경은 악화될 수밖에 없다. 건물전면공간을 가지고 있는 토지소유자 역시 보행을 할 때면 다른 토지에 조성된 같은 공간을 사용하고 있을 것이다. 따라서 건물전면공간은 건물로의 진입공간이기도 하면서 건물의 얼굴과 같은 부분이므로 해당 건축물의 가치향상에도 기여한다는 설득과 함께 자발적인 관리를 유도할 수 있는 민관협력 방법을 모색할 수밖에 없다.

한 가지 더 고려할 수 있는 방법은 그동안 아무런 보상도 없이 실제 보도의 기능을 수행해 온 건물전면공간에 대해 재산세 비과세 대상으로 인정해 주는 것도 고민해 볼 만하다. 지방세법에서는 도로법에 따른 도로 이외에도 일반인의 자유로운 통행을 위해 제공할 목적으로 개설한 사설도로를 재산세 비과세 대상으로 보고 있지만, 건축법에 따른 대지 안의 공지는 제외하고 있다[19]. 그러나 대법원은 "그 공지의 이용현황, 사도의 조성 경위, 대지소유자의 배타적인 사용가능성 등을 객관적·종합적으로 살펴보아, 대지소유자가 그 소유 대지 주위에 일반인들이 통행할 수 있는 공적인 통행로가 없거나 부족하여 부득이하게 그 소유 공지를 불특정 다수인의 통행로로 제공하게 된 결과 더 이상 당해 공지를 독점적·배타적으로 사

19　지방세법 제109조 제3항; 지방세법 시행령 제108조 제1항 제1호

용·수익할 가능성이 없는 경우"에는 지방세법에서 비과세 도로를 의미하는 '일반인의 자유로운 통행을 위하여 제공할 목적으로 개설한 사설도로'에 해당한다고 판시한 바 있다[20]. 이처럼 실제 도시 내에서 보행공간으로 활용되고 있지만 법적인 정당성이 미흡한 건물전면공간에 대해 치유 방안을 고민해야 할 필요가 있다.

반면에, 지구단위계획에서 건축선 후퇴에 따라 조성하도록 하는 전면공지는 연속적인 가로경관과 가로성격에 적합한 보행공간을 확보하고자 하는 계획목적을 바탕으로 용적률 인센티브와 연동되어 있다. 전면공지 확보를 위한 인센티브는 선택이 아니다. 반드시 인센티브가 주어져야 계획제한으로써의 최소한의 법적 장치를 확보할 수 있다. 지구단위계획에서 전면공지의 조성 목적은 휴식의 기능이 주요 목적인 공개공지와 달리 보행공간의 제공이기 때문에 보행에 지장을 주는 시설물 설치를 금지하는 등의 규제가 일반적으로 적용된다. 이렇게 조성된 전면공지는 도심 내 보행공간으로 중요한 역할을 담당하고 있으며, 최근에는 차도형 전면공지라는 형태로 차량을 위한 공간으로 확보되기도 한다.

그러나, 단지 보행공간으로써 전면공지 역할에 대해서는 의문의 여지가 많다. 분당의 정자동 카페거리 사례는 전면공지 활용에 대한 갈등을 명확하게 보여준다. 2000년대 활성화되었던 분당 정자동의 카페거리는 지구단위계획에 의해 지정된 2m 건축선 후퇴로 인해 조성된 전면공지 부분에 옥외영업을 위한 테라스를 조성하여 유명해졌다. 그러나 지구단위계획에서는 이러한 전면공지에 보행이나 휴식에 지장을 주는 구조물을 설치할 수 없도록 하고 있는 것이 문제였다[21]. 2006년 성남시 분당구청이 전면공

20   대법원 2005. 1. 28. 선고 2002두2871 판결

21   분당 제1종 지구단위계획 시행지침

└ 지구단위계획의 2m 건축선후퇴에 의해 조성된 전면공지

그림13. 분당 정자동 지구단위계획에 따른 2m 건축선 후퇴 부분에 조성된 전면공지에 옥외영업공간을 설치하여 유명해진 정자동 카페거리

지에 테라스를 설치하여 옥외영업을 한 21개 점포에 대해 국토계획법 제54조와 분당지구단위계획지침 제7절 위반으로 검찰에 고발하는 일이 발생하였고, 토지소유자들은 사유지에 사비로 테라스를 조성한 것에 대한 철거 명령은 명백히 토지재산권을 침해하는 것이라고 반발하였다. 검찰은 유야무야 무혐의 처분을 내리긴 했지만[22], 이는 전면공지에 대한 본질적인 성격을 고민하게 만든 사건이다.

해당 전면공지에 테라스를 조성하여 정자동의 가로가 더욱 활성화되었다는 것은 긍정적인 결과이며, 정자동 카페거리를 모델로 다른 지역에서도 유사한 카페거리나 음식점 거리들이 조성된 사례들도 많이 등장하게

제7절 대지 안의 공지에 관한 사항
제19조 (전면공지)
① 보행환경조성을 위한 보도부속형 전면공지의 조성은 다음 각 호의 기준을 따른다.
　1. 전면공지에는 주차장이나 담장, 기타 보행 및 휴식에 지장을 주는 시설물을 설치할 수 없다.

22　연합뉴스 2006년 11월 16일자, 한국일보 2006년 11월 29일자 등

되었다. 그렇다면, 해당 지구단위계획 지침은 어떻게 보아야 할까? 물론 용적률 인센티브를 통해 사유지의 토지소유권 일부에 대해 사용과 수익을 제한하기 위한 최소한의 법적 장치는 확보해 두었다 할지라도, 전면공지의 활용을 단지 보행공간의 확보로만 한정해야 할지는 재고의 여지가 있다.

또한, 반드시 필요한 계획적 목적이 있어서가 아니라 지구단위계획 수립 시 기계적으로 건축선 후퇴선을 지정한 경우도 많이 목격하게 된다. 특히 신도시 개발에서는 보도를 포함한 충분한 도로 공간을 확보할 수 있음에도 불구하고 별도의 건축선 후퇴선을 지정하여 사유지 내에서 추가적인 보행공간을 확보하고자 하는 것은 계획적 명분이 미흡하다. 보행공간이 충분히 확보된 가로에서도 전면공지가 필요하다면 특정한 성격을 갖는 가로조성이나 가로활성화 등 최소한의 계획적 목적을 갖추는 것이 바람직할 것이다. 보행 및 휴식에 지장을 주는 시설물 설치를 획일적으로 금지하고 있는 전면공지의 지구단위계획지침도 가로성격에 따라 가로시설, 식재, 조경, 포장 등의 성능기준으로 개선될 필요가 있다[23].

도로가 협소한 기성 시가지의 중저밀 주거지역의 지구단위계획에서도 도로공간을 확충하기 위해 1~3m 건축선 후퇴를 사용하는 경우가 많다. 그러나 목표로 하는 해당구간의 도로 폭을 확보하기 위해서는 가로에 면한 모든 필지들이 신축되어야 한다는 근본적인 한계가 있으며, 필지 규모가 너무 작아 정해진 만큼 건축선 후퇴를 할 경우 아예 건축물의 신축이 불가능한 경우도 발생하고 있다. 따라서 기성 시가지에서 도로공간 확보를 위한 전면공지 지정은 해당 지역의 맥락과 건축 스케일에서의 고려를 통해 신중하게 지정되어야 하며, 건축법에 의한 건물전면공간의 과오를 되풀이

---

23   김지엽·배웅규·한지형, "건축선후퇴에 의한 전면공지의 법적 한계와 개선방향", 「대한건축학회논문집」 26(11), 대한건축학회, 2010. p.291.

그림14. 이면도로
보행 및 도로공간
확보 등을 위한 건
축선 후퇴 계획(출
처: 독산역 주변 준공
업지역 지구단위계
획(안) 사전자문자료,
2019)

하지 않기 위해서는 반드시 인센티브가 주어져야 계획제한으로써의 법적
정당성을 확보할 수 있을 것이다.

　최근에는 차도형 전면공지도 많이 계획되고 있는데, 차도형 전면공지
는 대상지로의 진출입을 위한 완화차선 등의 기능을 수행하는 등 보다 분
명한 목적으로 신중하게 지정할 필요가 있다. 지자체가 마땅히 도로로 확보
해야 할 차도를 민간의 부지를 활용하여 도로를 가장한 전면공지로 조성한
다면 차도형 전면공지의 계획적 정당성을 남용할 수 있고, 설사 차도의 기
능을 수행한다 할지라도 법적인 도로가 아니기 때문에 도로법이나 도로교
통법의 적용도 받지 않는다는 점 또한 분명하게 인지하고 계획해야 한다.

도시를 만드는 법

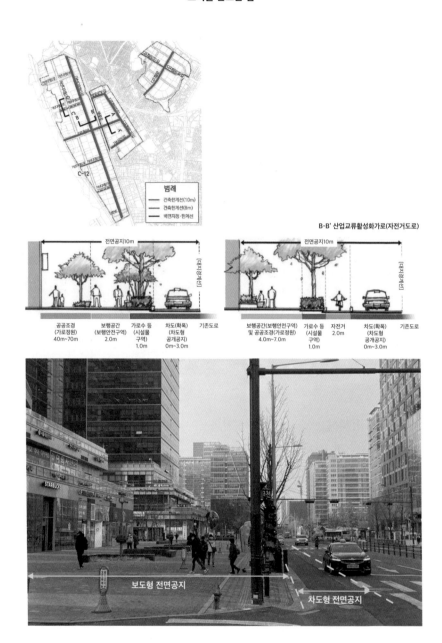

그림15. 건축선 후퇴에 의해 10m 전면공지를 조성하고 그 중 3m를 차도형 전면공지로 조성하여 차도로 활용하고 있는 가산디지털단지 지구단위계획 (차도형 전면공지에는 지상권까지 설정해 두었다, 위 도면 출처: 가산디지털단지 지구단위계획)

공공보행통로와 보차혼용통로(공공통로)

사유지 내 조성되는 공지 중 조성 이후 차단·폐쇄 문제가 가장 많이 발생하는 것이 공공보행통로나 보차혼용통로이다. 공공의 영역인 도로와 연접하고 있는 공개공지나 전면공지와 달리 공공통로들은 사유지를 관통하다 보니, 그 땅에 거주하고 있는 주민들 입장에서는 내 집 안마당을 다른 사람들이 마음껏 드나드는 것처럼 느낄 수 있기 때문이다.

공공보행통로는 "일반인에게 상시 개방되어 보행과 통행에 이용될 수 있도록 대지내 또는 건축물 내에 조성한 통로"이고[24], 보차혼용통로는 "일반인 및 차량이 통행할 수 있도록 대지 안에 조성한 통로"이다[25]. 공공통로의 지정 목적은 물론 공공의 편익이다. 특히 규모가 큰 대지 내에 공공보행통로를 지정하여 주변 지역의 편리한 보행동선 체계를 확보하기 위해 지구단위계획의 특별계획구역이나 재건축 및 재개발사업 등의 정비사업에서 많이 활용되고 있다.

또한, 공공통로가 여러 개의 필지를 관통하는 경우도 있는데, 최근에는 장기미집행 도시계획 도로를 폐지하는 경우 궁여지책으로 도로의 기능을 유지하기 위해 지정하는 사례도 많이 나타나고 있다. 그러나 이런 경우는 지구단위계획에서 지정한다고 해서 공공통로로써 기능할 수 있는 법적 효력이 발생하는 것이 아니다. 왜냐하면 공공통로 역시 사유지 내에 조성되기 때문에 일반 대중에게 개방하도록 사용과 수익권을 제한할 필요가

---

24 서울특별시 『지구단위계획 수립기준·관리운영기준 및 매뉴얼』, 2020, p.227.

25 국토교통부 지구단위계획수립지침(국토교통부훈령 제1131호)

그림16. 서초 지구단위계획 특별계획구역의 공공보행통로 계획과 조성 사례

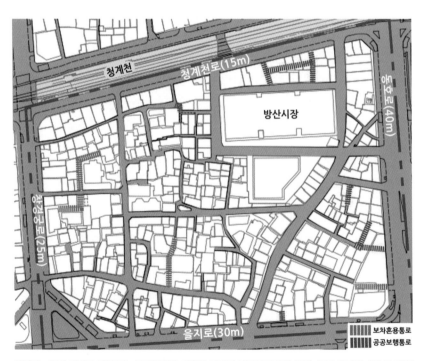

그림17. 여러 필지를 관통하는 공공통로를 계획한 주교동 지구단위계획 사례: 모든 필지의 신축이 진행
되어 인센티브가 주어지지 않는다면 해당 공공통로의 법적 구속력은 완성되지 않을 것이다.

있어 공개공지나 전면공지처럼 인센티브가 주어져야 하기 때문이다. 즉, 인센티브와 교환되어야 비로소 공공통로의 법적 효력이 발생된다. 그러나 개별 필지에서 용적률 인센티브는 신축이 발생했을 때만 주어지게 된다. 따라서 한 필지라도 신축이 발생하지 않는다면 전체 공공통로는 미완성 상태로 남아 있게 되는 근본적인 한계가 있다.

무엇보다 공공통로는 조성 이후 기능을 유지하기가 어려울 수 있다. 대상지가 상업이나 업무로 개발된다면 비교적 유지가 용이하지만 공동주택단지로 개발될 경우에는 문제가 달라진다. 화장실 들어갈 때와 나올 때의 마음이 달라지는 것처럼 사업계획 인허가 당시와 준공 이후의 마음이 달라질 수 있기 때문이다. 특히 준공 이후의 입주자들은 인허가 당시의 사업주체인 조합과 다르다. 사업계획 인허가 시점에서는 조합이 기쁜 마음으로 공공통로 설치에 동의했다 할지라도, 입주 이후 입주자들은 단지 내에 일반 사람들이 드나드는 것을 쉽게 받아들이지 못할 수 있다. 결국 입주민들에 의해 아예 공공통로가 폐쇄되어 버리는 극단적인 상황도 발생하지만 행정 입장에서는 이를 강제할 수단이 많지 않다. 용적률 인센티브를 받

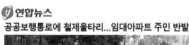

그림18. 조성 이후 입주민에 의해 차단된 공공보행통로 갈등을 보도한 뉴스 기사(왼쪽 사진 ©연합뉴스(2015. 6. 2.), 오른쪽 사진 ©경인일보(2021. 2. 2))

았다는 것이 그나마 해당 공공통로의 법적 구속력을 강제할 수 있는 근거이지만, 문제는 토지에 대한 사용권한은 없다는 것이다. 더구나 국토계획법에 의한 지구단위계획 지침 위반에 대한 벌칙 규정은 미흡하다. 국토계획법에 따라 시정 명령 이후 벌금을 부과할 수는 있지만 형법상 일사부재리의 원칙에 따라 지속적으로 강제하기는 한계가 있다. 건축법 위반이라면 이행강제금이라는 강력한 수단이 있지만 일반적으로 공공통로는 건축법이 아닌 국토계획법에 따른 지구단위계획에 의해 조성되기 때문에 이행강제금도 부과할 수 없다.

최근에는 대규모 아파트단지가 폐쇄적으로 조성되어 도시와 단절되는 것을 개선하기 위해 최대한 단지를 분절하여 도시와 연계하기 위한 노력도 진행되고 있다. 서울시 건축위원회 심의나 현상공모 등의 아파트 단지 계획안들을 보면 적극적으로 단지 내부로 공공이 통행할 수 있는 단지 내 도로나 통로를 중심으로 공동주방, 도서관 등 지역주민이 활용할 수 있는 커뮤니티 시설을 배치하는 경우를 많이 목격하게 된다. 그러나 법적인 근거가 있는 공공보행통로도 그 기능을 지속시키기 위한 한계가 있는데, 하물며 공공보행통로도 아닌 단지 내 통로와 커뮤니티 시설들을 지속적으로 공공에 개방한다는 것은 현실적으로 어려운 문제이다.

가장 확실하게 공공통로에 대한 공공의 활용을 담보할 수 있는 수단은 지역권이나 구분지상권과 같은 용익물권 설정을 통해 토지에 대한 사용 및 수익권을 확보해두는 것이다. 최근 서울시에서는 일부 정비사업 등에서 공공통로에 지상권을 설정하는 사례도 늘어나고 있다. 그러나 지상권은 타인의 토지에 건축물이나 수목 등을 소유하기 위한 용익물권이므로 단지 통행만을 위한 지표면을 공공이 사용하게 하기 위해 지상권을 설정하는 것은 과도한 조치가 될 수 있다. 따라서 해당 토지의 지표면만 사용하는 경우는 지역권, 지표면의 상하부에 입체적으로 일부 시설 등을 포함하는 경우는 구분지상권을 설정하는 것이 타당할 것이다[26].

앞 장에서 설명한 것처럼 지역권은 우리나라에서 도시계획 목적으로 활용하는 사례는 아직 많지 않은데, 인역권을 포함한 지역권을 도입한 영미법과 달리 우리나라는 인역권을 제외하고 있어 지역권 설정 시 요역지와 승역지의 관계가 명확하지 않다는 한계가 있다. 또한 지역권을 설정하기 위해서는 토지의 활용을 위한 승역지가 존재해야 하는데 공공통로는 이러한 승역지가 존재하지 않는다는 반론이 있을 수도 있다. 그러나, 공공이 통행하는 도로를 승역지로 본다면 이와 같은 법적 쟁점은 충분히 해결할 수 있을 것으로 생각한다.

---

26   김지엽·안용진 "지구단위계획을 통한 공공보행통로 및 보차혼용통로의 법적 성격과 개선방안", 「대한건축학회 논문집」 37(2), 대한건축학회, 2021, pp.155-161.

4장

허락 없이 건축할 수 없다

∵ 허가와 행정행위

행정행위의 주요 원칙

내 땅이라고 해서 내 마음대로 건축할 수 있는 것이 아니다. 모든 토지에서 건축행위나 개발행위를 하기 위해서는 국가의 허락이 필요하다. 토지재산권은 헌법에서 보장하고 있지만, 그 내용과 한계는 법률로 정하고 있다. 이에 따라, 일반적인 건축행위에 대한 양대 법률인 국토계획법과 건축법을 포함한 관련 법률을 통해 모든 토지에 대한 건축행위를 금지해 놓은 후 각 법률에서 정한 허가요건을 충족할 때에만 건축행위나 개발행위를 허락하는 체계를 구축해 놓았다.

이러한 허락을 받는 인허가 과정이 아마 건축이나 개발과정에서 가장 어려운 일 중 하나일 것이다. 많은 경우에는 아무리 관련 법규를 충족하고 설계를 잘했다 하더라도 인허가권을 가지고 있는 지자체가 도로나 공원을 지어라, 도서관이나 어린이집을 지어달라, 공개공지를 더 쓸모있게 조성해라 등등 각종 요구사항과 조건을 부과하기도 한다. 때로는 건축물의 외관이 도시경관에 어울리지 않는다는 이유로 인허가가 거절되는 경우도 있다. 그렇다면 이 모든 사항들은 담당 공무원들의 마음대로 할 수 있는 것일까? 물론 그렇지 않다. 공무원들의 행동도 법의 테두리 안에 있어야 한다. 공무원들이 마음대로 인허가 과정을 처리한다면 국민들의 재산권을 보장하기도 어려울 것이다. 공무원, 즉 행정의 행위를 규율하고 통제하는 것이 행정법의 영역이다.

행정이란 공익 실현을 목적으로 추상적인 법규를 구체적으로 집행하는 것이며, 당연히 법을 근거로 이루어져야 한다. 행정법의 법원은 헌법을 바탕으로 법률과 관습법, 조리 등을 포함한다. 특히 행정의 일반적인 원칙들인 '자기구속의 원칙', '신뢰보호의 원칙', '비례의 원칙', '부당결부금지의 원칙' 등은 조리에 의한 불문 법원에 의해 규율되어 왔으나, 2021년 3월 행정기본법이 제정되어 성문법의 근거를 갖추게 되었다. 이 책에서는 행정기본법에서 명시하고 있는 6가지 원칙만 기억하면 충분하다.

먼저 '법치행정의 원칙', '비례의 원칙'은 앞에서 설명한 헌법 제37조 제2항의 법률유보의 원칙 및 비례의 원칙과 동일한 개념으로 생각하면 된다. '법치행정의 원칙'은 법률유보의 원칙과 마찬가지로 국민의 권리를 제한하거나 의무를 부과하는 경우는 반드시 법률에 근거해야 한다는 것이고, '비례의 원칙'은 적합성의 원칙, 최소침해의 원칙, 그리고 공익과 사익의 균형 등의 원칙을 요구한다[1]. '성실의무 및 권한남용의 원칙'은 행정청이 법령 등에 따른 의무를 성실하게 수행할 것과 권한을 남용하지 말 것을 명시한 것이다.

'평등의 원칙'은 헌법의 평등권에 기초한 것으로 차별 없이 모든 국민에 대해 행정행위를 해야 한다는 원칙이다. 평등의 원칙에 근거하고 있는 '자기구속의 원칙'은 같은 사안에 대해 모두에게 동일한 결정을 하도록 하는 것이다. 1993년 강남구 밀실 가라오케 판례는 이 원칙을 잘 보여주는 예이다. 당시는 모든 주류를 판매하는 일반음식점은 자정까지 영업이 허용되었다. 자정 이후 몰래 영업을 하던 가라오케(현재 용어로는 단란주점)가 단속이 되었는데, 이 업소는 영업허가 이전에 1개월 이상 무허가 영업을 한 점도 밝혀졌다. 이 업소에 대해 해당 지자체인 강남구에서는 2개월 15일의 영업정지 처분을 내렸는데, 같은 사안에 대해 1개월의 영업정지 처분을 하

---

1   행정기본법 제10조(비례의 원칙) 행정작용은 다음 각 호의 원칙에 따라야 한다.
     1. 행정목적을 달성하는 데 유효하고 적절할 것
     2. 행정목적을 달성하는 데 필요한 최소한도에 그칠 것
     3. 행정작용으로 인한 국민의 이익 침해가 그 행정작용이 의도하는 공익보다 크지 아니할 것

도록 하는 행정처분기준이 있었다. 대법원에서는 이러한 행위는 행정의 자기구속의 원칙을 위반한 재량권 일탈 또는 남용에 해당하는 위법한 행정행위라는 판결을 내렸다[2].

'신뢰보호의 원칙'은 헌법에 따른 법치국가 원리를 이론적 근거로 하여 법이나 제도, 행정행위의 존속성 등을 바탕으로 이루어진 사인의 행위는 보호되어야 한다는 원칙이다[3]. 예를 들어, 종교회관 건립이 관련 법규상 허용된다는 공무원의 설명을 신뢰하고 건축허가 준비를 진행하였는데, 추후에 허가권자가 다른 사유를 들어 토지형질변경 허가신청을 불허한 사건에서 대법원은 신뢰보호의 원칙을 위반한 위법한 행정행위라고 판결한 바 있다[4]. 다만 신뢰보호의 원칙을 위반하였다고 판단하기 위해서는 행정청의 선행조치가 공적인 견해의 표명이어야 하고, 보호가치가 있는 사인의 신뢰가 있어야 하며, 선행조치와 사인의 행위에 인과관계가 있어야 하고, 선행조치에 반하는 후행처분이 존재해야 하는 등의 요건을 갖추어야 한다[5]. 또한 신뢰보호의 원칙은 도시관리계획의 변경에 따른 계획보장청구권에 대한 문제에도 적용된다. 예를 들어, 어떤 토지소유자가 현재의 용도지역 상에서 건축계획을 작성하여 허가를 받았으나, 다음날 용도지역이 변경되어 해당 건축계획안이 적합하지 않게 된다면 신뢰보호의 원칙에 따라 지자체는 해당 건축허가를 인정해 주어야 한다는 것이 일반적인 시각이다.

이러한 경우에는 미국이 오히려 행정의 규제권을 중요하게 고려한다. 미국에서는 비록 정부의 허가에 대한 확답을 넘어 건축허가를 이미 받았다

2   대판 1993. 6. 29. 93누5635

3   행정기본법 제12조(신뢰보호의 원칙)

4   대판 1997. 9. 12. 96누18380

5   대법원 1998. 5. 8. 선고 88두4061 판결; 대법원 1997. 9. 12. 선고 96누18380 판결 등

할지라도 관련 법규나 도시관리계획이 변경된다면 해당 건축허가는 유효하지 않다는 것이 일반적인 견해이다[6]. 신뢰보호의 원칙이 적용되는 시점을 '확정된 권리'(Vested Right)라고 하는데, 미국의 대부분 주에서는 허가여부가 아닌 실제 투자가 시작되었을 때부터 이 권리를 인정하고, 뉴욕주의 경우에는 허가를 받은 후 공사를 위한 터 파기가 시작되는 시점에서야 이 권리를 인정해 줄 만큼 행정의 도시계획 권한을 폭넓게 허용해주고 있다[7].

마지막으로 '부당결부금지의 원칙'이 있다. 용어 그대로를 해석하면 국민에게 부당하게 결부된 부담을 지우지 말라는 원칙이다. 이것은 뒷장에서 자세히 설명할 기부채납이나 공공기여와 관련하여 가장 중요한 원칙이다. 예를 들어, 도시개발과 관련한 인허가를 조건으로 행정청은 도로나 공원 등을 기부채납하도록 요구할 수 있는데, 해당 인허가와 관련되지 않은 시설을 기부채납하도록 요구할 수 없다. 행정기본법에서 규정하고 있는 것처럼 행정청이 행정행위를 할 때 해당 행정행위와 관련이 없는 의무를 부과할 수 없기 때문이다[8].

위와 같은 행정행위에 대한 기본적인 원칙 중 하나라도 위반되었다고 판단된다면, 해당 행정행위는 재량권 남용 또는 일탈에 따른 위법한 행정행위로 인정되며, 무효 또는 취소소송, 항고소송, 손해배상청구의 대상이 될 수 있다[9].

6　John R. Nolon & Patricia E. Salkin, (2006).「Land Use in a Nutshell」, Thomson: MN, 2000, p.126.

7　Lucas, 전게서, p.1027.

8　행정기본법 제13조(부당결부금지의 원칙) 행정청은 행정작용을 할 때 상대방에게 해당 행정작용과 실질적인 관련이 없는 의무를 부과해서는 아니된다.

9　미국 행정법에서 가장 중요한 기준은 "arbitrary and capricious"이다. 즉, 행정 마음대로, 기준 없이 행정행위를 하지 말라는 것이다. 이 기준을 넘어선다고 판단된다면 해당 행위는 위법한 행정행위로 인정된다.

건축허가와 개발행위허가의
법적 성격

일반적인 건축행위는 건축법에 따른 건축허가, 재건축사업이나 재개발사업 등의 정비사업을 추진하기 위해서는 도정법에 따른 사업시행계획 인가, 정비사업이 아닌 공동주택 단지 등을 개발하기 위해서는 주택법에 의한 사업계획 승인을 받아야 한다. 이처럼 해당 법률에서 정하고 있는 요건을 충족시켜야 원하는 건축이나 개발사업에 대한 시행을 허락한다는 의미는 같지만, 인가나 허가, 승인 등 서로 다른 용어가 사용된다. '허가'는 법령에 의해 일반적으로 금지된 행위를 특정한 경우에 해제하여 적법하게 시행할 수 있게 하는 행정처분으로써[10] 건축법에 의한 건축허가와 국토계획법에 의한 개발행위 허가가 대표적이다. '인가'는 사인의 법률행위의 효력을 완성시켜 주는 행정행위인데 공익에 반하는 법률행위의 배제를 목적으로 하는 통제수단으로 이해할 수 있으며[11], 도정법에 의한 정비조합설립인가, 실시계획의 인가, 관리처분계획 인가 등이 있다. '승인'은 행정이나 공공기관에 의해 일정한 법률상의 사실이나 법률관계의 유무를 인정하는 것이며[12], 개발사업에서의 사업계획 승인, 실시계획 승인, 시장 등이 수립한 도시기본계획의 도지사 승인 등이 있다. 이처럼 허가, 인가, 승인의 의미는 조금씩 다르지만 일반적으로 '인허가'라는 용어로 통용되고 있다.

---

10   도설 법률용어사전, 오세경, 2017. 2. 15, 법전출판사
11   김종보, "강학상인가와 정비조합설립인가," 「행정법연구」, 제9권, 행정법이론실무학회, 2003, p.325.
12   오세경, 전게서

먼저 일반적인 건축행위를 규율하는 국토계획법과 건축법에 의한 허가를 살펴보자. 국토계획법과 건축법은 가장 기본적인 건축행위를 규율하는 동전의 앞뒤와 같은 한 세트의 법률로 볼 수 있다. 왜냐하면 모든 건축행위는 땅에서 이루어지기 때문에, 토지에 대한 내용을 주로 규율하는 국토계획법과 개별 건축행위를 규율하는 건축법이 연계될 수밖에 없다. 토지에 대한 모든 개발행위나 토지에 대한 성질을 변경하는 행위는 국토계획법에 의한 개발행위허가를 받아야 하며, 그 토지에 개별적인 건축을 하기 위해서는 건축허가를 받아야 한다.

국토계획법의 목적은 "국토의 이용·개발과 보전을 위한 계획의 수립 및 집행 등(국토계획법 제1조)"을 규율하는 것이고, 건축법의 목적은 "건축물의 대지·구조·설비 기준 및 용도 등을 정하여 건축물의 안전·기능·환경 및 미관을 향상"하고자 하는 것이다. 즉, 국토계획법은 땅에 대한 법률이고, 건축법은 개별 건축물에 관한 법률이다. 건축법의 가장 중요한 목적은 건축물의 안전이다. 건축물의 안전을 확보하기 위해서는 가장 기본적으로 구조적 안전이 중요하고, 그다음은 화재 등의 재해에 대한 안전성을 확보해야 한다. 건축물의 안전이 확보되었다면, 건축물이 제대로 기능할 수 있도록 최소한의 성능을 갖추게 해야 한다. 이를 위해 냉난방 설비, 배관설비, 전기설비 등 여러 설비 등을 갖추어야 한다.

이처럼 건축물의 안전과 성능을 확보하는 것은 기술적 문제에 해당한다. 법조인들도 가장 어려워한다는 건축법은 그래서 복잡하고 난해해 보인다. 왜냐하면 3차원 건축물의 구조나 설비 등에 관한 기술적 사항들을 법률과 시행령, 시행규칙에서 다루다 보니 사람의 행위를 다루는 일반적인 법률이 아닌 기술기준서처럼 보이기 때문이다. 이와 같은 이유로 뉴욕시에서는 개별 건축허가는 건축법이 아닌 건축코드(Building Codes)에 따라 기술적 기준만 충족하면 건축허가가 발급되는 체계를 갖추게 되었다. 물론 우

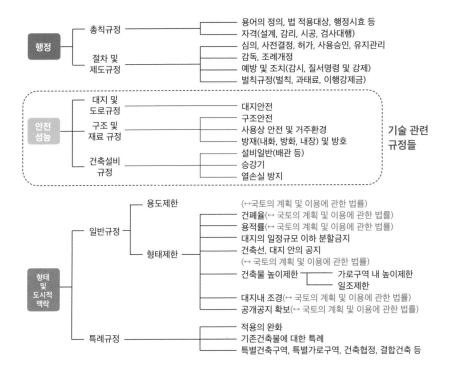

그림1. 건축법의 주요 내용: 건축허가를 위한 행정, 개별 건축물의 안전 및 성능, 국토계획법과 연동된 도시적 관점의 규정들을 포함하고 있다.

리나라 건축법은 미국의 건축코드와 달리 기술적 기준만 다루는 것이 아니다. 건축허가와 관련한 행정에 관한 사항이 건축법의 매우 중요한 내용이며, 국토계획법과 연동되어 땅에 관한 사항들도 다루고 있고, 건축물의 미적 관점도 다루고 있다. 우리나라 건축법에서는 건축학과 신입생부터 듣게 되는 비트루비우스(Vitruvius)가 정의한 건축의 3요소인 구조, 기능, 미를 모두 다루고 있다.

아무튼 우리나라의 건축법은 국토계획법과 밀접하게 연동되어 있다는 것이 중요하다. 우선 어떤 토지에 건축을 하기 위해서는 먼저 땅에 대한 개발행위허가가 필요할 것이다. 국토계획법 제56조에서는 건축물의 건축이나 공작물의 설치, 토지의 형질 변경, 토석의 채취, 토지 분할 등 어떤 토지를 활용하고자 하는 것에 대해서는 개발행위허가를 받도록 하고 있다. 그리고 건축법 제11조 제1항에서는 "건축물을 건축하거나 대수선"할 때 허가권자의 허가를 받도록 하고 있다. 따라서, 어떤 토지에 건축허가를 받기 위해서는 국토계획법에 의한 개발행위허가를 받은 후 건축법에 따른 건축허가를 또 받아야 하는 번거로움이 있을 것이다. 이에 대한 불편을 완화하기 위해, 건축법 제11조 제5항에서는 하나의 건축행위에 대해 건축법에 의한 건축허가을 받는다면 국토계획법에 의한 개발행위허가는 받은 것으로 보는 "의제" 처리 조항을 두고 있다. 따라서 일반적으로 건축허가만 받으면 개발행위허가를 위한 절차는 이행하지 않아도 된다.

그러나 건축허가와 개발행위허가는 법적 성격이 본질적으로 다르다. 일반적으로 건축허가는 기속행위, 개발행위허가는 재량행위로 분류된다. 기속행위는 해당 허가를 진행하는 공무원, 즉 행정의 재량이 개입될 수 없는 행위로써, 법률에서 정한 요건만 만족하면 허가를 내주어야 하는 행위이다. 반면, 재량행위는 해당 행위를 할 때 행정의 재량적 판단이 개입할 수 있다.

기속행위인 건축허가와 재량행위인 개발행위허가의 차이를 판례를 통해 구체적으로 알아보기로 하자. 1990년대 중반은 주택공급 등을 위해 건축 및 개발 관련 규제가 완화된 시기이다. 특히 준농림지역의 규제가 완화되면서 남한강 주변 등 수도권 일대에는 이른바 러브호텔이라고 불리던 일반숙박시설(모텔)이 우후죽순 들어서고 있었다. 이때 양주군의 상업지역에 위치한 필지를 소유하고 있었던 토지소유자는 모텔 건축을 위해 건축허가를 신청하였으나, 국토계획법(당시 '도시계획법')이나 건축법에 따른 모든 건축허가요건을 충족했음에도 불구하고 허가권자인 해당 지자체장이 건축허가를 불허하였다. 그 이유는 "자연경관 훼손 및 농촌지역 정서에 부정적 영향과 퇴폐 분위기 조성을 우려"한다는 것이었다. 이에 대해, 토지소유자는 지자체장을 상대로 건축허가 거부가 위법하다는 취지로 소송을 제기하였다. 소송의 결과는 어떠했을까? 당연히 지자체장이 패소하였다. 왜냐하면 건축허가 자체가 기속행위인데 지자체장이 제시한 불허사유는 국토계획법과 건축법에서 정한 사유를 벗어난 재량적 판단이기 때문이다. 이처럼 아무리 불허사유가 타당하고 합리적이라 할지라도 용도지역상 상업지역에서 허용되는 숙박시설에 대해 법령에서 정한 요건이 아닌 사유로 불허하는 것은 기속행위라는 건축허가의 본질을 벗어난 것이다. 이에 대해 대법원은 다음과 같이 하여 건축허가의 기속행위에 대한 성격을 명확히 하였다.

> "건축허가권자는 건축허가신청이 건축법, 도시계획법 등 관계 법규에서 정하는 어떠한 제한에 배치되지 않는 이상 당연히 같은 법조에서 정하는 건축허가를 하여야 하고 위 관계 법규에서 정하는 제한사유 이외의 사유를 들어 거부할 수는 없다.[13]"

이에 반해, 국토계획법에 의한 개발행위허가는 재량행위이다. 건축법에 의한 건축허가와 달리 국토계획법에서는 해당 허가를 받고자 하는 행위가 도시관리계획에 부합한지, 주변 지역의 토지이용계획이나 경관 등과 조화를 이루는지 등의 기준을 제시하고 있고, 이에 대한 판단을 허가권자의 재량에 위임하고 있다[14]. 예를 들어, 허가권자의 재량적 판단에 의해 개발행위허가의 대상행위가 주변 지역 경관과 조화를 이루지 못하고 있다고

---

13   대법원 1995. 12. 12. 선고 95누9051 판결

14   국토계획법 제58조 (개발행위허가의 기준 등)

판단된다면 해당 허가를 거부할 수 있다. 이에 대한 대법원의 다음 해석을 읽어 보면 그 의미를 보다 명확하게 파악할 수 있다.

"토지의 형질변경허가는 그 금지요건이 불확정개념으로 규정되어 있어 그 금지요건에 해당하는지 여부를 판단함에 있어서 행정청에게 재량권이 부여되어 있다고 할 것이므로, 같은 법에 의하여 지정된 도시지역 안에서 토지의 형질변경행위를 수반하는 건축허가는 결국 재량행위에 속한다.[15]"

국토계획법에 의한 개발행위허가뿐 아니라 도정법에 의한 재건축 또는 재개발 사업의 사업시행계획 인가, 주택법에 의한 주택건설사업계획 승인 등도 모두 재량행위이다. 이러한 개발사업은 건축법에 의한 필지별 건축행위보다 훨씬 큰 부지에서 시행되며 주변 지역에 대한 필연적으로 '외부효과(Externality)'를 수반하게 된다. 따라서, 해당 사업의 허가·승인 과정에서 부정적 외부효과를 저감시키고, 필수적인 기반시설을 확보하며, 때로는 적정한 계획이득이나 개발이익을 환수하기 위해 사업계획을 조정하거나 도로나 공원 등 기반시설의 기부채납을 요구하게 된다. 그리고 이러한 조건들이 받아들여지지 않는다면 해당 사업의 승인은 승인권자의 판단에 따라 거부될 수 있다[16]. 주택법에 따른 주택건설 사업계획 승인의 법적 성격에 대해 대법원은 다음과 같이 판시한 바 있다.

"주택건설사업계획의 승인은 상대방에게 권리나 이익을 부여한 효과를 수

15   대법원 2005. 7. 14. 선고 2004두6181 (건축허가신청반려처분취소)
16   대법원 2005. 4. 15. 선고 2004두10833 판결 참조

반하는 이른바 수익적 행정처분으로서 법령에 행정처분의 요건에 관하여 일의적으로 규정되어 있지 아니한 이상 행정청의 재량행위에 속하고, 이러한 승인을 받으려는 주택건설 사업계획이 관계 법령이 정하는 제한에 배치되는 경우는 물론이고 그러한 제한 사유가 없는 경우에도 공익상 필요가 있으면 처분권자는 그 승인신청에 대하여 불허가 결정을 할 수 있다."

살펴본 바와 같이 건축 및 개발 관련한 인허가 중에서 건축허가만이 기속행위에 해당한다. 따라서, 건축허가에서는 법령에서 요구하는 조건 이외의 허가거부 사유나 조건 및 부담을 붙이는 부관은 본질적으로 요구할 수 없다.

그러나 순수하게 건축물의 안전과 기능 등의 기술적 부분만을 다루는 미국 등의 건축법과 달리 우리나라의 건축법은 기술적 부분뿐 아니라 미관이나 국토계획법과 연계된 사항들이 포함되어 있다. 따라서, 건축물의 규모나 종류에 따라 법령에서 정한 사항들 이외의 재량적 판단이 필요한 경우가 있다. 이를 위해, 건축위원회라는 수단으로 기속행위로써 건축허가의 한계를 보완하고 있는데, 시행령에서 정하는 건축물에 대해 심의를 통해 어느 정도의 재량적 판단을 하고 있다. 예를 들어 건축법 적용이 어려운 경우 건축위원회를 통해 관련 규정의 완화적용 여부나 건축물 설계에 대한 미관적 측면도 판단하고 있다. 또한, 앞서 살펴본 건축허가 관련 판례의 결과에 따라 주거환경이나 교육환경에 바람직하지 않은 일반숙박시설에 대한 통제가 건축허가 과정에서는 불가능하다는 문제가 제기되었다. 이를 해결하기 위해 건축법을 개정하여 위락시설이나 숙박시설에 해당하는 건축물의 경우 용도지역상 가능하다 할지라도 주변의 주거환경이나 교육환경 등에 적합하지 않다고 판단되면 건축위원회 심의를 통해 건축허가를 거부할 수 있는 근거를 마련하였다.

제11조 (건축허가)

④ 허가권자는 다음 각 호의 어느 하나에 해당하는 경우에는 이 법이나 다른 법률에도 불구하고 건축위원회의 심의를 거쳐 건축허가를 하지 아니할 수 있다.

1. 위락시설이나 숙박시설에 해당하는 건축물이 건축을 허가하는 경우 해당 대지에 건축하려는 건축물의 용도·규모 또는 형태가 주거환경이나 교육환경 등 주변 환경을 고려할 때 부적합하다고 인정되는 경우

이러한 법 개정은 건축허가가 기속행위라는 전통적인 법적 성격에 대한 관점의 변화를 의미하고 있다. 특히 우리나라 법체계에서 건축법은 국토계획법과 연동되어 있기 때문에 재량적 판단을 필요로 하는 토지이용에 관한 사항들과 명확하게 구분이 되지 않는 특성이 있어 건축허가의 법적 성격이 기속행위라고 명확하게 단정지을 수 없는 측면이 있다[17].

---

17   이에 대해 김종보 등 일부 법학자들은 건축허가 속의 재량을 인정해야 한다고 주장하기도 한다. (김종보 "건축허가에 존재하는 재량문제", 「행정법연구」 제3권, 행정법이론실무학회, 1998, pp.158-171.)

행정계획의 법적 성격과
계획재량

도시는 계획적으로 관리된다. 최대한 합리적으로 도시 내 토지를 활용하기 위한 목적이다. 도시계획을 포함한 행정이 수립하는 계획을 행정계획이라고 하며, 대법원은 행정계획을 "행정에 관한 전문적 기술적 판단을 기초로 하여 특정한 행정목표를 달성하기 위하여 서로 관련되는 행정수단을 종합 조정함으로써 장래의 일정한 시점에 있어서 일정한 질서를 형성하기 위하여 설정된 활동기준"으로 정의하고 있다[18].

행정계획으로써 도시계획의 종류는 매우 다양하다. 먼저 도시계획을 법정계획과 비법정계획으로 분류해 볼 수 있다. 법정계획은 국토계획법에 의한 도시기본계획, 도시관리계획, 지구단위계획뿐 아니라 경관법에 의한 경관계획, 도정법에 의한 도시주거환경정비계획, 도시재생특별법에 의한 도시재생전략계획 등 법률에 따라 수립해야 하는 계획이다.

또한, 법령에서 요구하는 것은 아니지만 행정의 필요에 따라 수립하는 비법정 계획들도 많다. 각 자치구의 종합발전계획, 한강변 관리 기본계획, 서울시의 준공업지역 종합발전계획 등 필요에 따라 행정은 다양한 계획을 수립하여 보다 합리적이고 효율적인 도시관리를 위해 노력하고 있다.

핵심적인 법정 계획의 위계를 보면 국토 전반을 다루는 국토기본법에 의한 국토종합계획 등이 있지만 실제로 각 도시에 구체적으로 적용되는

---

18   대법원 2007. 4. 12. 선고 2005두1893 판결

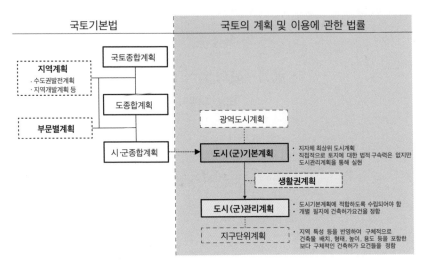

그림2. 우리나라의 기본적인 도시계획 종류와 체계

계획은 국토계획법에 의한 도시·군기본계획(이하 "도시기본계획")과 도시·군 관리계획(이하 "도시관리계획")이다. 따라서, 국토계획법상 각 지자체의 최상위 도시계획은 도시기본계획이라고 할 수 있다. 도시기본계획은 각 지자체의 도시계획과 관리의 방향을 설정하는 계획이다. 그러나 도시기본계획은 개 별 필지에 직접적으로 구속력을 발휘하지는 않는다. 다만 도시관리계획은 도시기본계획에 부합하게 수립하도록 함으로써 도시기본계획의 구속력을 확보하고 있다[19].

각 필지에 구체적인 건축행위를 구체적으로 제한하는 도시계획은 도 시관리계획이다. 도시관리계획은 도시계획시설과 건축단위를 정하고 각

---

19 국토계획법 제25조(도시 · 군관리계획의 입안)
① 도시·군관리계획은 광역도시계획과 도시·군기본계획에 부합되어야 한다.

건축단위 별 건축허가요건을 정하는 행정계획으로 정의할 수 있다[20]. 특히, 도시관리계획을 통해 구체적으로 각 토지의 법적 성격을 정하게 되는데, 이를 위해 국토계획법에서는 용도지역과 용도지구, 구역을 활용하고 있다. 또한, 3차원 도시설계 수단으로 도입된 지구단위계획 역시 도시관리계획의 일종으로 보면 된다. 지구단위계획에 대해서는 뒤에서 자세히 설명할 예정이다.

그렇다면 이러한 행정계획의 법적 성격은 어떤 것인지 알아볼 필요가 있다. 먼저, 도시계획이 위법한 경우가 있을까를 생각해 보자. 어떤 도시계획이 잘못 수립되었다고 생각된다면 국민으로서 해당 계획에 대한 위법성을 제기할 수 있을까? 예전 한강변 35층 층수제한, 북한산 자락의 높이 제한, 북촌의 한옥관련 제한 등 무수히 많은 도시계획적 수단에 의해 토지의 사용과 수익이 제한된다. 그런데 그 계획 자체가 잘못 수립되었다고 판단된다면 직접적으로 이러한 계획에 영향을 받는 토지소유자들은 법원에 가서 해당 계획의 효력을 정지시키거나 계획자체를 취소해 달라는 소송을 제기하는 것이 가능할까의 문제이다.

이에 대해, 2007년 대법원에서 결정한 원지동 추모공원 판례가 좋은 사례가 될 수 있다. 서울시는 2001년 화장터와 납골당이 포함된 추모공원을 조성하기로 하고 도시관리계획으로 원지동 일대에 도시계획시설 결정을 하게 되었다. 예상한 대로 주변 지역 주민들의 격렬한 반대가 뒤따르게 되었고, 결국 주민들은 도시계획시설 결정 취소소송을 제기하게 되었다. 소송요지 중 하나가 화장장 시설의 규모가 비합리적으로 과도하게 계획되는 등 내용상 하자가 있기 때문에 해당 도시관리계획이 위법하다는 것이

---

20   김종보, 전게서, (각주17), p.187.

었다[21]. 결론적으로 대법원은 이를 인정하지 않았다. 왜냐하면, 이전의 여러 판례들을 통해 대법원은 다음과 같이 행정청의 계획재량을 폭넓게 인정하고 있기 때문이다.

> "각 토지의 건축허가요건을 정하게 되는 도시계획은 합리성을 전제로 전문적·기술적으로 수립되는 것이기 때문에, 공익과 사익 사이의 정당한 비교교량의 범위 내에서는 도시계획 수립권자에게 광범위한 형성의 자유를 인정하고 있다[22]."

헌법재판소 역시 도시계획의 행정계획으로써의 특성상 다수의 상충하는 사익과 공익들의 조정에 따르는 다양한 결정가능성과 미래전망적인 성격으로 인하여 입법적 규율은 상대적으로 제한될 수밖에 없다고 하면서, 행정청이 행정계획을 수립함에 있어 일반적인 재량행위에 비하여 더욱 광범위한 판단 여지 내지는 형성의 자유, 즉 계획재량이 인정된다는 것을 명확히 하였다[23]. 이와 같은 계획재량이 인정되지 않는다면 행정계획을 수립함에 있어 많은 제약이 있을 것이고, 전문분야로써 도시계획과 도시설계의 내용 자체에 대해 사법부의 판단을 받아야 하는 바람직하지 않은 상황도 자주 발생하게 될 것이다.

그렇다고 사법부가 행정의 계획재량을 무한정 인정한다는 의미는 아니다. 대법원은 계획형성의 자유가 공익과 사익 사이의 정당한 비교교량의 범위를 넘을 때 또는 정당성과 객관성이 결여된 경우에 사법적 판단을 통

---

21   서울고등법원 2005. 1. 26 선고 2003누19885 판결
22   대법원 2010. 2. 11. 선고 2009두16978 판결
23   헌법재판소 2007. 10. 4 자 2006헌바91 결정 (구택지개발촉진법위헌소원) 합헌

해 위법성 여부를 판단하겠다는 것도 다음과 같이 분명하게 하고 있다[24].

> "행정주체가 가지는 이와 같은 형성의 자유는 무제한적인 것이 아니라 그 행정계획에 관련되는 자들의 이익을 공익과 사익 사이에서는 물론이고 공익 상호 간과 사익 상호 간에도 정당하게 비교교량하여야 한다는 제한이 있으므로, 행정주체가 행정계획을 입안·결정함에 있어서 이익형량을 전혀 행하지 아니하거나 이익형량의 고려 대상에 마땅히 포함시켜야 할 사항을 누락한 경우 또는 이익형량을 하였으나 정당성과 객관성이 결여된 경우에는 그 행정계획결정은 형량에 하자가 있어 위법하게 된다."

그렇다면 비교교량의 범위를 넘거나 정당성과 객관성이 결여된 도시계획은 어떤 경우일까? 대표적인 경우로 스팟 조닝(Spot Zoning)을 예로 들 수 있을 것이다. 스팟 조닝이란 종합적인 계획 없이 점적으로 또는 단편적으로 용도지역을 지정한다는 의미이다. 도시계획의 정당성은 계획의 합리성에서 기인한다. 일반적으로 도시계획을 수립하는 과정은 계획 대상지역의 현황 분석을 바탕으로 특성과 문제점 등을 파악하고 쟁점을 도출하여 계획과제와 목표를 설정한 후, 목표의 실현을 위해 세부적인 전략과 계획들로 구체적인 내용들이 갖춰지게 된다. 이를 위해, 용도지역, 지구, 구역 등의 수단들도 활용하게 되며, 이는 직접적으로 토지재산권에 영향을 미치게 된다. 따라서, 용도지역이나 지구 등의 지정은 합리적인 명분과 논리를 갖추어야 한다. 만약 계획적 체계나 논리적 근거 없이 특정 부지만을 위해 점적으로 용도지역을 설정한다면 스팟 조닝에 해당할 수 있다. 이와 같은 이유

24　대법원 2007. 4. 12. 선고 200두 1893 판결

때문에 미국에서 용도지역제인 조닝(Zoning)을 도시계획 수단으로 도입할 때 수권법을 제정하여 조닝, 즉 용도지역의 지정은 반드시 종합적인 계획 (Comprehensive Plan)을 수립하고 이에 따라 지정하도록 하였던 것이다[25].

우리나라에서는 도시계획에 대해 정당성과 객관성이 결여되었다고 판단한 대법원 판례는 아직 보지 못했다. 그만큼 계획재량은 폭넓게 인정된다고 볼 수 있다. 기존의 용도지역(자연녹지지역)보다 규제작 강한 용도지역(보조녹지지역)으로 도시관리계획을 변경한 경우 해당 토지소유자 입장에서는 행정청이 신뢰보호의 원칙을 위반한 위법적 행정계획을 수립한 것이라는 요지의 소송에서도, 대법원은 토지소유자가 주장하는 것처럼 도시계획 변경 결정이 행정청의 공적인 견해 표명에 반하는 처분이고 이에 따라 기존 도시계획 내용을 신뢰한 개인의 이익이 침해되는 결과가 초래되었다고 볼 수 없다는 점을 분명히 하였다[26].

여기서 지구단위계획이 계획재량을 넘어서는 위법한 계획이라고 판결한 2019년 고등법원 판례를 검토해 볼 필요가 있다. 이 사건에서 토지소유자는 영동 토지구획사업을 통해 개발된 잠원동의 학교용지를 매수한 후 가설건축물의 형태로 골프연습장과 근린생활시설 등을 운영하였다. 2012년 서울시장은 학교 설립이 필요 없다고 판단하여 도시계획시설인 학교를 폐지하는 대신 토지면적의 25%를 공공기여로 요구하는 지구단위계획을 수립하게 된다. 이를 위해 본 대상지에 지정된 제2종 일반주거지역의 용적률을 상한 200%를 설정하고 기준 용적률을 120%, 허용용적률 150%로 정하게 된다. 지구단위계획의 용적률 체계 속에서 공공기여량에

25   Standard State Zoning Enabling Act(Recommended by the U.S. Department of Commerce, 1926) Section 3(Purposes in View) Such regulations shall be made in accordance with a comprehensive plan.

26   대법원 2005. 3. 10 선고 2002두5474 판결 (도시계획변경결정취소청구)

따라 상한용적률을 허용하겠다는 의도였다. 이에 대해 고등법원은 서울시의 다른 제2종 일반주거지역의 경우 기준과 허용용적률이 모두 200% 이하로 적용되고 있는데, 이 사건 부지만 다른 용적률 계획을 적용할 정당한 사유가 존재하지 않는다고 판단하였고, 따라서 신뢰보호의 원칙이나 평등의 원칙, 비례의 원칙에 반하는 계획재량을 넘어서는 위법한 계획이라고 판결하였다[27]. 물론 대법원에서는 고등법원의 판단이 개별 계획구역의 특수성이나 행정청의 광범위한 계획재량을 실질적으로 부정하는 것이므로 법리에 오해가 있다고 판시하였지만[28], 계획 논리가 부족하다면 계획재량을 넘어서는 위법한 계획이라고 사법부가 판단할 수 있다는 점을 상기시켜 주는 사례이다.

일반적으로 우리나라에서는 국민들에게 계획존속청구권, 계획변경청구권, 계획보장청구권 등 도시계획에 관한 변경이나 수립 또는 존속을 요구할 수 있는 권리를 부여하지 않고 있다. 국민에게 이러한 청구권이 부여된다면 공공을 위한 행정계획으로써 도시계획은 지속되기 어려울 뿐 아니라, 계획의 정당성과 객관성도 잃게 될 수 있다. 다만, 계획변경청구권을 인정한 사례는 있는데 여기서도 계획 자체가 위법한 것이 아니라 "국토이용계획 변경신청을 거부하는 것이 실질적으로 당해 행정처분 자체를 거부하는 결과가 되는 경우에는 예외적으로 그 신청인에게 국토이용계획 변경을 신청할 권리가 인정"되는 경우였다[29]. 이 판례에서 소송을 제기한 원고는 폐기물관리법에 따라 폐기물처리사업계획의 적정통보를 받았는데 문제는 해당 사업을 추진할 부지가 폐기물처리시설이 허용되지 않은 농림지

---

27   서울고등법원 2019. 9. 19. 선고 2018누66274 판결
28   대법원 2020. 6. 25. 선고 2019두57404 판결
29   대법원 2003. 9. 23. 선고 2001두10936 판결 (국토이용계획변경승인거부처분취소)

역에 위치해 있었다. 따라서 해당 도시계획인 국토이용계획 변경을 통해 용도지역을 준도시지역으로 변경하는 국토이용계획 변경이 없다면 실질적으로 원고에 대한 폐기물처리 인허가신청을 불허하는 결과가 되기 때문에, 원고에게 그 계획변경을 신청할 법규상 또는 조리상 권리를 가진다고 보았던 것이다[30].

그러나 국토계획법에 의해 지구단위계획만큼은 일반 국민에게도 계획 수립 및 변경 청구권을 부여하고 있다는 것이 매우 중요하다. 이와 관련한 내용은 공공기여와 관련한 장에서 자세히 설명하고자 한다.

2010년 인천 영종신도시 내의 한 블록에서 발생한 사건도 도시계획의 법적 성격에 대해 생각해 보게 하는 사건이다. 2007년 한 건설회사가 아파트단지 개발을 목적으로 영종지구 내 한 블록을 LH로부터 매입하기 위해 토지매매계약을 체결하게 된다. 도시관리계획으로써 역할을 하는 영종지구 지구단위계획에서는 이 블록에 대해 용적률 190%, 최고층수 25층의 지침을 수립했었다. 계약금을 납입한 이후 2009년에 해당 건설회사는 매매목적물에 하자가 있다는 이유로 매매계약 해제를 위한 소송을 제기하게 되는데, 그 이유는 실제 아파트단지 개발을 위해 설계를 진행해 보니 해당 부지의 지반고와 공항 고도제한 등을 반영했을 때 실제 개발가능한 아파트의 최고층수는 18~20층이며 용적률은 최대 160%에 불과하다는 것이었다.

이 소송에서 도시계획적으로 가장 중요한 쟁점은 도시계획으로써 지구단위계획이 토지라는 매매목적물에 하자를 발생시킬 수 있는 것인가이다. 실제로 도시관리계획에 의해 정해져 있는 용적률이나 건폐율 등은 대

30 대법원 2003. 9. 23. 선고 2001두10936 판결 (국토이용계획변경승인거부처분취소)

지의 특성이나 맥락, 다른 규정들에 의해 달성하지 못하는 경우가 매우 많다. 그렇다고, 매매목적물에 하자가 있다고 인정한다면 도시관리계획이나 지구단위계획은 존속하기 어려울 것이다. 도시관리계획이나 지구단위계획에서 정하고 있는 용적률이나 건폐율, 높이 등은 계획적으로 타당한 최대치를 정해두는 것이지, 그만큼의 밀도가 보장되어 있다거나 토지의 경제적 가치를 담보하는 수단은 아니기 때문이다.

행정계획의 처분성과 원고적격

한 가지 더 도시계획의 법적 성격에 대해 짚고 넘어가야 할 것이 있는데, 만약 어떤 도시계획이 위법하다면 해당 도시계획 자체가 취소소송의 대상이 될 수 있을까 하는 것이다. 먼저 도시계획이 취소소송의 대상이 되기 위해서는 해당 계획에 의한 처분이 있어야 한다. 행정기본법에서 정의하는 처분이란 "행정청이 구체적 사실에 관하여 행하는 법집행으로서 공권력의 행사 또는 그 거부와 그 밖에 이에 준하는 행정작용"이다[31]. 즉, 취소소송의 대상이 될 수 있는 도시계획은 특정 개인의 권리나 법률상의 이익을 개별적이고 구체적으로 규제하는 효과가 있어야 한다[32].

그러나 모든 도시계획이 직접적으로 개인의 토지재산권을 제한하게 되는 것은 아니다. 예를 들어, 국토계획법에 의한 법정계획으로 각 지자체의 최상위 도시계획이라 할 수 있는 도시기본계획은 지자체의 기본적인 공간구조와 장기발전방향을 제시하는 종합계획으로서 도시관리계획 수립을 위한 지침이 되는 계획이다[33]. 따라서, 개별 토지에 직접적인 구속력이 미치지 않기 때문에, 취소소송을 통해 얻을 수 있는 개인의 권리나 법률상의 이익 자체가 존재하지 않는다. 즉, 도시기본계획은 처분성이 없기 때문에 취소소송의 대상이 되지 못한다.

반면에 도시관리계획은 용도지역이나 용도지구의 지정, 도시계획시

---

31   행정기본법 제2조(정의) 제4호
32   대법원 1982. 3. 9. 선고 80누105 판결
33   국토계획법 제2조 제3호

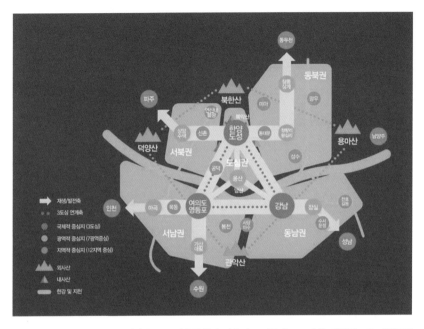

그림3. 서울시의 도시기본계획인 '2030 서울플랜'의 서울시 도시공간구조 계획: 직접적으로 개별토지에 구속력이 없기 때문에 처분성이 없어, 이 계획이 마음에 들지 않더라도 취소소송의 대상이 될 수 없다. (출처: 2030서울플랜)

설 결정 등 구체적으로 개별 필지에 건축허가요건을 정하게 된다[34]. 따라서, 도시관리계획은 처분성이 있다. 그동안 판례를 통해 처분성이 인정된 도시계획으로는 도시개발법의 사업계획, 도시계획시설 결정에 후속하는 실시계획, 도정법상 관리처분계획 등이다. 한 가지 특이한 점은 환지계획은 처분성이 부인되었다는 것이다. 지금은 폐지된 토지구획정리사업법의 환지계획에 관한 대법원 판례에서 환지계획은 "환지예정지 지정이나 환지처분의 근거가 될 뿐 그 자체가 직접 토지소유자 등의 법률상의 지위를 변동시키거나 또는 환지예정지 지정이나 환지처분과는 다른 고유한 법률효과를 수반하는 것이 아니어서" 처분에 해당하지 않는다고 보았다[35].

또한, 행정계획을 확정하는 행위인 도시관리계획 결정, 구역의 지정, 사업시행계획의 인가, 환지계획의 인가, 사업계획의 승인, 도로구역의 지정 등은 토지재산권에 대한 구속력이 발생하게 되므로 취소소송의 대상이 될 수 있다.

그러나 행정계획이나 행정행위에 대한 취소소송의 대상이 된다 할지라도 아무나 소송을 제기할 수 있는 것은 아니다. 기본적으로 취소소송은 처분에 대한 당사자 또는 취소에 따른 법률상 이익이 있는 사람만 가능하다[36]. 이것을 원고적격(Standing)이라고 한다. 다만, 처분의 상대방에게는 수익적이지만 제3자의 이익이 침해되는 경우[37]에는 그 3자에게도 원고적격을 인정한다[38].

1975년 연탄공장 사건에서 청주시는 주거지역 내 연탄을 제조하는 공장을 허가하였는데, 공장으로부터 단 70센티미터에 연접한 주민이 공장의 소음 때문에 일상대화에 지장이 있고 원동기 진동으로 통상적인 주거의 안녕을 영위하기가 곤란하며, 결국 소유가옥의 가치가 하락되고, 임대도 어려워 재산권 침해를 받는다는 이유로 해당 행정처분의 취소를 요청하였다. 그러나 원심에서는 해당 허가라는 행정처분의 당사자가 아닌 이웃이 행정처분의 취소를 요청할 수 없다며 소를 각하하였다. 이에 대해 대법원은 도시계획법과 건축법의 목적은 주거지역 내 거주하는 사람의 "주

---

35   대법원 1999. 8. 20. 선고 97누6889 판결
36   행정소송법 제12조(원고적격)
37   이를 '복효적 행정행위'라 한다.
38   법률상 불이익을 받는 대상이 이웃들일 때 이를 이웃소송 또는 인인소송이라고 한다.

거의 안녕과 생활환경을 보호" 하는 것이기 때문에 주거지역 내 거주하는 사람이 받는 보호이익은 단순한 반사적 이익이나 사실상의 이익이 아니라 해당 법률에 의하여 보호되는 이익이라고 보았다. 따라서 행정소송에 있어서는 비록 해당 행정처분의 상대자가 아니라 하더라도 그 행정처분으로 인해 법률에 의하여 보호되는 이익을 침해받는 사람이면 행정처분의 취소를 구할 수 있는 법률상의 자격이 있는 것으로 보았다[39]. 현재까지 판례에서는 건폐율 관련 규정, 대지분할 제한, 대지 내 공지 규정을 위반한 건축허가에 대해 제3자 원고적격을 인정하고 있다.[40]

그러나 행정소송을 위한 원고적격과 일반적인 민사소송의 당사자 적격은 다르다. 강남구청장이 도시공원법상 근린공원인 청담공원 내 위치한 민간 소유 토지에 골프연습장 설치를 인가한 사건에서 인근 주민들은 해당 골프연습장으로 인해 교통체증과 소음, 골프장 소음, 조명 등으로 생활환경이 침해된다는 요지로 공작물설치금지가처분을 신청하였다. 이에 대해 대법원은 골프연습장 설치 인가처분에 하자가 있다는 이유만으로 인근 주민들에게는 골프연습장 건설의 금지를 구할 사법상 권리가 없다고 판단하였다[41]. 즉, 이 소송의 요지는 행정소송의 처분으로써 인가의 취소가 아니라, 골프연습장 건설이라는 타인의 권리에 대해 금지를 요구할 수 있느냐 하는 것이므로 행정소송의 원고적격과는 다르기 때문이다[42].

뒷장에서 자세히 설명할 사랑의 교회 사건에서도 해당 소송의 핵심인 도로점용허가 쟁점 이전에 원고적격이 문제가 되었다. 사랑의 교회와 연

---

39 대법원 1975.5.13 선고 73누96, 96판결

40 김종보, 「건설법의 이해」, 2008, p.588.

41 대법원 1995.5.23 자 94마2218결정

42 이에 대해 대법원도 "다만 위 인가처분의 효력을 다투는 행정소송에서 이러한 하자가 있음을 주장할 수 있는가 하는 점은 별개의 문제이다"라고 판시하였다.

접한 이면도로의 지하부분에 대해 서초구가 도로점용허가를 내 주었는데, 이에 대해 서초구 주민들이 해당 도로점용허가가 위법하다는 행정소송을 제기하였고 과연 주민들이 해당 행정처분의 취소에 따른 실질적인 법률상 이익이 있다고 볼 수 있는지가 쟁점이 되었다. 왜냐하면 도로의 관리는 공유재산에 대한 영역인데, 그 공유재산 관리가 주민들에게 직접적으로 연관되는 법률상의 이익이 있는지를 증명하지 않으면 원고적격이 인정되지 않기 때문이다. 이를 위해 "재산의 취득·관리·처분에 관한 사항"은 주민소송의 대상이 된다고 규정하고 있는 지방자치법 제17조 제1항에 근거하여 대법원은 이 사건의 도로점용허가 대상인 도로의 지하 부분은 일반 공중의 통행이라는 도로의 본래의 기능이나 목적과 직접적인 관련성이 없고, 오히려 공유재산의 임대와 유사한 행위에 해당하여 공유재산 관리에 해당하기 때문에 주민소송의 대상이 된다고 판시하였다[43].

　　지구단위계획과 같은 도시계획에 대한 원고적격 여부에 대해서도 흥미로운 판례가 있었다. 공공기여 관련 장에서 다룰 현대 GBC 부지의 지구단위계획에서는 기존의 제3종 일반주거지역을 일반상업지역으로 용도지역 상향의 대가로 1조 9천억 원 규모의 공공기여를 결정하였는데, 서울시는 이 공공기여의 일부를 잠실종합운동장 리모델링 비용 등으로 활용하고자 하였다. 공공기여는 행정법상 부관으로 작동하게 되고, 부관의 중요한 원칙인 부당결부 금지의 원칙에 따라 해당 공공기여 수단으로써의 현금도 해당 지구단위계획구역 내에서만 사용이 가능하다. 따라서 기존의 지구단위계획구역을 송파구에 해당하는 잠실종합운동장을 포함하도록 확장하는 지구단위계획 결정고시를 하게 된 것이다. 이에 대해 기존의 지구단위계획

43　　대법원 2019. 10. 17 선고 2018두104 판결 (도로점용허가처분무효확인등)

구역 내뿐만 아니라 강남구에 거주하거나 토지를 소유한 총 49명이 해당 지구단위계획 결정고시로 인하여 강남구에서 발생한 공공기여금이 송파구에 쓰임에 따라 강남구민들의 재산권이 침해된다는 내용을 포함하여 무효 확인 또는 취소소송을 제기하였다.

이에 대해 행정법원은 첫째, 지구단위계획의 구역을 지정하는 결정고시는 지구단위계획을 수립하기 위한 선행절차이므로 기존 지구단위계획구역에 대해서는 여전히 지구단위계획이 계속 적용되어 이 사건의 도시관리계획 전후를 비교할 때 원고들의 개별적이고 구체적인 법률상 지위에 영향이 없다고 판단하였다. 둘째, 공공기여금의 일부를 확장된 송파구에 사용하는 것도 직접적으로 강남구에 속하는 지구단위계획 구역 내 주민들의 개별적, 구체적 이익을 규율한다고 할 수 없고, 계획구역 내의 기반시설의 설치 등의 확대 등으로 얻게 되는 구역 내 주민들의 이익은 간접적이고 반사적인 것이라고 보아 원고적격을 인정하지 않았다[44].

---

44   서울행정법원 2016. 7. 1. 선고 2015구합9070 판결

5장

해 줄게, 뭐 줄래?

∵ 기부채납과 공공기여

앞장에서 설명한 바와 같이 일반적인 건축허가를 제외하고 모든 개발사업 시행을 위한 인허가는 행정의 재량행위이다. 인허가권자인 행정청은 이러한 재량행위를 통해 재건축이나 재개발사업 등 각종 개발사업의 인허가 과정에서 사업자에게 도로나 공원 등을 조성하여 기부채납 등의 방법을 통해 소유권을 지자체로 이전하도록 하고 있으며, 최근에는 공공임대주택이나 도서관, 주민센터, 어린이집, 공공임대상가, 창업공간 등 다양한 시설들도 요구하고 있다. 그리고 이러한 기부채납이나 공공기여의 양이 과도하다는 이유로 사업시행자나 토지소유자가 반발하거나 불만을 터뜨리는 뉴스도 심심치 않게 볼 수 있다.

그렇다면 행정청은 어떤 명분과 법적 근거를 가지고 토지소유자나 사업시행자의 토지재산권 일부를 인허가 조건으로 내놓으라고 하는 것일까?

원인자 부담 원칙과 수익자 부담 원칙

도시 내 토지를 소유 측면으로 본다면 내 땅, 남의 땅, 우리 땅으로 구분할 수 있다. 우리 땅에는 도로나 공원, 철도 등 우리 모두를 위한 기반시설이나 공공시설들이 설치된다. 이러한 도시의 가장 기본적인 시설을 설치하는 것은 국가의 의무이다. 그러나 어떤 토지의 개발로 인해 진입도로가 필요해진다면 그 도로는 누가 설치해야 할까? 사적인 개발로 인해 필요해지는 도로나 공원 등의 기반시설을 전적으로 국가 예산으로만 설치하는 것은 공익적 측면이나 공공필요의 관점에서 논란의 여지가 있다. 따라서 '원인자 부담 원칙'이 필요하다. 어떤 토지 개발로 인해 필요해지는 기반시설이나 공공시설은 원인 제공자인 사업시행자나 토지소유자가 설치하도록 하는 것이다. 또한, 필수적인 기반시설이 필요해지는 것 이외에도 공간적 범위를 갖게 되는 토지의 특성상 어떤 토지활용의 영향은 그 토지에만 한정되지 않는다. 인접 토지들과 주변 지역, 더 나아가 해당 지자체 전체에도 직간접적으로 영향을 미치게 된다. 즉, 주변 지역에 외부효과(externality)가 발생한다. 물론 개발사업으로 인해 주변 지역이 활성화되거나 환경이 개선되는 긍정적 외부효과도 있지만, 교통유발이나 기반시설 부족 등 부정적 외부효과도 있다. 이러한 부정적 외부효과를 완화할 책임 역시 원인자 부담원칙에 따라 해당 사업시행자에게 있다고 볼 수 있다.

그렇다고 사업시행자에게 무한정 필수적인 기반시설을 설치하도록 하거나 부정적인 외부효과를 완화하도록 요구할 수는 없다. 사업시행자 입장에서는 행정청의 이러한 요구가 과도하다면 사업의 수익성이 악화되어 사업추진 자체가 불가능해질 수도 있으며, 법적으로도 헌법과 행정법에 따른 '비례의 원칙'을 위반하는 행정행위가 될 수 있다. 따라서 합리적인 범위 안에서 '원인자 부담 원칙'을 적용할 수 있는 '수익자 부담 원칙'도 필요하다. 물론 '수익자 부담 원칙'이 '원인자 부담 원칙'에 종속되어 있는 것은 아니다. 부담금에 대한 헌법재판소의 판례에서는 수익자 부담금을 "당해 사업으로부터 특별한 이익을 받는 자에 대하여 그 수익의 한도 내에서 사업경비의 일부를 부담하게 하는 것"으로, 원인자 부담금은 "특정한 사업의 원인을 일으킨 자에 대하여 그 사업비용의 전부 또는 일부를 부담하게 하는 것"으로 정의[1]한 것처럼 원인자 부담 원칙과 수익자 부담 원칙은 개발사업의 특성에 따라 별도로 적용될 수도 있다.

---

1 헌재 2003. 1. 30. 2022헌바5

개발이익과 계획이득

어떤 개발사업의 시행으로 인하여 해당 사업시행자나 토지소유자가 얻는 이익을 개발이익(Development Profit)과 계획이득(Planning Gain)으로 구분할 필요가 있다. 여러 선행연구들에서 개발이익을 정의하고 있으나, 법률적 의미는 '개발이익 환수에 의한 법률'에서 정의하고 있는 "개발사업의 시행이나 토지이용계획의 변경, 그 밖에 사회적·경제적 요인에 따라 정상지가(正常地價) 상승분을 초과하여 개발사업을 시행하는 자나 토지소유자에게 귀속되는 토지 가액의 증가분"이다. 즉, 어떤 개발사업으로 인한 모든 사업적 이익을 의미하는 것이 아니라 "토지 가액의 증가분"에 한정된다. 이것이 개발이익을 일반적으로 불로소득이라고 보는 이유이다. 그러나 개발이익을 불로소득으로만 보는 관점은 많은 반론이 있을 수 있다. 왜냐하면 개발사업의 시행과정에서 사업시행자와 관련 전문가들의 유무형적 노력으로 인해 토지가치가 상승하는 부분도 있기 때문이다. '개발이익 환수에 의한 법률'의 정의에서도 개발이익이 발생하는 이유를 토지이용계획의 변경뿐 아니라 개발사업의 시행을 포함하고 있어, 단순히 행정적인 토지이용계획 변경에 따른 토지가치 상승만을 의미하지는 않고 있다.

이에 비해 계획이득은 그야말로 용도지역 상향이나 도시계획시설 폐지와 같은 도시관리계획 변경만으로 발생하는 토지가치 상승을 의미한다[2]. 이것이야말로 토지소유자의 노력에 의해서라기보다는 도시관리계획 결정권

---

2   김지엽·남진·홍미영, "서울시 사전협상제를 중심으로 한 공공기여의 의미와 법적 한계", 「도시설계」, 17(2), 한국도시설계학회, 2016, pp.119-129.

자인 지자체장의 권한에 의해 발생하는 '우발적 이익(windfall profit)'이다. 계획이득에 대한 법적 정의는 없지만, 국토계획법 제52조의2 제1항에서 명시하고 있는 바와 같이 "건축제한이 완화되는 용도지역으로 변경되거나 도시계획시설 결정 등 행위제한이 완화"되어 발생하는 "토지가치 상승분"으로 이해할 수 있다. 물론 개발이익과 계획이득을 칼로 자르듯이 정확하게 구분하는 것은 불가능하며, 일반적으로 개발이익에는 계획이득이 포함되어 있다. 다만 개발이익과 계획이득의 개념을 구분해야 개발이익 환수와 계획이득 환수의 방법에 대한 차이를 용이하게 설명할 수 있다.

먼저, 개발이익에 대한 환수는 부담금이 일반적인 방법이다. 물론 조세가 있지만 세금은 국민의 모든 경제활동에 부과되는 가장 일반적인 방법이니 여기서 자세히 설명할 필요는 없을 것이다. 전통적 의미에서 부담금은 국가 또는 공공단체가 특정한 공익사업으로부터 특별한 관계가 있거나 이익을 받은 자에게 그 사업에 필요한 경비의 전부 또는 일부를 부담시키기 위하여 과하는 공법상의 금전지급 의무로 정의된다[3]. 그러나 새로운 행정요구에 따라 특정한 사업보다는 더 넓은 의미의 공익사업을 위해 부담을 지울 필요가 있게 되었고, 이러한 부담이 특정한 개인이나 재산권에 과해진다고 보기 어려워 전통적인 부담금의 개념의 확대가 필요해지게 되었다.

이러한 부담금의 형태를 독일에서 발전한 "특별부담금"으로 설명하고 있는데,[4] 특별부담금은 준조세 성격을 갖는 것으로서 특별한 대가관계를 전제하지 않고 강제적으로 부과·징수되는 부담금으로 정의된다. 2001년 제정된 '부담금관리기본법'에서는 부담금을 "중앙행정기관의 장, 지방자치단체의 장, 행정권한을 위탁받은 공공단체 또는 법인의 장 등 법

---

3   박상희, 2005, p.447; 김남진·김연태, 2005, p.521.

4   이준서, 2010, pp.261-262; 박상희, 2005, pp.447-448.

률에 의하여 금전적 부담의 부과권한이 부여된 자가 분담금, 부과금, 예치금, 기여금 그 밖의 명칭에 불구하고 재화 또는 용역의 제공과 관계없이 특정 공익사업과 관련하여 법률이 정하는 바에 따라 부과하는 조세외의 금전지급의무"로 정의하고 있다[5]. 2021년 12월 현재 부담금관리기본법에 따라 95개 부담금이 있으며, 새로운 부담금이 되기 위해서는 부담금관리기본법에 도입되어야 한다. 아무튼 '개발이익 환수에 관한 법률'에 따른 개발이익에 대해서는 개발부담금이 부과되고, 개발사업의 종류에 따라 광역교통시설부담금, 교통유발부담금, 농지보전부담금, 산지전용부담금, 재건축부담금 등 다양한 부담금이 부과된다.

이에 비해 '계획이득'에 대한 환수 수단은 기반시설이나 공공시설 등의 설치를 위한 토지나 건축물의 기부채납이 일반적이다. 앞 장에서 언급한 잠원동 학교용지 사건에서 서울고등법원이 도시계획시설 폐지에 따른 "개발이익을 회수하기 위해서는 개발부담금이나 양도소득세를 부과하는 방법을 활용할 수 있다"는 판시 내용 역시 '계획이득'과 '개발이익'을 구분하지 않았기 때문이다[6]. '계획이득'은 부담금이나 조세에 의해 환수할 수 있는 성질의 것이라기보다는 사업이 진행되는 과정에서 대상지와 주변 지역 여건 등을 고려하여 구체적인 기반시설이나 공공시설 등으로 환수되는 방법이 가장 적절하기 때문이다. 이를 위해 도정법에 의한 정비사업의 사업시행계획인가 과정이나 일반적인 지구단위계획의 특별계획구역을 위한 세부개발계획 수립 단계에서 행정청은 사업시행자와 행정기준에서 정한 비율[7]을 바탕으로 기부채납 총량을 결정하고 이에 따라 구체

---

5   부담금관리기본법 제2조

6   서울고등법원 2019. 9. 19. 선고 2018누66274 판결

7   예를 들어, 지구단위계획에서 제1종 일반주거지역에서 제2종 일반주거지역으로 상향은 15% 이상, 제3종 일반주거지역으로 상향은 20% 이상, 준주거지역으로 상향은 30% 이상을 공공시설 등 설치로 순

적인 기부채납 시설의 종류를 결정하게 된다. 따라서 계획이득을 환수하는 것은 부담금처럼 일률적인 현금의 부과가 아닌, 개발사업과 대상지의 여건에 따라 필수적인 기반시설 또는 부정적 외부효과 완화를 위한 시설이나 지역 필요시설 등을 설치하게 하거나, 때에 따라 현금으로 기부채납하게 하는 등 계획과정에서 공익과 사익을 조절하는 계획수단으로 보는 것이 타당하다.

표1. 개발이익과 계획이득의 차이

	개발이익	계획이득
개념	토지소유자의 개발사업 등을 통해 발생하는 토지가치 상승의 이익	도시관리계획 변경만으로 발생하는 토지가치 상승의 '우발적 이익'
법령 예	'개발이익 환수에 관한 법률' 제2조 제1호	'국토계획법' 제52조의 2 제1항
	개발사업의 시행이나 토지이용계획의 변경, 그 밖에 사회적·경제적 요인에 따라 정상지가(正常地價) 상승분을 초과하여 개발사업을 시행하는 자나 토지소유자에게 귀속되는 토지 가액의 증가분	용적률이 높아지거나 건축제한이 완화되는 용도지역으로 변경되는 경우 또는 도시·군계획시설 결정의 변경 등으로 행위제한이 완화되는 사항이 포함되어 있는 경우
주요 환수방법	부담금, 관련 조세	기부채납(토지, 건축물, 일부 지구단위계획 구역에서는 현금도 가능)

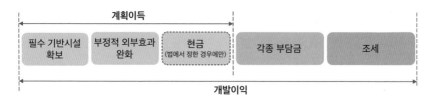

그림1. 계획이득과 개발이익의 주요 환수 방법

부담하도록 하고 있다. (서울특별시, 「서울특별시 지구단위계획 수립기준」, 2016)

서울시가 처음 기부채납 제도를 도입한 목적도 계획이득을 환수하기 위한 것이었다는 것은 매우 흥미롭다. 서울시가 기부채납을 본격적으로 사용한 것은 1977년 시행한 '토지형질변경등 행위허가사무취급요령'으로 파악되는데, 여기서는 공공시설을 폐지할 때 발생하는 우발적 이익을 사회로 환원하기 위해 부지면적의 20% 이상을 공공시설로 확보하도록 하였다[8]. 이후 '학교이적지 처리지침'이나 '준공업지역내 공공주택 입지 심의기준', '공동주택 관련 용도지역 관리 업무처리지침' 등을 거쳐 기부채납 제도를 발전시켜 오고 있다.

기부채납과 유사한 방법들은 미국이나 영국 등 다른 나라에서도 개발에 대한 계획이득을 환수하고 공공성을 확보하기 위해 많이 활용되고 있다. 예를 들어, 미국에서는 인허가 과정에서 해당 개발로 인해 발생하는 부정적 영향을 해소하기 위한 '필수 기반시설을 설치(Exaction)'하거나 토지의 '기부채납(Dedications)', 또는 '현금(Impact Fees)'[9] 등을 요구하고 있다. 특히 뉴욕시에서는 용도지역 상향 등을 포함하는 도시관리계획 변경을 통해 발생하는 계획이득을 '표준토지이용심의절차(Uniform Land Use Review Process)'를 활용하여 기반시설 확보와 현금납부를 포함한 다양한 방법으로 공공에 기여하도록 요구하고 있다[10]. 영국에서는 계획허가(Planning Permission) 과정에서 맺는 협약에 의해 민간에게 각종 의무를 부가하는 계획의무제도

---

8   서울특별시 도시계획국 지구단위계획과·도시계획상임기획단, 「기부채납과 연계한 공공시설의 공공성 확보방안에 관한 연구」, 2012.10.

9   미국의 'Development Impact Fee'는 우리나라에서 '개발부담금' 또는 '개발영향부담금' 등으로 번역되지만, 이것은 우리나라의 부담금 성격이 아니라 기부채납의 한 방법이다.

10   예를 들어, 뉴욕시 할렘지역 컬럼비아대학교 재개발 사업에서는 총 $76,000,000을 Benefits Fund로 조성하여, 저렴주택(Affordable Housing) 개발을 위해 $20,000,000, 법률자문지원 $4,000,000, 컬럼비아대학교 시설을 포함하여 서비스 및 어메니티 조성을 위한 $20,000,000: 컬럼비아 교육대학원(Teachers College)과 연계한 커뮤니티 공립학교(Community Public School) 설립을 위해 $30,000,000 등으로 활용하도록 공공기여 의무를 부과하였다.

(Planning Obligation)를 통해 현물이나 시설유지비용 또는 공동기금 등의 현금을 납부하도록 요구한다. 또한, 지자체가 계획허가를 내주는 것과 관련하여 사업시행자에게 허가를 구하는 개발에 포함되지 않은 사업을 수행하도록 의무를 부과하는 '플레닝게인(Planning Gain)' 제도와, 지자체의 기반시설 설치를 위한 기금조성을 위해 새로운 개발사업에 부과하는 '커뮤니티 기반시설금(CIL: Community Infrastructure Levy)' 제도도 활용하고 있다. 이처럼 영국에서는 지속적인 도시관리를 위한 재정확보를 위해 세금뿐 아니라 도시계획과 연계된 보조금(Grants), 조세(Tariff) 등의 다양한 수단을 활용하고 있다.

요약하자면, 일반적인 건축행위가 발생하는 필지들은 건축법과 국토계획법의 허가요건들을 만족하면 사회적 의무를 다한 것으로 보아 기속행위인 건축허가를 통해 건축행위를 허락하고 있지만, 특별한 토지의 경우는 원인자 부담 원칙과 수익자 부담 원칙을 바탕으로 계획이득을 적절하게 환수하면서 개발에 따른 필수 기반시설 확보와 부정적 외부효과를 완화하기 위해서 보다 구체적으로 다양한 의무를 부과할 필요가 있다. 예를 들어, 어떤 개발에 따라 주변 지역의 도로용량이 부족할 것으로 예상된다면 해당 사업자에게 필요한 도로를 확보하도록 해야 하며, 개발로 인해 인구가 증가하여 녹지가 부족할 것으로 판단된다면 공원을 확보하도록 해야 한다. 이미 대상지 주변 지역에 도로나 공원이 충분히 갖추어져 있다면 지역에 필요한 공공시설이나 기반시설들을 조성하도록 할 수도 있다. 개별 토지의 건축이나 개발행위 과정에서 발생할 수 있는 외부효과를 최소화하는 것이 토지의 사회적 의무이며, 도시계획의 역할이기 때문이다.

기부채납과
무상귀속의 차이

개발이익이든 계획이득이든 도시개발 과정에서 원인자 부담 원칙이나 수익자 부담 원칙에 따라 기반시설이나 공공시설을 확보하는 방법으로 가장 많이 활용되고 있는 수단이 기부채납과 무상귀속이다. 두 가지 방법 모두 민간의 토지 일부에 기반시설이나 공공시설을 설치하여 해당 지자체나 관리청에 소유권을 이전시키는 결과는 같지만, 법적 성격은 전혀 다르다. 그럼에도 불구하고, 실무분야뿐 아니라 판례에서조차 기부채납과 무상귀속을 크게 구분하지 않는 경우가 자주 있었다. 그러나 이 둘은 반드시 구분되어야 한다.

먼저, 무상귀속과 기부채납은 소유권을 이전하는 법적 수단이 다르다. 무상귀속은 민법 제187조에 의한 원시취득에 해당하지만, 기부채납은 민법 제186조에 의한 이전등기에 해당한다. 이 의미는 무상귀속은 기존 토지소유자의 의사와 상관없이 강제적으로 소유권이 이전되는 물권의 변동이지만, 기부채납은 기부하고자 하는 토지의 소유자들이 계약에 의해 소유권을 이전하는 것이다. 따라서, 무상귀속이 훨씬 강력한 소유권의 취득 방법이다. 기부채납은 관련된 토지소유자들의 동의가 필요한 반면, 무상귀속은 토지소유자들의 의사와 상관없이 소유권이 (강제로) 이전되기 때문이다.

> **제186조(부동산물권변동의 효력) - 기부채납의 경우**
> 부동산에 관한 법률행위로 인한 물권의 득실변경은 등기하여야 그 효력이 생긴다.

제187조(등기를 요하지 아니하는 부동산물권취득) - 무상귀속의 경우
상속, 공용징수, 판결, 경매 기타 법률의 규정에 의한 부동산에 관한 물권의 취득은 등기를 요하지 아니한다. 그러나 등기를 하지 아니하면 이를 처분하지 못한다.

또한, 무상귀속은 국토계획법이나 도정법 등 법률적 근거를 바탕으로 작동하지만, 기부채납은 주로 법률적 근거가 아닌 행정법상 부관의 법리에 의해 실행되는 경우가 많다. 우선 국토계획법과 도정법의 무상귀속 조항을 자세히 살펴보자.

국토의 계획 및 이용에 관한 법률
제65조(개발행위에 따른 공공시설 등의 귀속)
② 개발행위허가를 받은 자가 행정청이 아닌 경우 개발행위허가를 받은 자가 새로 설치한 공공시설은 그 시설을 관리할 관리청에 무상으로 귀속되고, 개발행위로 용도가 폐지되는 공공시설은 「국유재산법」과 「공유재산 및 물품 관리법」에도 불구하고 새로 설치한 공공시설의 설치비용에 상당하는 범위에서 개발행위허가를 받은 자에게 무상으로 양도할 수 있다.

도시 및 주거환경정비법
제97조(정비기반시설 및 토지 등의 귀속)
② 시장·군수 등 또는 토지주택공사 등이 아닌 사업시행자가 정비사업의 시행으로 새로 설치한 정비기반시설은 그 시설을 관리할 국가 또는 지방자치단체에 무상으로 귀속되고, 정비사업의 시행으로 용도가 폐지되는 국가 또는 지방자치단체 소유의 정비기반시설은 사업시행자가 새로 설치한 정비기반시설의 설치비용에 상당하는 범위에서 그에게 무상으로 양도된다.

국토계획법에서 무상귀속의 대상은 "공공시설"이고, 도정법에서의 무상귀속 대상은 "정비기반시설"이다. 공공시설과 정비기반시설의 정의는 다음 장에서 자세히 살펴보기로 하고, 도로와 공원은 공공시설과 정비기반시설 모두 해당하므로 도로와 공원을 예로 들어보자.

양 법률 모두 제1항은 시행자가 지자체 또는 공사인 경우이고, 제2항은 시행자가 민간인 경우이다. 여기서 무상귀속과 무상양도가 한 세트인 것을 알 수 있다. 즉, 새롭게 설치되는 공공시설이나 정비기반시설은 해당 시설을 관리하는 관리청이나 지자체로 무상으로 귀속되지만, 기존에 설치되어 있던 공공시설이나 정비기반시설은 해당 사업 시행자에게 무상으로 양도하라는 것이다. 사업시행자가 공공인 경우는 큰 문제가 없을 수 있으나, 시행자가 민간인 경우는 사정이 달라진다. 왜냐하면, 토지의 일부를 국가나 지자체에 내놓아야 하기 때문이다. 이것은 앞장에서 다루었던 헌법 제23조 제3항 수용규정을 떠올리게 한다. 국가가 (강제적으로) 국민의 토지 소유권을 취득하는 것이 수용인데, 이 조항 역시 토지의 일부에 대한 소유권을 국가나 지자체로 이전하는 것이다. 그러나 무상귀속은 보상이 없다. 왜냐하면, 이 조항의 제정 취지는 개발사업으로 인한 필수적인 공공시설이나 정비기반시설을 원인자 부담의 원칙에 따라 사업시행자에게 확보하도록 하는 것이기 때문이다. 따라서 민간의 재산상 손실이 당연히 발생하게 되고 이에 대한 손실을 합리적인 범위 안에서 경감해주고자 하는 것이 무상양도의 입법 취지일 것이다. 두 개의 법률에서 동일하게 국가로 무상귀속되는 새로운 시설의 "설치비용에 상당하는 범위에서" 기존의 국공유 재산을 사업시행자에게 무상으로 양도하도록 하고 있다. 두 법률의 차이점은 국토계획법은 "할 수 있다"고 하여 공공의 재량적 판단을 할 수 있도록 하고 있지만, 도정법은 "양도된다"는 강행규정으로 되어 있다.

그런데, 이 규정은 조금만 생각해 보면 합리적이지 않다는 것을 금방 알 수 있다. 예를 들어, 정비사업을 추진하면서 사업시행자가 10억 원 상당의 정비기반시설을 설치했는데, 그 대지에 기존의 정비기반시설이 10억 원 상당이 존재하고 있을 수도 있으나, 어떤 대지에는 설치되어 있는 정비기반시설이 전혀 없을 수도 있다. 그렇다면, 전자의 경우 해당 사업시행자는 10억 원 상당의 정비기반시설과 토지를 지자체에 줘야 하지만 그 대가

표2. 기부채납과 무상귀속의 비교

구분	기부채납	무상귀속
법적 성질	• 사법상 법률행위 또는 공법상 부관에 의한 법률행위 • 소유권의 이전등기(민법 제186조)	• 법률 규정에 의한 물권변동 • 소유권의 원시취득(민법 제187조)
대상	• 부동산, 각종 권리	• 시설 및 토지
인센티브	• 인센티브 부여 가능	• 인센티브 조건이 수반되지 않음
권리이전	• 채납에 필요한 서류를 받은 후 일정 기간 이후 권리 이전 절차	• 준공검사를 받음과 동시에 귀속 간주
근거법령	• 국유재산법, 공유재산 및 물품관리법	• 국토계획법 및 각종 개발관련 법령

로 최대 약 9억 9천만 원 상당의 공유지를 무상으로 양도받게 되므로 사업 시행자의 재산상 손실은 그리 크지 않을 것이다. 반면에 후자의 경우에는 10억 원 상당의 재산상 손실을 고스란히 감내하여야 한다. 이처럼 이 규정 은 형평성의 문제도 내포하고 있다.

이 같은 점 때문에 무상귀속 조항은 2003년 헌법재판소에서 재판관 5인이 위헌결정을 했지만, 위헌결정에 필요한 정족수에 1인이 모자라 가 까스로 합헌 결정이 내려진 바 있다. 이때 위헌결정을 내린 3인의 재판관 은 무상귀속 규정은 사후구제 여지도 없이 일률적으로 무상귀속을 강제하 는 것은 토지소유주에게 가혹한 조건이 될 수 있으며, 선의의 제3자 소유 권도 침해할 수 있기 때문에 "비례의 원칙에서 요구되는 피해의 최소성 및 법익의 균형성 원칙에 위배"되는 행정편의적 입법이라고 하였고, 재판관 2인은 무상귀속은 결과적으로 "소유권의 박탈이므로 전형적인 수용에 해 당한다고 보아야 하며, 이를 무상으로 함은 보상없는 수용을 금지한 헌법 제23조 제3항을 직접적으로 위반한다."고 판시하였다[1]. 이처럼 무상귀속

규정은 분명히 위헌적인 요소가 존재하고 있다.

반면에 기부채납은 국토계획법에 따라 지구단위계획에 의해 용적률이나 건폐율 인센티브를 줄 수 있다. 민간이 기부채납으로 민간 토지 일부를 공공에 소유권을 이전하는 경우에는 이에 대한 손실경감의 방법으로 인센티브를 받을 수 있는 것이다. 무상귀속이 기존에 존재하는 국공유재산의 유무에 따라 무상으로 양도받을 수 있는 양이 달라짐에 반해, 기부채납은 정해져 있는 기준에 따라 일정한 인센티브를 받을 수 있다.

국토계획법 시행령 제46조(도시지역 내 지구단위계획구역에서의 건폐율 등의 완화적용)

① 지구단위계획구역(도시지역 내에 지정하는 경우로 한정한다. 이하 이 조에서 같다)에서 건축물을 건축하려는 자가 그 대지의 일부를 법 제52조의2제1항 각 호의 시설(이하 이 조 및 제46조의2에서 "공공시설등"이라 한다)의 부지로 제공하거나 공공시설등을 설치하여 제공하는 경우[지구단위계획구역 밖의 「하수도법」 제2조제14호에 따른 배수구역에 공공하수처리시설을 설치하여 제공하는 경우(지구단위계획구역에 다른 공공시설 및 기반시설이 충분히 설치되어 있는 경우로 한정한다)를 포함한다]에는 법 제52조제3항에 따라 그 건축물에 대하여 지구단위계획으로 다음 각 호의 구분에 따라 건폐율·용적률 및 높이제한을 완화하여 적용할 수 있다. 이 경우 제공받은 공공시설등은 국유재산 또는 공유재산으로 관리한다.

이와 같은 이유 때문인지 행정에서는 정비사업 등에서 무상귀속 대신 기부채납의 방법으로 해당 기반시설이나 공공시설을 확보한 경우가 많았다. 즉, 정비사업에서 필요한 도로나 공원 등 정비기반시설을 무상귀속으로 확보하고 이미 존재하고 있는 지자체 소유의 정비기반시설아 있다면 이를 무상으로 해당 조합에게 양도하여야 함에도 불구하고, 사업계획승인 조건인 부관으로써 해당 정비기반시설을 기부채납하도록 하고 이에 대한

---

11   2003. 8. 21. 2000헌가11, 2001헌가29(병합) 전원재판부

재산상의 손실을 용적률 인센티브로 상쇄시켜 주는 방법을 활용해 왔다. 도정법에 의한 정비사업을 진행할 경우 사업시행계획은 지구단위계획으로 수립해야 하기 때문에 국토계획법상 지구단위계획의 인센티브 규정들을 활용하는 방법을 사용했던 것이다.

그러나, 이러한 행정처리는 법률 규정을 위반한 것이며 법리적으로도 옳지 않다. 무상귀속 대상을 기부채납으로 처리하여 서울시가 곤욕을 치렀던 서울시 방배동 서리풀 재건축사업 판례는 이러한 위험성을 극명하게 보여준다.

도정법에 따라 방배 서리풀 아파트단지 재건축사업을 위한 사업시행계획인가 과정에서 도로 5곳(3,715m²), 소공원 1(430m²), 소공원 2(788m²), 어린이공원(1,500m²) 등 총 317억원 상당의 정비기반시설을 설치하게 되었는데, 도정법에 의하면 이 정비기반시설들은 당연히 무상귀속으로 확보했어야 했다. 그럼에도 불구하고 인허가권자인 서울시(서초구청)는 무상귀속이 아닌 부관에 의한 기부채납으로 위 시설들의 소유권을 이전받았고, 이에 대한 대가로 국토계획법에 따라 용적률 인센티브를 제공하게 된다. 당연히 서울시는 기존에 존재하고 있던 도로 등 68억 원 상당의 정비기반시설인 공유재산을 해당 조합에 매입할 것을 요청하였다. 왜냐하면, 무상귀속을 안 했으니 무상양도는 할 필요가 없으며, 기부채납 대신 제공한 용적률 인센티브에 의해 추가적으로 확보할 수 있었던 일반분양분으로 조합측은 기부채납한 정비기반시설 설치비용의 상당부분을 상쇄할 정도의 이익을 얻을 수 있었기 때문이다. 그러나 조합은 준공인가 이후 서울시에게 해당 공유재산을 무상으로 양도할 것을 요구하였다. 서울시 입장에서는 정말 황당했을 것이다.

그러나 결말은 조합의 승리였다. 왜냐하면, 도정법의 해당 조항에서 무상귀속과 무상양도는 인과관계가 아닌 개별적 의무사항이기 때문이다.

즉, 무상귀속을 할 경우에 무상양도를 해 준다가 아니라 무상귀속과 무상양도는 쉼표에 의해 구분되는 별개의 사안으로 해석되기 때문이다. 바로 이러한 점을 대법원은 명확하게 지적하였다.

> "후단규정의 입법 취지 및 그 법적 성격과 함께, 도시정비법 등 관련 법령에서는 후단규정의 적용을 배제할 수 있는 예외규정을 따로 두고 있지 않으므로 후단규정에 따른 사업시행자의 권리를 제한하는 예외를 함부로 인정할 수 없다."

따라서 대법원은 "사업시행자가 정비기반시설을 설치하는 것에 대한 보상으로 용적률 제한의 완화와 같은 다른 이익을 얻는 대신 후단규정을 적용하지 않기로 하는 합의를 하였고 그에 따라 실제 사업시행자가 다른 이익을 얻은 바 있다 하더라도, 그러한 사정만으로 후단규정의 적용을 배제할 수는 없다고 보아야 한다."[12]고 하면서 조합측 승소 판결을 내렸다. 결국 서울시는 용적률 인센티브도 제공하고, 68억 원 상당의 공유재산도 조합 측에 빼앗기는 결과를 맞게 되었다.

따라서 도정법에 따른 정비사업이나 도시개발법에 의한 도시개발사업 등 무상귀속이 법률에 의해 규정된 개발사업에서 무상귀속 대상은 기부채납이 아닌 무상귀속으로 해당 시설들의 소유권을 이전받아야 한다. 다만 무상귀속 대상은 있지만 무상양도 대상이 전혀 없거나 매우 미미한 부지의 경우에는 추구하고자 하는 공익과 침해받는 사익의 균형이 깨질 수 있다는 한계는 여전히 존재한다. 이러한 경우에는 무상귀속 대신 기부채납으로 정비기반시설들을 확보하고 용적률 인센티브를 통해 사익과의 균형을 맞추는 것이 합리적인 대안이 될 수 있긴 하지만, 여전히 법률적인 근거는 미비한 상황이다.

또한, 빈드시 필요한 정비기반시설을 무상귀속이 아닌 기부채납으로 확보하려 할 경우 자칫하면 이행이 불가능한 부관이 될 수도 있다. 예를 들어, 도로의 경우 무상귀속을 적용하게 되면 자동적으로 해당 토지소유권이 관리청으로 이전되지만, 기부채납으로 확보할 경우 토지소유자들 전원의 동의를 바탕으로 한 이전등기를 해야 한다. 그러나 만약 한 사람의 토지소유자라도 합의하지 않는다면 도로 확보가 어렵게 될 수밖에 없다. 따라서

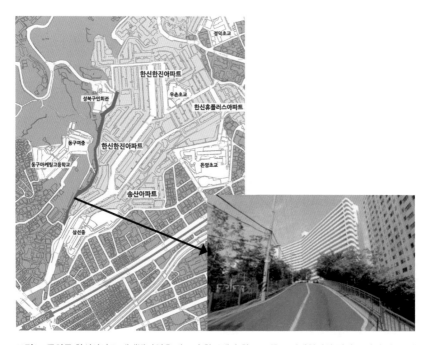

그림2. 돈암동 한신아파트 재개발사업은 반드시 확보해야 할 도로를 도시계획시설 결정도 하지 않고, 기부채납 부관도 없이 사업시행계획 인가를 내 주어 준공 이후 10년 동안 미준공 상태로 남아 있었다. 결국 해당 부분에 대해 지역권을 설정하여 문제를 해결한 사례이다.

무상귀속이 아닌 기부채납으로 도로를 확보하고자 한다면 반드시 사업시행계획인가와 함께 도시계획시설로 결정하여 토지수용권도 확보해 두어야 한다.

　서울시 돈암동 한신아파트 재개발사업은 반드시 확보해야 할 도로를 도시계획시설 결정도 하지 않고, 기부채납 부관도 없이 사업시행계획인가를 내 주었는데 준공인가 시점에서야 문제를 인식하게 되어 입주 이후 10년 동안이나 미준공 상태로 남아 있었다. 해당 도로는 북악스카이웨이로 연결되어 일반 시민들이 많이 사용하는 중요한 현황도로였는데, 소유권을 관리청에 이전하지 않고 준공된다면 해당 도로는 단지 내 사유 도로로 남게 되어 주민들에 의해 폐쇄될 가능성이 매우 높다. 그렇다고 준공인가 시점에서 기부채납을 한다면, 대지면적이 축소되기 때문에 용적률과 건폐율이 달라져 이미 다 지은 건축물들이 불법 건축물로 인식되어 버리는 불합리한 상황이 발생하게 되기 때문이다. 결국 해당 도로 부분에 대해 지역권을 설정하여 성북구청이 해당 토지에 대해 사용·수익권을 확보하면서 소유권 이전 없이도 도로의 기능을 유지할 수 있게 되면서 문제를 해결했지만[13], 사업시행계획인가 과정에서 무상귀속과 기부채납의 중요성을 다시 한 번 느끼게 해주는 사례이다.

13　이춘옥, 「재개발을 말하다」, 2010, 주거환경연구원, pp.95-96.

기부채납의
법적 성격과 부관

기부채납은 도시개발 과정에서 인허가 조건으로 기반시설이나 공공시설 등을 확보하는 수단으로 폭넓게 사용하고 있음에도 불구하고, 국토계획법 이나 도정법 등에서는 기부채납의 의미를 정의하고 있지 않다. 다만, '국유 재산법'과 '공유재산및물품관리법'에서 기부채납을 민간의 소유권을 무상 으로 국가나 지방자치단체에 이전하는 것으로 규정하고 있을 뿐이다[14]. 또 한, 대법원 판례는 기부채납의 법적 성격을 기부라는 청약행위와 채납이라 는 승낙행위가 하나가 되는 "사법상의 증여계약"으로 보고 있다[15]. 그러나, 사법상 증여계약으로는 건축 및 개발의 인허가 과정에서 공공이 기반시설 등을 확보하기 위한 기부채납의 법적 성격을 설명할 수 없다. 왜냐하면, 이 러한 기부채납은 기부하고자 하는 민간의 자발적인 의사가 아닌 인허가라 는 수익적 행정행위의 대가로 이루어지기 때문이다. 따라서, 기부자뿐 아 니라 행정청에게도 인허가의 의무가 주어지기 때문에 쌍무계약 성격의 부 담부 증여라고 보아야 하며[16], 공법상의 법률행위로 구분할 필요가 있다[17].

---

14 국유재산법 제2조 2. "기부채납"이란 국가 외의 자가 제5조제1항 각 호에 해당하는 재산의 소유권을 무 상으로 국가에 이전하여 국가가 이를 취득하는 것을 말한다. 공유재산및물품관리법 제2조 3. "기부채 납"이란 지방자치단체 외의 자가 제4조제1항 각 호에 해당하는 재산의 소유권을 무상으로 지방자치단 체에 이전하여 지방자치단체가 이를 취득하는 것을 말한다.

15 대법원 1999.2.5. 선고 98다24136 판결

16 안신재 2011, "기부채납에 관한 민사법적 고찰", 『법학논총』, 숭실대학교 법학연구소, 2011, p.57

17 박정훈 1998, "기부채납 부담과 의사표시의 착오", 『행정법연구』제3호, 행정법이론실무학회, pp.186-206; 김지엽·남진·홍미영, 전게논문 (각주3), pp.123-124.

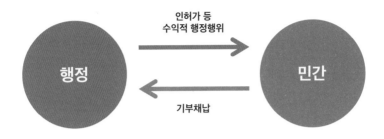

그림3. 쌍무계약으로써 기부채납의 법적 성격

그렇다면, 공법상 법률행위로서 기부채납은 어떤 성격을 가지고 있을까?

행정행위 과정에서 기부채납처럼 행정청이 민간에게 조건이나 부담을 요구할 필요가 있는 경우가 있다. 이처럼, 인허가와 같은 수익적 행정행위를 할 때 행정행위의 효력을 제한하거나 새로운 부담을 지우는 등의 부대적인 규율을 부가하는 것을 부관이라고 한다[18]. 행정기본법에서는 부관에 대한 기본원칙을 규정하고 있는데, 행정행위 중 재량행위에만 가능하지만 재량행위가 아닌 경우는 법률에 근거가 있는 경우에 한정하고 있다[19]. 또한, 부관을 붙일때는 '비례의 원칙'이나 '신뢰보호의 원칙' 등 일반적인 행정법상의 원칙에 적합하여야 한다[20]. 비례의 원칙은 헌법상 비례의 원칙과 동일하게 공익과 사익의 균형을 지켜야 하고, 무엇보다 지나치게 과도한 기부채납 요구는 비례의 원칙을 위반하는 위법한 행정행위로 판단될 수도 있다. 가장 중요하게 부관은 '부당결부금지의 원칙'을 준수해야 한다

---

18   김동희, 「행정법 I」 p.272.

19   행정기본법 제19조 제1항, 제2항; 행정기본법

20   홍정선, 「행정법특강」 2010, 제9판, 박영사, pp.312-321.

[21]. '부당결부금지의 원칙'은 인허가 등 수익적 재량행위의 반대급부로 부담을 부가할 때는 해당 사안과 관계없는 부담을 부가하지 못하도록 함으로써 행정의 과도한 재량을 제어하고자 하는 취지이며, 행정기본법에서도 명확하게 행정청이 해당 행정행위와 관련이 없는 의무를 부과하지 못하도록 규정하고 있다[22]. 도시개발 과정에서 기부채납과 관련한 부당결부금지 원칙은 공간적, 기능적으로 구분해 볼 수 있다.

먼저 공간적으로 인허가 등 재량적 행정행위의 대상지와 직접적으로 연계되어 있어야 한다. 부관으로 사업대상지 밖의 장소에 공공시설이나 기반시설을 설치하여 기부채납 하도록 요구한다면 이는 부당결부금지 원칙을 위반한 위법한 행정행위가 될 수 있다. 물론 반드시 사업대상지 내에만 위치해야 하는 것은 아니다. 2007년 서울시 반포 주공2단지 재건축사업의 인가조건으로 해당 사업구역 밖에 조성되는 운동로의 언더패스 설치를 부관으로 요구한 사건에 대해 대법원은 해당 시설은 그 사업구역 내 주민의 편익과 아파트 가치증진에 기여할 것으로 예상되기 때문에 위법하지 않다는 결론을 내린 바 있다[23]. 즉, 부관으로써 기부채납 대상 시설은 공간적으로 사업대상지 또는 사업구역 내에 위치해야 하며, 대상지 외부에 위치한다면 최소한 사업부지와의 직접적인 연계성을 입증할 수 있어야 한다. 만약 사업대상지가 어떤 지구단위계획구역 내에 위치하거나 하나의 사업구역 내에 위치한다면, 공간적 범위는 해당 구역 내로 확장할 수 있다. 그러나, 강남지역에 위치한 정비사업에서의 기부채납 일부 또는 전부를 강북지역 등의 타지역에 설치하는 것은 불가능하다.

---

21   대법원 1997. 3. 11. 선고 96다49650 판결

22   행정기본법 제19조 제4항

23   대법원 2014.2.21. 선고 2012다78818 판결

또한, 기능적으로 부당한 결부는 위법한 부관이 된다. 아무 시설이나 기부채납 대상이 아니라는 의미이다. 이러한 기능적 한계는 법령상에서 정하고 있는 공공시설이나 기반시설 등에 한정된다. 2019년 이전의 국토계획법 시행령에는 공공시설 또는 기반시설 중 학교와 해당 시·도의 도시계획조례로 정하는 기반시설, 도정법의 정비기반시설, '도시재정비촉진법'에서는 기반시설, '주택법'에서는 간선시설 등이 기부채납으로 확보가능한 시설로 규정되었다. 따라서, 기반시설이나 공공시설에 해당하지 않는 상업시설이나 업무시설뿐 아니라 공공임대주택이나 기숙사 등도 부당결부금지 원칙에 따라 기부채납을 받을 수 없었다. 공공임대주택이나 기숙사는 공공시설도 기반시설도 아니기 때문이다. 이에 따라 재건축 사업이나 주택법에 의한 사업 등에서 공공임대주택을 확보하기 위해 해당 공공임대주택은 지자체가 표준건축비로 매입하고 토지지분만 기부채납을 받는 방법을 활용하였다. 그러나, 2019년 국토계획법 시행령 개정으로 지구단위계획을

국토계획법 시행령 제42조의3 제2항

12.제45조제2항 후단에 따라 용적률이 높아지거나 건축제한이 완화되는 용도지역으로 변경되는 경우 또는 법 제43조에 따른 도시·군계획시설 결정의 변경 등으로 행위제한이 완화되는 사항이 포함되어 있는 경우에는 해당 지구단위계획구역 내에 다음 각 목의 시설(이하 이 항 및 제46조제1항에서 "공공시설등"이라 한다)의 부지를 제공하거나 공공시설등을 설치하여 제공하는 것을 고려하여 용적률 또는 건축제한을 완화할 수 있도록 계획할 것. 이 경우 공공시설등의 부지를 제공하거나 공공시설등을 설치하는 비용은 용도지역의 변경으로 인한 용적률의 증가 및 건축제한의 변경에 따른 토지가치 상승분(「감정평가 및 감정평가사에 관한 법률」에 따른 감정평가업자가 평가한 금액을 말한다)의 범위로 하고, 제공받은 공공시설등은 국유재산 또는 공유재산으로 관리한다.

가. 공공시설
나. 기반시설
다. 「공공주택특별법」 제2조제1호가목에 따른 공공임대주택 또는 「건축법 시행령」 별표 1 제2호라목에 따른 기숙사 등 공공필요성이 인정되어 해당 시·도 또는 대도시의 도시·군계획조례로 정하는 시설 (해당 지구단위계획구역에 가목 및 나목의 시설이 충분히 설치되어 있는 경우로 한정한다)

통해 용도지역이 상향되거나 행위제한이 완화되는 경우에는 기반시설이
나 공공시설 이외에도 공공임대주택과 기숙사, 공공임대상가 등 정책적 목
적에 필요한 시설들도 기부채납을 받을 수 있도록 대상시설이 확대되었다.

공공기여 개념 도입과
사전협상제도

최근에는 기부채납 대신 공공기여라는 용어도 많이 사용되고 있다. 공공기여 역시 기부채납이나 무상귀속처럼 민간의 토지재산권을 국가나 지자체로 이전하는 결과는 같다. 그러나, 공공기여와 기부채납도 동일어가 아니다.

공공기여라는 용어가 본격적으로 사용되기 시작한 것은 2012년 서울시에서 사전협상제도를 도입하면서부터로 볼 수 있다. 사전협상제도란 도시계획변경의 필요성이 인정되는 주요 부지를 대상으로 민간(토지소유자)이 지구단위계획을 통해 도시관리계획 변경(용도지역 상향 또는 도시계획시설 폐지 등)을 제안하고, 해당 도시관리계획 변경을 통한 토지가치 상승에 대한 이익을 환수하기 위해 공공기여의 양과 방법을 사전에 협상을 통해 결정하는 제도이다[24].

앞서 설명한 바와 같이 일반적으로 국민들은 도시관리계획을 결정하거나 변경을 요구할 수 있는 도시계획변경청구권이 없다. 만약 이러한 권한이 부여된다면 누구나 자신이 소유하고 있는 토지의 용도지역 상향이나 도시계획시설 폐지 등 토지가치가 상승할 수 있는 방향으로 도시관리계획 변경을 요청할 것이고, 결국 도시계획이라는 체제를 유지하는 것이 불가능하게 될 것이다. 다만, 예외적으로 지구단위계획구역의 지정 및 변경이나 수립에 관한 사항과 기반시설의 설치·정비·개량에 관한 사항에 대해서는

---

24   김상일, 「사전협상제도를 통한 도시개발의 공공성 증진방안 연구용역」, 서울시정개발연구원, 2010.

일반 국민인 "주민"에게 입안을 제안할 수 있는 권한을 부여하고 있다[25]. 이 조항을 활용하여 개발잠재력이 있는 대규모 부지의 도시관리계획변경에 따른 특혜시비를 해소하면서, 공공성 높은 개발을 실현하기 위한 민간과 협력적인 도시계획제도의 필요성에 따라 사전협상제도를 도입한 것이다.

여기서 지구단위계획 변경을 통한 토지가치 상승은 앞에서 설명한 전형적인 계획이득에 해당한다. 용도지역 상향이나 도시계획시설 폐지는 토지 지가에 직접적인 영향을 줄 수밖에 없다. 용도지역의 경우 유사한 조건을 가진 토지라 할지라도 해당 토지에 건축할 수 있는 건축물의 규모와 용도가 달라지기 때문에 지가 역시 큰 차이가 날 수밖에 없다[26]. 도시계획시설 폐지의 경우도 마찬가지이다. 토지의 효용이 한정되어 있는 도시계획시설이 폐지되면 토지지가는 상승할 수밖에 없다[27]. 이처럼 지차체장의 권한인 도시관리계획 변경만으로 발생하는 우발적 이익은 일정 부분 공공에 환원되는 것이 바람직하다. 특히 복합개발이 필요한 부지나 공공시설 이전 적지 등의 특별한 부지[28]의 개발을 위해 지구단위계획을 수립하는 경우에 발생하는 계획이득 환수를 직접적으로 법령에 도입한 것이 2012년 개정된 국토계획법 시행령 제42조의3 제2항이었다.

25   국토계획법 제26조 제1항

26   2019년 공시지가를 보면 강남역 주변의 비슷한 크기의 토지이지만 1m²당 제2종 일반주거지역은 720 만원, 제3종 일반주거지역은 1,340만원, 일반상업지역은 2,100만원을 보이고 있다(LURIS, 2019년 1월 공시지가)

27   2014년 용산관광버스터미널 부지의 도시계획시설 폐지 이후 토지가치를 추산한 서울시 내부자료에 의하면 1m² 기준 1,055만원에서 도시계획시설 폐지 후 1,675만원으로 상승하여 총 1,175억원의 토지가치가 상승하는 것으로 추산하였다.

28   국토계획법 제51조 제1항
8의2. 도시지역 내 주거·상업·업무 등의 기능을 결합하는 등 복합적인 토지 이용을 증진시킬 필요가 있는 지역으로서 대통령령으로 정하는 요건에 해당하는 지역
8의3. 도시지역 내 유휴토지를 효율적으로 개발하거나 교정시설, 군사시설, 그 밖에 대통령령으로 정하는 시설을 이전 또는 재배치하여 토지 이용을 합리화하고, 그 기능을 증진시키기 위하여 집중적으로 정비가 필요한 지역으로서 대통령령으로 정하는 요건에 해당하는 지역

> **국토계획법 시행령 제42조의3 제2항 (2021년 개정 이전)**
>
> 12. 제45조제2항 후단에 따라 용적률이 높아지거나 건축제한이 완화되는 용도지역으로 변경되는 경우 또는 법 제43조에 따른 도시·군계획시설 결정의 변경 등으로 행위제한이 완화되는 사항이 포함되어 있는 경우에는 해당 지구단위계획구역 내 기반시설의 부지를 제공하거나 기반시설을 설치하여 제공하는 것을 고려하여 용적률 또는 건축제한을 완화할 수 있도록 계획할 것. 이 경우 공공시설 등의 부지를 제공하거나 공공시설 등을 설치하는 비용은 용도지역의 변경으로 인한 용적률의 증가 및 건축제한의 변경에 따른 토지가치 상승분(「감정평가 및 감정평가사에 관한 법률」에 따른 감정평가업자가 평가한 금액을 말한다)의 범위로 하고, 제공받은 공공시설등은 국유재산 또는 공유재산으로 관리한다.

이 조항에서는 지구단위계획에 의해 행위제한이 완화되는 용도지역으로 변경되거나 도시계획시설 결정이 변경되어 토지가치가 상승할 경우 이 상승분의 범위 이내에서 기반시설 등을 설치하여 기부채납 하거나, 이미 기반시설 등이 충분할 경우에는 현금으로도 계획이득을 환수할 수 있도록 하였다. 그리고, 서울시 도시계획조례에서는 이 조항을 그대로 인용하여 공공기여를 "공공시설 등의 부지를 제공하거나 설치 제공 또는 공공시설 등 설치를 위한 비용 납부"로 정의하고 있다[29].

이처럼 공공기여의 목적은 원인자 부담 원칙과 수익자 부담 원칙 모두를 포함하고 있다. 용도지역을 상향하거나 도시계획시설을 폐지하여 기존보다 고밀개발이나 용도의 복합을 허용해 줌에 따라 개발밀도 증가와 인구 및 차량 유발 등으로 인하여 필수적인 기반시설 확보가 필요할 수 있으며, 인근 지역에도 부정적 외부효과가 발생할 수 있다. 따라서, 공공기여는 토지가치 상승분 이내에서 정해지는 계획이득 환수의 총량 범위 내에서 필수 기반시설을 원인자 부담 원칙에 따라 확보하게 하거나 해당 토지의 개

---

29   서울시 도시계획조례 제19조의3 제1항 제4호

발로 발생할 수 있는 부정적 외부효과를 원인자로 하여금 해소하게 하고, 그래도 정해진 총량에 미치지 못한다면 현금으로 납부하게 하는 개념이다. 따라서 확보해야 할 필수 기반시설이 없다고 해서 공공기여의 의무가 사라지는 것이 아니다. 왜냐하면 공공기여는 총량의 개념이기 때문이다.

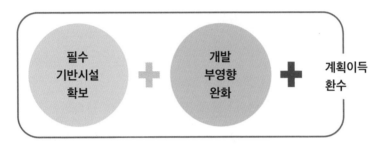

그림4. 공공기여의 목적

서울시 사전협상제에서 공공기여 총량을 결정하는 "증가하는 용적률의 60%"는 앞에서 설명한 국토계획법 시행령의 "토지가치 상승분 이내의 범위"를 조례를 통해 서울시 기준으로 만든 것이다. 역대 가장 많은 공공기여를 한 서울시 영동대로의 현대GBC 사례를 조금 더 구체적으로 살펴보자. 현대GBC 부지는 당초 아파트 단지 등을 개발할 수 있는 제3종 일반주거지역이었다. 이 부지를 일반상업지역으로 용도지역을 변경할 경우 서울시 조례에서 정한 일반상업지역 용적률 800%에서 기존의 제3종 일반주거지역 용적율 250%를 뺀 만큼의 60%를 토지면적으로 환산하고, 이를 기존 용도지역과 변경 후 용도지역의 감정평가 금액을 바탕으로 약 1조 9천억 원의 공공기여 총량을 산출하였다[30]. 그리고 이 총량의 범위에서 서

---

30 부지에는 일부 일반상업지역도 포함되어 있었다. 전체 공공기여량을 토지면적으로 환산하면 전체 토지면적의 약 36.75% 정도이다.

울시와의 협상을 통해 영동대로 지하공간 복합개발 4,000억, 올림픽대로 지하화 사업 3,270억, 주경기장 리모델링 사업에 2,800억 등 총 12개의 공공기여 사업을 결정하였다. 또한 공연장, 컨벤션시설, 전망대 등은 전략용도라는 개념으로 서울시에 기부채납은 하지 않지만 해당 시설을 설치하여 직접 운영하도록 하고 이를 약 2,300억 원 정도의 공공기여로 인정하였는데, 감사원이 기부채납하지 않는 시설을 공공기여로 인정하는 것에 대해 문제를 제기하여 전략용도 개념은 이후 삭제되었다[31].

이처럼 "공공기여"는 법률용어는 아니며, 학술적으로도 아직까지 합의된 정의는 없다. 선행연구들을 살펴보면 '공공기여'란 도시개발 과정에서 공공성 확보를 위한 수단으로 사용되거나, 기부채납과 동일한 용어로 사용되기도 한다[32].

현재 협의의 '공공기여'의 개념은 서울시 도시계획 조례에서 정의하고 있는 것처럼 지구단위계획을 통한 계획이득을 환수하기 위해 기부채납을 통해 공공시설 등으로 활용되는 토지나 건축물 일부의 소유권을 행정청으로 이전하거나 현금으로 납부하는 것을 의미한다. 그러나, 공공기여의 의미를 어떤 개발사업에서 공공에 기여하는 방법으로 해석한다면 개발사업의 특성에 따라 무상귀속과 각종 부담금을 포함하고, 공개공지나 전면공지 등을 조성하여 계획적 공공성을 확보하는 폭넓은 방법들로도 정의해 볼 수도 있다.

이러한 협의의 공공기여와 광의의 공공기여의 의미는 행정청과 사업시행자의 입장에서도 다르게 체감될 수 있다. 행정청의 입장에서는 무상

---

[31]　이는 국토계획법의 관련 조항에서 공공시설 등을 "제공"한다는 것을 지자체로 소유권을 이전하는 기부채납으로 한정하여 해석하고 있는 결과이다.

[32]　김지엽·남진·홍미영, 전게논문 (각주3), pp.121-122.

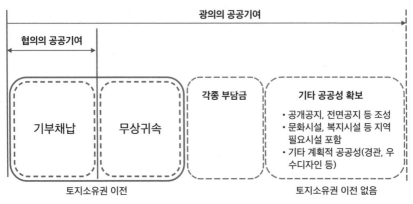

그림5. 공공기여의 의미

귀속이나 부담금 등은 공공기여가 아니라 당연히 부담해야 하는 사업시행자의 의무라고 생각할 수 있으나, 사업시행자가 체감하는 총 부담은 사업시행을 위한 인허가 단계에서 결정되는 기반시설이나 공공시설 등의 설치의무뿐 아니라 개발단계와 개발 완료 후에 부담해야 하는 각종 부담금과 조세를 포함하는 것이 일반적이기 때문이다.

따라서, 공익과 사익의 균형을 맞추기 위한 비례의 원칙을 고려하여, 적절한 개발이익과 계획이득 환수를 위한 공공기여의 개념에 대해 전반적인 논의가 필요하다.

공공기여 방법과
2021년 국토계획법 개정

2021년 1월 국토계획법 개정 이전에 공공기여는 부관에 의한 기부채납의 방법으로 실행되었는데, 기부채납의 대상은 점차 확대되어 왔다. 2003년 이전에는 기반시설이나 공공시설 등 법령에서 정한 시설확보를 위한 토지의 기부채납만 허용되었지만, 국토계획법 개정을 통해 해당 시설물 또는 건축물의 기부채납으로 확대되었다. 그러나 도시화가 마무리된 서울의 경우 지구단위계획구역 내 또는 정비사업 대상지와 주변 지역은 이미 공공시설 등이 충분하게 갖추어져 있어 더 이상 기부채납 받을 만한 시설이 없

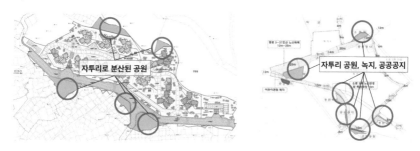

자투리로 분산된 기부채납 공원과 녹지(좌: 동작구 흑석 4구역 정비계획(안) / 우: 동작구 상도11구역 정비계획(안))

그림6. 접근이 불가능한 경사면 공원과 도로로 둘러싸여 활용도가 미흡한 기부채납 공원 (자료제공: 아름)

는 경우가 발생하기 시작하였다. 또한, 기부채납의 양적 요건만 충족시키기 위해 실용성 없는 시설이나 토지를 기부채납하거나, 재건축 사업을 위해 기부채납 되는 도로나 공원 등은 주변 지역을 위한 시설이 아닌 해당 아파트 단지만을 위한 도로와 공원으로 전락하는 사례도 많이 발생하였다.

또한, 앞서 설명한 바와 같이 공공임대주택이나 기숙사 등처럼 정책적 목적을 위해 공공기여로써 기부채납 필요성이 요구되었음에도 불구하고, '부당결부금지의 원칙'에 따라 기반시설이나 공공시설에 해당하지 않는 위 시설들의 기부채납이 허용되지 않았다. 그러다, 2019년 초 국토계획법 시행령 제42조의3 제2항 제12호의 개정에 따라 공공임대주택과 기숙사도 건축행위제한이 완화되는 지구단위계획 변경을 통해 토지가치가 상승했을 경우 기부채납 받을 수 있는 시설에 포함되었다.

그러나, 건축물로 기부채납 받을 경우에는 지자체의 관리·운영 부담이 증가하여 오히려 공공에 부담이 되는 문제점들도 지속적으로 제기되었다. 이와 같은 문제점을 인식하여 2012년 사전협상제 도입을 위한 국토계획법 시행령 개정을 통해 현금으로도 해당 의무를 이행할 수 있는 법적 근거를 마련하였다.

그러나 기존에 공공기여를 규정하고 있던 국토계획법 시행령 제42조

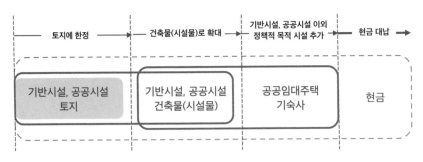

그림7. 공공기여 방법의 발전

의3 제2항은 크게 세 가지의 근본적인 한계가 있었다. 첫째, 공공기여가 법률이 아닌 시행령에 근거하고 있다는 점이었다. 사전협상제에 따른 공공기여의 주요 목적은 지구단위계획 변경으로 발생한 토지소유자의 '계획이득' 일부를 환수하는 제도로써, 본질적으로 국민의 권리를 제한하게 되므로 앞서 살펴본 헌법 제37조 제2항에 의한 '법률유보의 원칙'을 위반할 수 있다. 두 번째는 법률이 아닌 부관에 따라 실행되기 때문에 '부당결부금지의 원칙'을 엄격하게 적용받게 된다는 점이다. 따라서, 사업대상지와 공간적, 기능적 연계가 있어야 한다. 무엇보다 국토계획법 시행령 제42조의3 제2항 제13호와 제14호에서는 해당 지구단위계획구역 내에 이미 공공시설 등이 충분할 경우에 지구단위계획구역 밖의 관할 시·군·구에 지정된 고도지구, 역사문화환경보호지구, 방재지구 또는 공공시설 등이 취약한 지역으로서 지자체 조례로 정하는 지역에 공공시설등을 설치할 수 있도록 하고, 제15호에서는 설치비용으로 공공기여를 받을 경우 위 조례에서 정하는 지역에 공공시설 등의 확보에 사용할 수 있도록 하고 있었다. 그러나, 이러한 조항 역시 법률이 아닌 부관에 의해 시행되기 때문에, '부당결부금지의 원칙'에 따라 어디까지 공간적 범위를 확대될 수 있을지 명확하지 않았다. 이러한 이유로 서울시 조례에서는 시 전체가 아닌 해당 지구단위계

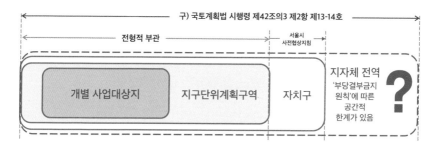

그림8. 2020년 이전 사전협상제에 따른 공공기여의 공간적 범위 한계

획구역이 위치한 자치구로 한정하였으나 이마저도 어디까지 확대할 수 있을지는 명확하지 않은 상황이었다.

마지막으로 현금, 즉 '공공시설등 설치비용'에 관한 법적 성격이 불명확하다는 점이다. 국가가 국민에게 현금을 받을 수 있는 경우는 세금, 벌금 또는 과태료, 그리고 준조세 성격의 부담금이 대표적이다. 우선 '공공시설 등의 설치비용'은 부담금으로 볼 수 없는데, 부담금에 해당할 경우 '부담금관리기본법'에 따라 법률에서 규정되어야 하며 '부담금관리기본법'에 의해 공식적으로 부담금으로 도입되어야 하기 때문이다. 그러나 이 비용은 시행령에서 규정하고 있기 때문에 설사 부담금으로 인정될 수 있다 하더라도 법률에서 규정하고 있어야 한다는 전제를 충족시키지 못하고 있었다. 물론 이 설치비용을 부담금으로 볼 경우 또 다른 문제들이 발생하게 되어 부담금으로 보는 것은 바람직하지 않다. 예를 들어, '부담금관리기본법'에서 요구하는 조건들을 충족시켜야 하고 무엇보다 기존 부담금과 중복되지 않아야 하는데 현재 '개발이익환수에 관한 법률'에 의한 개발부담금, 국계법에 의한 기반시설 설치부담금 등 유사 부담금이 이미 존재하고 있기 때문에, 기존 부담금과 도입 목적에서 명확한 차이가 없다면 '기반시설 설치비용'을 부담금으로 설치하기는 용이하지 않을 것이다[33]. 그러나 무엇보다 중요한 것은 계획이득 환수를 위한 공공기여의 한 방안, 즉 토지나 건축물로 기부채납하는 방법과 같은 개념으로써 현금으로도 납부할 수 있도록 하는 것인데, 이 현금만 부담금으로 인정하는 것은 공공기여의 취지와도 맞지 않다. 따라서, 공공시설 등 설치비용은 준조세 성격을 갖는 부담금과

---

[33] 김지엽 외의 선행연구에서는 이 비용을 '주차장법' 제19조 제5항에 따른 부설주차장 설치비용과 유사한 것으로 보았다. (김지엽·남진·홍미영, "서울시 사전협상제를 중심으로 한 공공기여의 의미와 법적 한계", 「도시설계」 17(2), 2016, p.128.)

는 다른, 지구단위계획 변경 등의 과정을 통해 발생하는 계획이득을 적절하게 환수하기 위한 계획수단으로 보는 것이 가장 적합하다.

또한 설치비용이 납부된다 할지라도 이 현금을 관리할 수 있는 특별회계나 기금 등이 조성되어야 하지만, 이를 위한 법률적 근거가 없어 해당 현금을 공적으로 관리할 방법이 없었다. 이에 따라 2021년까지 대한민국 역사상 가장 큰 규모인 1조 9천억 상당이 공공기여를 하면서 용도지역이 일반상업지역으로 상향된 영동대로변의 현대GBC 사례에서는 에스크로 계좌를 활용하여 해당 비용을 관리하고 있다.

공공시설등 설치비용과 가장 유사한 것이 2019년 도정법 개정을 통해 재건축사업 등의 정비사업에서 기부채납 총량의 최대 50%까지 현금으로 납부할 수 있도록 하여 조성하는 '도시주거환경정비기금'이다. 이 또한 부담금의 성격과는 다른 종류의 기금이라는 것이 핵심이다.

결국 2021년 1월 기존의 국토계획법 시행령 제42조의3 제2항의 내용은 국토계획법 제52조의2로 개정되었다. 이러한 결과로 '법률유보의 원칙'을 준수하고 부관 법리의 '부당결부금지 원칙'에 따른 공공기여의 공간적, 기능적 한계를 극복할 수 있게 되었으며, 무엇보다 공공시설 등의 설치를 위한 토지 및 건축물 기부채납 이외에 현금으로 부과할 수 있는 법률적 근거를 확보하여 '공공시설등 설치비용'의 법적 정의와 안정성을 확보하게 되었다.

국토계획법 제52조의2 (2021년 1월 개정)
제52조의2(공공시설등의 설치비용 등)
① 제51조제1항제8호의2 또는 제8호의3에 해당하는 지역의 전부 또는 일부를 지구단위계획구역으로 지정함에 따라 지구단위계획으로 제36조제1항제1호 각 목 간의 용도지역이 변경되어 용적률이 높아지거나 건축제한이 완화되는 경우 또는 제52조제1항에 따른 지구단위계획으로 제43조에 따른 도시·군계획시설 결정이 변경되어 행위제한이 완화되는 경우에는 해당 지구단위계획구역에서 건축물을 건축하려는 자(제26조제1항제2호에 따라 도시·군관리계획이 입안되는 경우 입안 제안자를 포함한다)가 용도지역의 변경

또는 도시·군계획시설 결정의 변경 등으로 인한 토지가치 상승분(...중략...)의 범위에서 지구단위계획으로 정하는 바에 따라 해당 지구단위계획구역 안에 다음 각 호의 시설(이하 이 조에서 "공공시설등"이라 한다)의 부지를 제공하거나 공공시설등을 설치하여 제공하도록 하여야 한다.

② 제1항에도 불구하고 대통령령으로 정하는 바에 따라 해당 지구단위계획구역 안의 공공시설등이 충분한 것으로 인정될 때에는 해당 지구단위계획구역 밖의 관할 특별시·광역시·특별자치시·특별자치도·시 또는 군에 지구단위계획으로 정하는 바에 따라 다음 각호의 사업에 필요한 비용을 납부하는 것으로 갈음할 수 있다.

④ 특별시장·광역시장·특별자치시장·특별자치도지사·시장·군수 또는 구청장은 제2항에 따라 납부받거나 제3항에 따라 귀속되는 공공시설등의 설치 비용의 관리 및 운용을 위하여 기금을 설치할 수 있다

그러나, 개정된 법률조항은 공공기여를 요구하는 대상행위인 용도지역 변경을 종상향을 제외한 용도지역 간 변경의 경우만으로 한정하고 있다. 공공기여의 주요 목적은 지구단위계획 변경을 통한 토지소유자의 우발적 이익인 '계획이득'을 환수하고자 하는 것인데, 용도지역 간 변경에 따른 토지가치 상승분과 동일한 효과를 유발하는 종상향을 공공기여 대상에서 제외하는 것은 공공기여 제도 운용의 형평성에 맞지 않으며 합리적이지도 않다.

그리고, 여전히 공공기여가 필요한 경우인 용도지역 변경이나 도시계획시설 폐지 등의 대상은 모든 지구단위계획에서 발생할 수 있지만, 현재는 서울시의 사전협상 대상인 제51조제1항 제8호의2(도시지역 내 주거·상업·업무 등의 기능을 결합하는 등 복합적인 토지 이용을 증진시킬 필요가 있는 지역) 또는 제8호의3(도시지역 내 유휴토지를 효율적으로 개발하거나 교정시설, 군사시설, 그 밖에 대통령령으로 정하는 시설을 이전 또는 재배치하여 토지 이용을 합리화하고, 그 기능을 증진시키기 위하여 집중적으로 정비가 필요한 지역)에만 한정하고 있다.

물론, 일반 지구단위계획구역은 특별계획구역 등의 수단을 통해 기존

기부채납 방법으로 공공기여 확보가 가능하다. 그러나, 일반적인 특별계획구역에서는 여전히 현금대납은 불가능하기 때문에, 중장기적으로는 법률 제52조의2 대상을 모든 지구단위계획구역으로 확대하는 것을 검토할 필요가 있다.

잊지 말아야 할 것은 계획이득 환수는 일반적인 도시관리계획에는 적용할 수 없다는 것이다. 무엇보다 개별적인 필지의 건축허가는 부관을 붙일 수 없는 기속행위이기 때문이다. 따라서 계획이득 환수는 행정청의 재량이 개입할 수 있는 개발사업의 인허가나 지구단위계획의 경우 특별계획구역의 세부개발계획 단계에서만 확보할 수 있다. 이와 같은 한계를 극복하기 위해 최근에는 지구단위계획에서 '용도지역변경 가능구역'이라는 수단도 활용하고 있다. 일단 특별계획구역이 아닌 일반 필지들은 지구단위계획에서 용도지역이 변경될 경우 개별적인 건축허가로 건축이 진행되어 공공기여를 받을 수 있는 기회가 없기 때문에, 용도지역변경 가능구역으로 지정된 필지들은 지구단위계획에서 제시하고 있는 공공기여 조건을 충족할 경우에 한하여 개별적인 지구단위계획 변경을 통해 용도지역을 상향해 주는 기법이다. 그러나 이러한 기법은 자칫하면 필지별로 스팟 조닝(Spot Zoning)이 될 수 있는 위험도 있고, 도시계획의 일관성에 관한 문제도 제기될 수 있어 신중하게 사용될 필요가 있다.

Zoning is for sale?

계획이득 환수의 방법을 활용하여 사전협상제뿐 아니라 지구단위계획의 특별계획구역, 서울시의 장기전세주택, 청년주택, 역세권활성화 사업 등 지자체가 가지고 있는 도시관리계획 수립 권한을 바탕으로 기반시설이나 공공시설, 공공임대주택, 청년창업공간 확보 등 정책목적을 달성하고자 하는 도시계획 수단으로 사용되고 있다. 예를 들어, 사전협상제는 용도지역 변경으로 인해 증가하는 용적률의 60%, 청년주택이나 역세권 활성화 사업은 50%를 공공기여로 지자체에 제공하는 메커니즘이다. 이를 위한 법적 근거는 사전협상제를 위한 국토계획법 제52조의2 이외에도 지구단위계획구역의 용적률 체계와 인센티브 제도를 연동하여 활용하고 있다.

지구단위계획은 용도지역 변경과 도시계획시설 결정, 용적률, 건폐율, 높이, 건축물의 용도 등을 모두 제어할 수 있는 법적 권한이 있다. 그리고 지구단위계획은 일반적인 도시관리계획과 마찬가지로 토지재산권에 대한 제한을 기본으로 하지만, 지구단위계획의 다양한 지침들의 실현을 위해 당근전략인 인센티브도 사용할 수 있다.

국토계획법에서 각 용도지역에 따라 제시하고 있는 용적률의 상한 범위 내에서 구체적인 용적률을 결정하는 것은 지자체장의 권한이다. 지자체장은 이 권한을 활용하여 지구단위계획을 통해 보다 세밀하게 용적률을 관리할 수 있으며, 일반적으로 기준용적률, 허용용적률, 상한용적률 체계를 활용하고 있다.

국토계획법 제78조(용도지역에서의 용적률)

① 제36조에 따라 지정된 용도지역에서 용적률의 최대한도는 관할 구역의 면적과 인구 규모, 용도지역의 특성 등을 고려하여 다음 각 호의 범위에서 대통령령으로 정하는 기준에 따라 특별시·광역시·특별자치시·특별자치도·시 또는 군의 조례로 정한다.

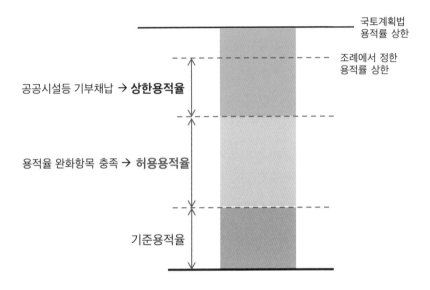

그림9. 지구단위계획의 용적률 체계

예를 들어, 국토계획법상 상한 용적률이 300%인 제3종 일반주거지역은 서울시 도시계획조례에서 250%까지 허용하고 있다. 그런데 제3종 일반주거지역에 지구단위계획구역이 지정된다면 기준용적률을 150%로 낮춘 후 지구단위계획 지침을 준수할 때 인센티브를 주게 되는 허용용적률에 따라 210%까지, 그리고 추가적으로 기반시설이나 공공시설 등으로 기부채납한다면 조례 상한인 법적용적률의 2배 이내에서 용적률을 허용하는 체계를 사용하고 있다.

이와 같은 지구단위계획의 용적률 체계를 바탕으로 용도지역 상향이

나 도시계획시설 폐지 등에 따른 계획이득 환수는 국토계획법 제26조의
주민제안 조항과 국토계획법 시행령 제46조에 따른 인센티브 조항을 활용
한다. 주민, 즉 토지소유자 또는 민간사업자가 지구단위계획 수립이나 변
경을 제안하고, 여기서 발생하는 계획이득을 용적률 인센티브와 연동시켜
공공시설등으로 제공하도록 하는 메커니즘이다. 앞에서 설명한 바와 같이
유일하게 국민이 도시관리계획의 수립과 변경을 청구할 수 있는 경우가
지구단위계획의 수립과 변경이며, 이 조항을 근거로 사전협상제, 특별계획
구역 뿐 아니라 여러 유사 제도들이 운영되고 있다.

국토계획법 제26조(도시 · 군관리계획 입안의 제안)

① 주민(이해관계자를 포함한다. 이하 같다)은 다음 각 호의 사항에 대하여 제24조에 따라
도시·군관리계획을 입안할 수 있는 자에게 도시·군관리계획의 입안을 제안할 수 있다.
이 경우 제안서에는 도시·군관리계획도서와 계획설명서를 첨부하여야 한다.

2. 지구단위계획구역의 지정 및 변경과 지구단위계획의 수립 및 변경에 관한 사항

국토계획법 시행령 제46조(도시지역 내 지구단위계획구역에서의 건폐율 등의 완화적용)

① 지구단위계획구역(...)에서 건축물을 건축하려는 자가 그 대지의 일부를 법 제52조의2
제1항 각 호의 시설(이하 이 조 및 제46조의2에서 "공공시설등"이라 한다)의 부지로 제
공하거나 공공시설등을 설치하여 제공하는 경우[...]에는 법 제52조제3항에 따라 그 건
축물에 대하여 지구단위계획으로 다음 각 호의 구분에 따라 건폐율·용적률 및 높이제한
을 완화하여 적용할 수 있다. 이 경우 제공받은 공공시설등은 국유재산 또는 공유재산
으로 관리한다.

또한, 국토계획법에서 계획이득 환수를 구체적으로 규정하고 있는 국
토계획법 제52조의2는 사전협상제의 대상지에만 적용되기 때문에, 일반
적인 지구단위계획구역이나 특별계획구역 등에서는 국토계획법 시행령
제46조를 활용하여 용도지역 상향 등에 따른 기준만큼 공공시설등을 제공
하도록 하고, 제공한 양에 따라 용적률 인센티브를 주고 있다. 물론 이러한
경우에는 국토계획법 제52조의2에 의한 현금으로 공공기여 총량의 일부

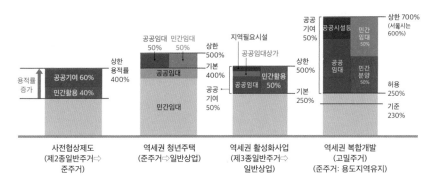

그림10. 계획이득을 활용한 서울시 정책 사업들에서 공공기여 확보 예시

또는 전부를 납부하는 방법은 사용할 수 없다.

이처럼 계획이득 환수를 활용하여 공공기여를 통해 정책목적을 달성하고자 하는 방법에 대해 혹자는 지자체가 용도지역을 팔아 장사를 하느냐는 비판도 제기한다. 그러나 이와 같은 방법은 한정된 세금 이외의 방법으로 도시공간의 효율적 활용과 공공성을 높이는 중요한 수단이다. 어떤 학자들은 이를 가치확보(Value Capture) 또는 가치공유(Value Sharing)라고 정의하기도 한다[34]. 사전협상제의 모델 중 하나로 연구되었던 뉴욕시의 표준토지이용심의절차(Uniform Land Use Review Process)를 활용하여 뉴욕시의 도시관리계획인 조닝의 변경을 통해 지역 활성화를 추구하는 방법은 이미 보편적으로 사용하고 있는 핵심적인 도시계획 수단이다. 예를 들어, 개발하는 전체 주택수의 20%를 저렴주택(Affordable Housing)으로 제공하도록 하는 계층혼합형 조닝(Inclusionary Zoning)을 통해 2000년대 초반부터 뉴욕시는 도시 내 저렴한 주택들을 지속적으로 확보하고 있으며, 주요 저개발지 또

---

34   Elliot Sclar, 「Zoning-A Guide for 21ˢᵗ-Century Planning」, 2020, Routledge

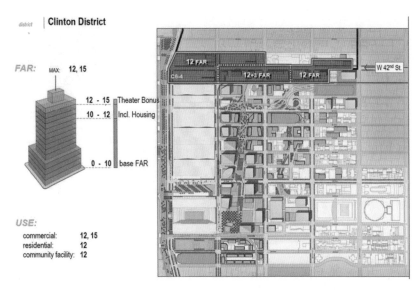

그림11. 뉴욕시 허드슨야드(Hudson Yard) 지구에서 용도지역 상향와 용적률 인센티브를 통한 저렴주택과 극장용도를 확보하기 위해 용도지역변경을 통한 용적율 인센티브를 제공하고 있다. (1,000%까지 기본 용적률을 제공하고, 저렴주택 확보 시 1,200%, 극장용도 확보 시 1,500%까지 용적률 인센티브 제공) (출처: 뉴욕시 도시계획국 홈페이지)

는 공장이전 적지 등이 거점으로 개발되도록 유도하기 위해서도 조닝 변경(Rezoning)과 용적률 인센티브 제도를 적극 활용하고 있다.

6장

도시는 색으로 관리된다

: 용도지역과 땅의 법적 성격

도시는 색으로 관리된다:
용도지역제

도시는 계획되고, 관리된다. 최대한 효율적이고 합리적으로 도시 내 토지를 활용하면서 도시 공간의 질서를 잡아주기 위해서다. 이를 위해 도시 내 건축물이나 공작물의 물리적 형태뿐 아니라 용도와 기능을 관리해야 할 필요가 있으며, 모든 토지의 건축과 개발행위를 계획에 맞게 통제해야 할 필요가 있다.

앞에서 설명한 것처럼 우리나라의 많은 도시계획 종류 중에서 건축단위가 되는 토지의 건축허가요건을 정하는 계획은 각 지자체의 도시관리계획이다. 그리고, 도시관리계획에서 각 토지의 건축허가요건을 정하는 가장 기본적인 수단이 바로 용도지역제이다. 국토계획법은 우리나라 국토 전체를 도시지역, 관리지역, 농림지역, 자연환경보전지역으로 구분하고 있으며, 이 중 도시지역을 다시 네 가지 용도지역으로 구분하고 있다. 이러한 용도지역은 주거지역 노란색, 상업지역 빨간색, 공업지역 보라색, 녹지지역 녹색으로 표현된다. 각 용도지역을 대표하는 색들을 법에서 정한 것은 아니다. 다만 세계적으로 용도지역을 사용하는 나라들이 거의 공통적으로 도시계획에서 사용하는 색으로 이해하면 된다. 국토계획법에서 정한 4가지 용도지역은 동법 시행령에서 다시 총 16가지로 용도지역을 세분화하고 있다. 따라서, 우리나라 도시지역의 모든 토지에는 연하고 진한 노랑, 빨강, 보라, 녹색 중 하나의 색으로 칠해져 있다.

이렇게 도시관리계획에 따라 용도지역이 지정되면 해당 필지에 건축할 수 있는 건축물의 크기와 용도가 결정된다. 건축물의 크기 또는 밀도는 용적률, 건폐율로 관리되며, 필요한 경우 높이규제가 추가되기도 한다. 그

국토계획법 제36조 (용도지역의 지정)	국토계획법 시행령 제30조(용도지역의 세분)	
도시 지역		
	주거지역	제1종 전용주거지역 — 단독주택 중심의 양호한 주거환경을 보호하기 위하여 필요한 지역
		제2종 전용주거지역 — 공동주택 중심의 양호한 주거환경을 보호하기 위하여 필요한 지역
		제1종 일반주거지역 — 저층주택을 중심으로 편리한 주거환경을 조성하기 위하여 필요한 지역
		제2종 일반주거지역 — 중층주택을 중심으로 편리한 주거환경을 조성하기 위하여 필요한 지역
		제3종 일반주거지역 — 중고층주택을 중심으로 편리한 주거환경을 조성하기 위하여 필요한 지역
		준주거지역 — 주거기능을 위주로 이를 지원하는 일부 상업기능 및 업무기능을 보완하기 위하여 필요한 지역
	상업지역	근린상업지역 — 근린지역에서의 일용품 및 서비스의 공급을 위하여 필요한 지역
		유통상업지역 — 도시내 및 지역간 유통기능의 증진을 위하여 필요한 지역
		일반상업지역 — 일반적인 상업기능 및 업무기능을 담당하게 하기 위하여 필요한 지역
		중심상업지역 — 도심·부도심의 상업기능 및 업무기능의 확충을 위하여 필요한 지역
	공업지역	준공업지역 — 경공업 그 밖의 공업을 수용하되, 주거기능·상업기능 및 업무기능의 보완이 필요한 지역
		일반공업지역 — 환경을 저해하지 아니하는 공업의 배치를 위하여 필요한 지역
		전용공업지역 — 주로 중화학공업, 공해성 공업 등을 수용하기 위하여 필요한 지역
	녹지지역	자연녹지지역 — 도시의 녹지공간의 확보, 도시확산의 방지, 장래 도시용지의 공급 등을 위하여 보전할 필요
		생산녹지지역 — 주로 농업적 생산을 위하여 개발을 유보할 필요가 있는 지역
		보전녹지지역 — 도시의 자연환경·경관·산림 및 녹지공간을 보전할 필요가 있는 지역

그림1. 국토계획법 시행령에 따른 16개 용도지역 종류

리고 각 용도지역에서 허용되거나 불허되는 건축물의 용도가 건축법과 연동되어 정해지게 된다. 따라서, 어떤 색이 칠해져 있느냐에 따라 각 필지의 땅값에도 직접적인 영향을 줄 수밖에 없다. 토지소유자들이 용도지역에 민감할 수밖에 없는 이유이다.

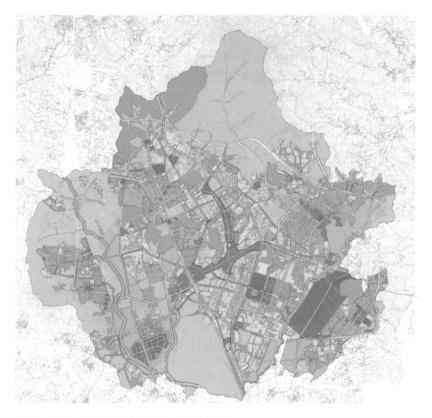

그림2. 수원시 도시관리계획에 의한 용도지역 지정 현황 (수원시 고시 제2011-61호(2011.5.16.))

용도지역제의 도입과 특성

용도지역제 또는 조닝(Zoning)은 우리나라뿐 아니라 많은 국가의 도시들에서 도시관리를 위해 활용하고 있는 핵심적인 도시계획 수단이다. 용도지역(Zoning)의 역사는 매우 오래되었다. 세계도시계획사 관련 책에서 인류 최초의 도시계획가로 언급되는 기원전 5세기 히포다무스(Hippodamus)가 계획한 그리스 도시들은 격자형 도시구조를 바탕으로 상업지역(commercial area), 시민지역(civil area), 종교지역(religious area) 등으로 구분하였다[1]. 근대에 이르러서는 1810년대에 나폴레옹 1세의 칙령을 통해 프랑스에서 근대적인 조닝이 시도되었고[2], 독일은 1880년대 용도와 밀도를 관리하는 수단으로 조닝을 활용하기도 하였다[3]. 당시 대부분의 주요 유럽 대도시들은 19세기의 산업화에 따른 급격한 도시화로 인한 도시문제가 심각해졌기 때문에 국가의 개입이 요구되었다. 특히 공해를 유발하는 공장이 아무런 제약 없이 도시 곳곳에 들어서게 됨에 따라 주거환경이 심각하게 열악해지게 된다. 따라서 주거지역으로 정한 지역에는 공장 등 주거환경을 해치는 용도의 입지를 원천적으로 차단할 수 있는 효과적인 수단으로 조닝의 도입이 고려되었던 것이다.

---

1   Leonardo Benevolo, 「The Origins of Modern Town Plan」 1967, London: Routledge and Kegan Paul.

2   Emily Talen & Luc Anselin, et. al, "Looking for logic: The zoning-land use mismatch", 「Landscape and Urban Planning」 152, 2016, pp.27-38; Pierre Reynard, "Public order and privilege: eighteenth-century French roots of environmental regulation", 「Technol. Cult.」 43(1), 2002, pp.1-28.

3   Sonia A. Hirt, "Rooting out mixed use: Revisiting the original rationales", 「Land Use Policy」 50, 2016, pp.134-147.

그림3. 주거환경을 보호하기 위해 조닝 도입의 필요성을 표현한 미국 애틀랜타 저널의 삽화(좌)와 1904년 독일에서 연구한 조닝의 개념(우)

그러나 정작 독일은 조닝을 사용하지 않았고, 뉴욕시가 1916년 조닝을 처음으로 법제화하여 공식적인 도시관리수단으로 도입하게 된다. 1916년 이전까지 뉴욕시를 포함한 미국의 토지이용 규제는 영국에서 기원한 보통법(common law)상에서 개인 간의 사적인 규제들, 예를 들어 불법방해행위(nuisance)나 규약(covenant), 지역권(easement) 등이 활용되었다. 그러나 산업혁명 이후 시작된 급격한 도시화와 이에 따른 심각한 도시문제들은 공공의 개입을 더 이상 미룰 수 없는 상황이었다. 한 가지 흥미로운 것은 조닝을 도입한 뉴욕시의 시급한 상황은 주거환경보다는 상업지역의 환경을 보호하기 위함이었다는 것이다. 지금도 뉴욕 맨해튼에서 가장 고급스러운 상점가이자 트럼프타워가 위치해 있는 5번가(Fifth Avenue)의 건물들

상층부에 봉제공장이 자리잡기 시작했는데 고급상점거리에서 봉제공장 노동자들이 보이는 것을 상인들과 건물주들이 탐탁지 않게 생각하게 되었고, 결국 5번가 상인연합회가 적극적으로 뉴욕시에 민원을 제기하게 된다. 이에 대해 뉴욕시는 조닝(Zoning)을 채택하여 상업지역에서 공장의 입지를 제한하게 된 것이다. 당시 뉴욕시는 조닝을 통해 뉴욕시의 주요 지역들을 주거지역(Residence), 상업지역(Commercial), 미제한지역(Unrestricted) 지역으로 구분하고, 나머지는 미결정지역(Undetermined)으로 보류해 두었다. 그리고 사선제한을 바탕으로 한 5개 높이지구를 설정하여 건축물의 밀도를 계획적으로 관리하기 시작하였다.

뉴욕시의 조닝 도입 이후 조닝이 도시관리수단으로 효과적이라는 것이 확인되자, 미국 연방정부는 조닝을 모든 지자체에서 기본적인 도시관리 수단으로 도입하도록 권장하기 위해 1922년 표준주조닝수권법(Standard State Zoning Enabling Act)과 1928년 표준도시계획수권법(The Standard City Planning Enabling Act)을 제정하게 된다. 연방정부가 조닝 도입을 위해 공식적인 법률이 아니라 수권법을 제정한 이유는 연방정부 체제의 미국 국가구

표1. 조닝수권법의 핵심 내용

> **The Standard State Zoning Enabling Act**
> **(Recommended by the U.S. Department of Commerce, 1926)**
>
> Section 1: (…) 각 지방정부들의 입법기관은 공공의 안녕과 안전, 도덕, 공공복리를 증진시키기 위해, 건물의 높이, 층수, 규모와 건폐면적, 정원 등의 오픈스페이스 면적, 인구밀도, 건물의 위치와 용도 등을 지정하고 규제할 수 있는 권한을 위임받는다.
> Section 2: 각 지방 입법기관은 이 법의 목적을 가장 잘 수행할 수 있도록 해당 지역을 분할할 수 있고 (…) 각 분할된 지구 내에서 건물이나 대지의 신축, 재건축, 수선 등을 규제하고 제어할 수 있다. 이 모든 규제들은 각 지구 특성에 맞게 해당 지구 내에서 단일하게 적용되어야 한다.
> Section 3: 이러한 조닝 규제들은 '종합계획(Comprehensive Plan)'에 따라 제정되어져야 한다.

조 속에서 미국 헌법에 따라 토지이용에 관한 사항은 연방정부가 개입할 수 없는 각 주의 관할이기 때문이다.

수권법의 핵심적인 내용은 용도지역을 바탕으로 한 조닝의 제정과 운영을 각 지방정부에 위임한다는 것과 조닝은 도시기본계획 성격의 '종합계획(Comprehensive Plan)'에 따라 수립되어야 한다는 것이었다. 주목할 것은 도시계획 권한을 행정이 아닌 입법기관에 위임했다는 것이다. 결국 조닝은 도시계획 '법'으로써의 위상을 갖기 때문에 조닝에 대한 제정과 개정은 입법행위로 인식한 것이며, 행정은 조닝을 운영하는 역할을 담당하게 하였다. 우리나라와 다른 또 하나의 특이한 점은 조닝에 대한 이의심사를 위한 준사법기관으로써 이의심의위원회(Board of Appeals)를 설치한 것이다.

그러나 조닝 도입 초기 용도지역이라는 것을 미리 정해놓고 이에 따라 각 토지에 건축할 수 있는 건축물의 용도와 밀도를 제한한다는 개념은 많은 토지소유자들의 반발을 불러일으키게 되었다. 이에 따라 각 지자체들을 상대로 조닝의 합법성에 대한 많은 소송들이 제기되었고, 실제로 조닝

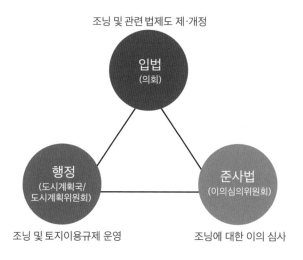

그림4. 뉴욕시 조닝 운영 체제

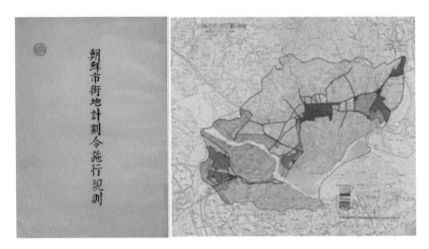

그림5. 1934년 조선시가지계획령에 의해 우리나라에 처음으로 용도지역제가 도입되었다.

이 합리적이지 않은 수단이며 위헌에 해당하는 규제라고 판결한 주 법원들도 있었다. 결국 1924년 유명한 유클리드(Euclid) 판례를 통해 미국 연방대법원이 조닝은 합법적이고 정당한 국가의 규제권 행사라고 결론지으면서 비로소 조닝의 법적인 정당성을 갖추게 되었다.

일본은 1919년 도쿄에서 용도지역제를 도입하였으며, 그 경험을 바탕으로 우리나라에 1934년 조선시가지계획령을 통해 용도지역제를 도입하게 되었다. 조선시가지계획령에서는 당시 경성을 주거지역, 상업지역, 공업지역 등 3개의 용도지역과 풍치지구, 미관지구, 방화지구, 풍기지구, 특별지구 등 5개의 용도지구로 지정하였다.

이후 1941년에 녹지지역과 혼합지역이 추가되었고, 1962년 건축법과 도시계획법을 제정한 이후 1970년대에 준주거지역, 주거전용지역, 전용공업지역, 준공업지역, 생산녹지지역, 자연녹지지역 등이 추가되어 9개의 용도지역으로 운영되다가, 1980년에는 다시 상업지역을 중심상업,

일반상업, 근린상업지역으로 세분화하고, 보전녹지지역을 추가하였다[4]. 1992년에는 일반주거지역을 1, 2, 3종으로 세분화하고, 2000년에는 전용주거지역도 1종과 2종으로 구분하면서 현재 16가지 용도지역 체계를 갖추게 된다.

표2. 우리나라 용도지역 세분화 과정

1934년	1960년대	1970년대	1988년	1992년	2000년
주거지역	주거전용	주거전용	주거전용	전용주거	1종전용주거
					2종전용주거
		주거	주거	1종일반주거	1종일반주거
				2종일반주거	2종일반주거
				3종일반주거	3종일반주거
	준주거	준주거	준주거	준주거	준주거
상업지역	상업	상업	근린상업	근린상업	근린상업
			일반상업	유통산업	유통상업
				일반상업	일반상업
			중심상업	중심상업	중심상업
공업지역	공업전용	전용공업	전용공업	전용공업	전용공업
		공업	공업	일반공업	일반공업
	준공업	준공업	준공업	준공업	준공업
(녹지지역)	녹지	자연녹지	보전녹지	보전녹지	보전녹지
			자연녹지	자연녹지	자연녹지
		생산녹지	생산녹지	생산녹지	생산녹지
(혼합지역)	혼합지역	-	-	-	-

---

4   서울특별시 & 대한국토도시계획학회, 「용도지역 체계 재편방안 연구」, 2017, p.10.

용도지역제에 의한
건축물 밀도와 용도관리

물론 국토계획법에 따른 도시관리계획에서 사용하고 있는 수단은 용도지역이 전부가 아니다. 우리나라에서는 용도지역을 기본으로 용도지구와 구역을 활용하고 있다. 용도지구는 경관지구, 고도지구, 방화지구, 보호지구 등 용도지역을 보완하기 위해 용도지역과 중복으로 지정될 수 있다. 구역은 개발제한구역, 도시자연공원구역, 시가화조정구역, 수산자원보호구역 등 보다 특수한 목적을 위해 용도지역과는 별개로 운용된다. 즉, 개발제한구역이 지정되면 다른 용도지역은 지정하지 않는다. 구역은 일반적으로 용도지역이나 용도지구보다 강한 규제가 적용된다. 다만, 입지규제최소구역은 기존의 용도지역이나 용도지구가 지정되어 있다 할지라도 전혀 새롭게 밀도나 용도를 정할 수 있는 수단으로 기존의 도시계획 규제를 완화하기 위해 도입된 제도이다.

용도지역이 지정되면 각 용도지역에 따라 건축물의 밀도와 용도가 정해진다는 것은 이미 설명한 바 있다. 국토계획법 시행령에서 각 용도지역에 따른 건폐율과 용적률의 상한을 정해 두고 있으며, 그 범위 이내에서 각 지자체의 조례로 구체적인 건폐율과 용적률 범위를 정하도록 하고 있다. 우리나라 용도지역제가 뉴욕이나 동경의 용도지역제와 가장 다른 점은 각 용도지역에 따른 건축물의 밀도가 단선적으로 연동되어 있다는 점이다. 녹지지역은 가장 낮은 밀도로 건축이 가능하고, 상업지역에서 가장 높은 밀도로 개발이 가능하며, 그중 중심상업지역에서 최고의 밀도(건폐율 90%, 용적률 1,500%)가 허용된다. 주거지역은 전용주거지역, 일반주거지역, 준주거지

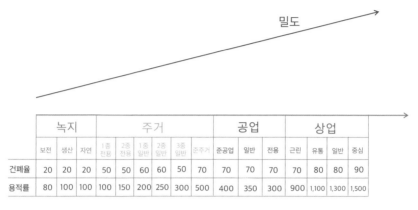

	녹지			주거						공업			상업			
	보전	생산	자연	1종 전용	2종 전용	1종 일반	2종 일반	3종 일반	준주거	준공업	일반	전용	근린	유통	일반	중심
건폐율	20	20	20	50	50	60	60	50	70	70	70	70	70	80	80	90
용적률	80	100	100	100	150	200	250	300	500	400	350	300	900	1,100	1,300	1,500

그림6. 국토계획법에서 정한 용도지역에 따른 건축물 밀도는 단선 체계로 되어 있다.

역 순으로 개발밀도가 높아지며, 일반주거지역에서도 1, 2, 3종은 숫자가 높아질수록 건축할 수 있는 밀도가 높아진다. 이처럼 우리나라 용도지역에서는 녹지, 주거, 공업, 상업 순으로 건축물의 밀도가 설정되어 있다. 이것만 놓고 보더라도 우리나라에서는 고밀 주거지역이나 저밀 상업지역의 조성이 불가능하다는 것을 알 수 있다.

그 다음 중요한 것이 각 용도지역에 따른 건축물의 용도를 정하는 것이다. 원래 용도지역의 취지 자체가 정온한 주거환경을 조성하기 위해 주거지역에 적합하지 않은 용도를 허용하지 않으면서, 각 용도지역에 적합한 또는 적합하지 않은 용도를 제어하기 위한 것이었다는 것을 다시 한 번 기억하자. 이를 위해 국토계획법 시행령에서는 각 용도지역에 따라 허용 또는 불허되는 건축물의 용도를 지정해 놓고 있고, 이때 구체적인 건축물의 용도는 건축법 시행령 별표1에 의한 분류를 따르도록 하고 있다. 국토계획법과 건축법이 한 세트라는 것이 이러한 이유 때문이다. 한 가지 유의해야 하는 것은 용도지역에 따른 건축물의 용도를 관리하는 방식이다. 2014년 이전에는 허용용도 방식인 포지티브(Positive) 방식밖에 없었다. 즉, 모든 용도지역에서는 국토계획법에서 허용하는 용도만 가능했다. 그러나 2014년 박근혜 정부의 규제완화 정책에 따라 상업지역, 준주거지역, 준공업지역에서는 불허용도 방식인 네거티브(Negative) 방식으로 전환되게 된다. 법에서 불허하지 않는 용도 이외에는 모두 가능하다는 의미이다.

국토계획법 시행령

건축법 시행령

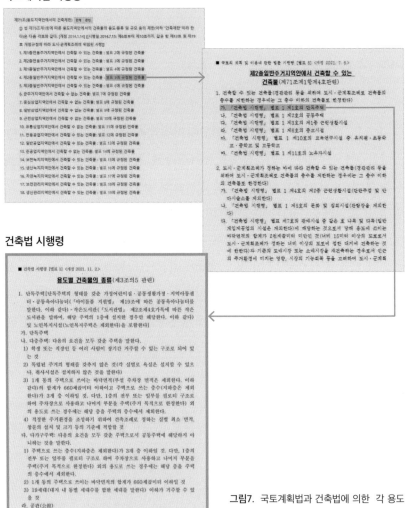

그림7. 국토계획법과 건축법에 의한 각 용도 지역별 건축물 용도 관리 체계

건축물의 용도 분류 체계와
근린생활시설

도시는 건축물이라는 물리적 환경과 이를 채우고 있는 다양한 용도로 구성된다. "도시는 사회적 드라마의 무대(a theater of social drama)"라고 정의한 도시학자 루이스 멈퍼드(Lewis Mumford)의 말처럼 도시는 다양한 삶을 담아내는 공간이다. 따라서 도시에는 삶을 영위하기 위한 수많은 기능과 용도들이 필요하다. 건축물은 한번 지어지면 수십 년 이상 지속되지만, 용도는 그때그때의 시장상황 등에 따라 변화한다. 이렇게 도시 속에서 많은 기능을 하고 있는 건축물의 용도를 건축법 시행령 별표1에서는 29가지로 분류하고 있다. 건축법에서 29가지 건축물의 용도를 "건축물의 종류를 유사한 구조, 이용 목적 및 형태별로 묶어 분류한 것"이라고 정의하고 있다[5]. 이러한 분류를 체계적으로 이해해 보기 위해 29가지 용도들을 분류해 본다면, 도시에서 가장 중요한 기능인 주거를 중심으로 주거와 가장 친한 근린생활시설, 그리고 문화시설, 판매시설, 업무시설, 의료시설 등 도시 속 삶을 영위할 수 있는 각종 시설들, 반면에 주거와 가장 친하지 않을 공장, 위험물 저장 및 처리, 자동차 관련, 묘지관련시설 등으로 분류해 볼 수 있다. 숙박시설과 위락시설은 도시에서 중요한 기능이긴 하지만 주거와는 친하지 않는 용도로 따로 분류해 볼 수 있는데, 주거지역 내에서는 규모에 상관없이 절대 입지할 수 없는 시설이며, 앞의 건축허가에 관한 장에서 설명했듯

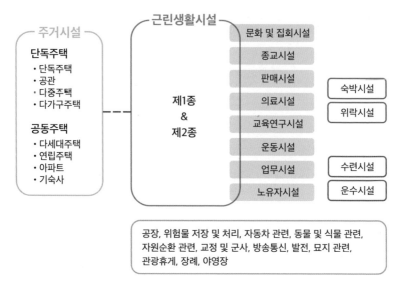

그림8. 건축법 시행령 별표1에 따른 29가지 건축물 용도 분류의 구분

이 상업지역이라 할지라도 인근에 주거지역이나 학교가 있다면 불허될 수도 있는 시설이기 때문이다.

여기서 중요한 것은 같은 성격의 시설이지만 어떤 것은 근린생활시설이고 어떤 것은 판매시설이나 업무시설, 종교시설 등으로 분류된다는 점이다. 예를 들어, 편의점이나 소형마트 등은 주거지역 내에 필요한 근린생활시설로 분류되지만, 1,000m² 이상의 대형마트의 경우는 판매시설로 분류된다. 아파트 상가 내에 들어서 있는 작은 교회 등은 2종 근린생활시설이지만 규모가 커지면 종교시설이다. 동네의 보습학원 등은 2종 근린생활시설이지만 대형 학원은 교육연구시설, 동네에서 흔히 볼 수 있는 공인중개사사무소 등의 소규모 업무시설은 주거지역 내 입지할 수 있는 2종 근린생활시설이지만 대형 오피스는 업무시설로 분류되는 식이다. 따라서, 같은 성격이지만 면적 규모에 따라 주거지역에 허용되는 근린생활시설이냐 아

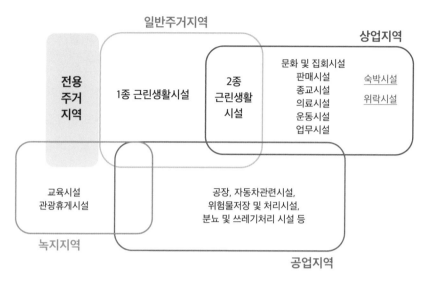

그림9. 용도지역과 건축물 용도 개념

니면 상업지역 등에 허용되는 시설이냐가 구분된다.

이와 같은 29가지의 건축물 용도를 용도지역의 개념에 따라 배치해 보면 다음 〈그림9〉와 같을 것이다. 전용주거지역은 순수한 주거의 기능을 유지할 수 있는 지역이고, 녹지지역은 주로 학교 등 교육시설이나 관광휴 게시설이 입지하며, 공장이나 위험물저장 및 처리시설, 창고 등은 공업지 역에서 담당할 기능들일 것이다. 일반주거지역에서는 편리한 주거환경을 조성하기 위해 생활에 필요한 시설들을 근린생활시설이라는 분류로 허용 하고 있으며, 기타 도시 속 생활에 필요한 각종 시설들이 상업지역에 입지 하게 된다. 물론 이 다이어그램은 개념적인 것일 뿐 실제 우리 도시 모습이 이와 같지는 않다. 그 이유는 뒤에서 계속 설명할 예정이다.

또 한 가지 주목할 것은 이러한 용도 분류는 가장 최근인 2019년에 도입된 야영장을 제외하고 토지의 용도가 아닌 건축물의 용도라는 점이다.

즉, 우리나라 용도지역제는 미국의 조닝처럼 토지의 이용(Land Use)을 제어하는 것이 아니라 건축물의 용도를 제어하고 있어 건축물이 없는 토지의 이용은 관리하지 못한다는 한계가 있다. 또한 경제적, 사회적 여건 변화에 따라 새롭게 생겨나는 용도들, 예를 들어 지식산업센터, 데이터센터, 키즈카페나 고양이카페, 복합 문화 공간 등은 기존의 건축물 용도 분류로는 합리적이고 효율적으로 관리하기가 어렵다. 이것은 합리적인 토지이용을 목적으로 하는 국토계획법과 개별 건축물의 안전과 성능이 주요 목적인 건축법의 역할이 명확하게 구분되지 않은 우리나라 법체계의 근본적인 한계에서 기인한다. 따라서 도시계획의 목적과 사람들의 이용행태를 고려한 건축물 용도 분류의 개선은 반드시 필요하다.

전용주거지역과
일반주거지역

산업혁명 이후 악화되었던 도시 환경을 개선하기 위한 수단의 하나로 용
도지역제를 도입한 가장 근본적인 이유는 주거지역을 보호하기 위함이었
다. 특히 공해를 유발하는 공장들이 우후죽순으로 도시 안으로 들어서다
보니 주거환경이 파괴되는 것은 당연한 결과였다. 따라서 조닝은 주거지
역에 공장이나 상업시설 등 주거지역에 해가 되는 용도가 들어서 주거환
경을 파괴하는 것을 방지하기 위한 최소한의 도시계획적 수단이었다. 아
직도 미국의 경우 주거지역은 주거와 일부 커뮤니티 시설 이외의 용도가
철저하게 제한되고 있다.

　　그러나, 이러한 주거지역은 또 다른 문제를 야기시켰다. 미국의 전형
적인 교외 주거지역에서 볼 수 있
듯이, 주거지역 내 작은 편의점이나
소매점 하나 들어설 수 없기 때문에
음료수 하나를 사려 해도 자동차를
타고 상업지역으로 나가야 한다. 이
러한 문제는 무분별한 도시 확장을
의미하는 스프롤(sprawl, 교외 확산)이

그림10. 미국의 전형적인 주거지역. 주거 이외의
용도가 철저하게 제한된다.

라는 문제를 발생시키게 되었고, 이를 해결하기 위해 1980년대 스마트 성장(Smart Growth) 등의 개념, 1990년대는 뉴어버니즘(New Urbanism)의 TOD, TND 또는 압축도시 등의 개념이 등장하게 된다.

우리나라에서도 국토계획법에서는 전용주거지역을 "양호한 주거환경을 보호하기 위하여 필요한 지역"으로 정의하고 있다[6]. 따라서, 우리나라 초기 전용주거지역의 모습 역시 미국의 주거지역과 유사하게 주거 이외의 용도는 기본적으로 제한되었다[7]. 그러나 이러한 주거지역은 우리나라 문화와는 맞지 않는 측면이 많다. 특히 빨리빨리 문화에 최적화되어 있는 우리나라 사람들이 동네에 음료수나 라면 하나 살 수 있는 편의점 또는 마트 하나 없는 불편함을 감내할 수 있을까? 최소한 편한 옷차림에 슬리퍼를 신고 5분 이내로 걸어가서 필요한 것들을 사올 수 있는 편의점을 비롯하여 세탁소, 의원, 미용실 등 생활에 필요한 기능들이 갖추어져 있는 주거지역이 요구되었고, 이러한 지역이 바로 일반주거지역의 개념이다. 따라서 국토계획법에서 일반주거지역은 "편리한 주거환경을 조성하기 위하여 필요한 지역"으로 정의된다.[8] 즉, 양호한 주거환경보다는 편리함을 선택한 것이다.

그렇다면 다음 고민은 주거지역 내에서 주거환경을 지나치게 해치지 않으면서 도입 가능한 시설이 무엇일까 고민해야 할 필요가 있다. 이것이 근린생활시설의 개념이다. 우선, 소매점, 빵집, 카페, 미용실, 세탁소 등은 주민 누구라도 환영할 만한 용도다. 그러나 사람에 따라 호불호가 갈리는

---

6   국토계획법 시행령 제30조 제1항 제1호 가목

7   전채은·최막중의 연구에서는 조선시가지계획령에서 도입한 주거지역은 용도순화의 성격이었음을 파악하였다. (전채은·최막중, "우리나라 용도지역제의 용도순화 및 용도혼합 특성에 관한 역사적 고찰-조선시가지계획령에서 도시계획법에 이르기까지", 국토계획 53(6), 대한국토·도시계획학회, 2018, 5-18.)

8   국토계획법 시행령 제30조 제1항 제1호 나목

그림11. 저층부에 각종 근린생활시설들이 입지하고 있는 제2종 일반주거지역

용도들도 있다. 대표적인 예로, 우리나라 사람들이 사랑하는 치킨집, 삼겹살 식당 등 술을 판매하는 일반음식점이다. 이러한 용도가 우리 동네에 들어선다면 좋아하는 주민들도 있겠지만 싫어하는 주민들도 있을 것이다. 노래방이나 학원, PC방 등도 비슷한 종류의 용도들이다. 따라서 근린생활시설을 1종과 2종으로 분류하여 제1종 근린생활시설은 대부분의 동네 주민들이 환영하는 시설, 제2종 근린생활시설은 주거지역에 필요할 수도 있고 필요하지 않을 수도 있는 시설로 이해하면 쉽다.

주거시설과 주택법과의 관계

도시에서 가장 중요한 시설은 사람이 살아가는 '주거'일 것이다. 건축법에서는 주거시설을 크게 단독주택과 공동주택으로 분류하고 있으며, 단독주택은 다시 단독주택, 공관, 다중주택, 다가구주택으로 분류되고, 공동주택은 다세대주택, 연립주택, 아파트와 기숙사로 분류하고 있다. 먼저 눈길이 가는 것은 대분류 단독주택과 소분류의 단독주택이다. 똑같은 단어처럼 보이지만 그 의미는 다르다. 대분류의 단독주택과 공동주택의 의미는 그 건축물의 소유를 의미한다고 보면 된다. 단독주택은 단독 소유이고 공동주택은 공동 소유란 의미이다. 따라서 대분류 단독주택의 하위에 있는 단독주택이 우리가 흔히 생각하는 1~2층 규모의 마당이 있는 집의 유형이다.

대분류의 단독주택과 공동주택의 차이를 가장 잘 설명할 수 있는 것이 다가구주택과 다세대주택일 것이다. 외형은 비슷하지만 다가구주택은 해당 건축물을 단독으로 소유하고 있어 그 건축물 내에 여러 개의 집들은 분양이 아니라 임대만 가능하고, 다세대주택은 공동주택이기 때문에 분양이 가능하다. 물론 건축법상 다가구주택은 3층까지, 다세대주택은 4층까지 가능하고, 1층을 필로티로 사용한다면 다가구는 4층, 다세대는 5층까지 가능하기 때문에 필로티 포함 5층이라면 다세대주택임이 분명하다.

다중주택은 거실과 부엌을 공유하고 실만 임대하는 예전의 하숙집 형태로 최근에는 공유주택 등의 이름으로 나타나고 있다. 다세대주택과 연립주택은 크기의 차이이다. 연면적이 $660m^2$(200평)를 넘어가면 연립주택으로 분류된다. 같은 형태의 4층짜리 주거동이 2~3개 모여 있다면 연립주택으로 보면 된다. 연립주택과 아파트는 층수로 구분된다. 5층이 넘어가면 아파

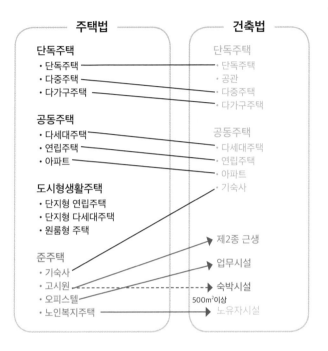

그림12. 주택법과 건축법의 주택관련 용도의 관계

트다. 공관과 기숙사는 특수한 유형의 주택이지만, 기숙사가 공동주택에 포함되어 있는 것은 앞서 설명한 주거시설의 분류 체계에 적합하지 않다.[9]

그런데 우리 주변에는 건축법에서 분류하고 있는 주거 이외의 유형이 더 있다. 도시형생활주택, 오피스텔, 주상복합, 노인복지주택, 고시원 등이다. 이러한 유형들은 건축법이 아니라 주택법에서 다루고 있는 주거 유형들이다. 따라서 우리 도시에서 볼 수 있는 주거 유형을 모두 이해하기 위해서는 건축법과 주택법을 동시에 살펴보아야 한다.

---

9 이 때문에 최근에는 기숙사의 개별 실을 분양하는 경우까지 나타나고 있어 기숙사의 의미에 사회적 혼란이 발생하고 있다.

주택법은 "주택"의 건설과 공급을 규율하는 법률이며, 주택법에서는 "주거"라는 용어 대신 "주택"이라는 용어를 사용하고 있다. 그러나 건축법과 마찬가지로 주택의 종류를 "단독주택"과 "공동주택"으로 구분하고 있으며, 그 종류도 공관과 기숙사를 제외하고 건축법과 동일하게 정의하고 있다. 가장 중요한 점은 건축법에 따른 건축은 건축허가를 받아야 하지만, 주택법에 의해 일정 규모 이상의 주택을 개발하기 위해서는 주택법에 따른 사업계획승인을 받아야 한다. 물론 건축허가는 기속행위, 사업계획승인은 재량행위이기 때문에 사업계획승인이 보다 까다롭다.

주택법에 의한 도시형생활주택은 2000년대 초반 1인 가구 증가에 따라 소형주택 공급을 활성화하기 위해 도입되었다. 그 형태는 건축법의 다가구, 다세대, 연립주택과 같지만 주차장 기준을 대폭 완화해 주었다[10]. 도시형생활주택의 핵심 수요층은 청년층이나 사회초년생들이기 때문에 차량을 많이 소유하지 않을 것이라는 가정이 있었지만 전혀 잘못된 예측이었다. 도시형생활주택은 소형주택의 공급이라는 측면에서 기여한 것은 분명하지만, 주차수요가 골목길로 넘쳐 나오게 했다는 부정적 평가도 피할 수 없다.

주택법에서 주의 깊게 봐야 할 것이 준주택이다. 가장 눈에 띄는 것은 오피스텔일 것이다. 이미 우리나라에서 주거의 한 유형으로 자리잡았지만, 오피스텔은 건축법상 주거시설이 아닌 업무시설이다. 오피스텔이라는 유형은 1980년대 상업지역 내에서 주거를 개발하기 위한 편법으로 등장했다는 것이 정설이다. 우리나라 용도지역제에서는 상업지역에서 주거를 엄격하게 제한하고 있다. 이것 또한 우리나라 용도지역제의 특성이다.

---

10   세대당 1대에서 0.6대로 완화되었다.

　뉴욕시의 경우는 특수한 상업지역 유형인 옥외놀이공원을 위한 C7을 제외하고 상업지역에서 일반적으로 주거가 허용된다. 우리나라에서 상업지역에서 주거를 허용하지 않는 가장 근본적인 이유는 상업지역의 핵심 기능인 상업과 업무기능이 주거개발로 인해 약화되지 않을까 하는 우려 때문일 것이다. 그러나 이러한 우려는 우리나라에서 주거개발은 곧 아파트 단지라는 인식에서 출발한다. 물론 뉴욕시 맨해튼 한복판의 상업지역에서 허용되는 주거 유형도 아파트 단지가 아닌, 상업지역에 적합한 주거 유형으로 개발된다. 상업지역에서 주거는 도심공동화 방지뿐 아니라 최근 4차 산업혁명 등으로 인한 도시공간의 변화 요구에 따른 주거(Live), 일자리(Work), 놀거리(Play)가 복합된 도시조성에도 필요하다. 우리 상업지역에서도 상업지역에 적합한 ―아파트가 아닌― 주거 유형이 필요한 것이다. 아무튼 현재 상업지역에서 유일하게 개발 가능한 유형이 주상복합 형태의 공동주택이다.

　그러나 주상복합은 일정비율 이상의 상업면적을 포함시켜야 하는 용도용적제 등이 적용되기 때문에 개발사업의 추진이 일반적으로 쉽지 않다. 따라서, 업무시설에 주거의 기능을 포함시켜 업무시설로 허가를 받아 개발하는 오피스텔이라는 유형이 부동산 시장에 도입되게 되었고, 1990년대와 2000년대를 거치면서 서서히 주거의 한 유형으로 자리잡게 된다. 물론 이 과정이 순탄한 것은 아니었다. 건축법상 주거시설이 아닌 업무시설이었기 때문에 정부에서는 오피스텔이 주거로 전용되는 것을 막기 위한 각종 규제정책을 사용했었다. 그러나 시장에서 오피스텔에 대한 수요가 높아져가고 주택공급이라는 측면에서 긍정적 역할을 하고 있다는 점 때문에 결국 오피스텔을 주택법에서 준주택의 유형으로 인정하게 된 것이다.

　그러나 가장 심각한 문제는 오피스텔 중에서 실제 주거용으로 얼마나 사용되고 있는지에 대한 각 지자체의 데이터가 미비하다는 점이다. 도시계

그림13. 주택법에서 준주택으로 인정한 오피스텔(좌)과 고시원(우)이다. 건축법상 오피스텔은 업무시설, 고시원은 제2종 근린생활시설(500㎡ 미만)이다.

획에서 가장 기본적인 지표는 인구수이다. 특히, 신도시 개발을 위한 계획을 할 때 전체 인구수가 정해져야 필요한 집의 개수가 정해지고, 주택 수를 바탕으로 학교나 상하수도를 포함한 기반시설의 규모를 결정한다. 그런데 오피스텔은 근본적으로 업무시설이다 보니 주택 수로 잡히지 않게 되고 실제 오피스텔에 거주하고 있는 거주민들이 초기 계획했던 인구수를 초과하게 됨에 따라 초등학교나 기반시설 용량이 감당하지 못하는 결과도 초래하고 있다. 신도시 개발뿐 아니라 각 지자체에서 개발되는 오피스텔 중 실제 주거용으로 사용되는 오피스텔을 정확하게 파악하지 않는다면 같은 문제가 계속 발생하게 될 것이다. 또한, 엄연한 주거용 오피스텔임에도 불구하고 비주거시설로 인허가를 받는 경우도 있어 전반적인 도시관리에도 허점이 발생하고 있다.

주거용 오피스텔은 도심 속에서 소형 주거를 공급하고 있고 중대형 평형의 경우는 일반 아파트와도 거의 차이가 없어 주거환경 측면에서는 양호한 주거 유형으로 자리잡고 있다. 그러나 고시원을 준주택으로 인정한 것은 부정적 평가를 할 수밖에 없다. 고시원은 건축법상 제2종 근린생활시설(500㎡ 미만) 또는 숙박시설(500㎡ 이상)로 분류된다. 500㎡ 미만으로 지어지는 제2종 근린생활시설이 주거지역에서 볼 수 있는 고시원이다. 고시원의 문제점은 여러 가지가 있지만 가장 심각한 문제는 창문을 설치하지 않아도 된다는 점이다. 건축법에서는 주택의 거실, 학교의 교실, 의료시설의 병실, 숙박시설의 객실에는 반드시 채광이나 환기 등을 위한 창문이나 설비를 설치하도록 되어 있다[11]. 그러나 고시원은 건축법상 음식점이나 노래방과 같은 제2종 근린생활시설로 분류되기 때문에 채광과 환기 규정을 적용받지 않는다. 주거를 위해 사용하는 공간에 창문이 없다는 것은 단순한 문제가 아니다.

1800년대 산업혁명 이후 런던이나 파리, 뉴욕 등 당시 대도시에서 주거환경이 극도로 열악해진 상태를 개선하고자 각 국가들이 최초 주택법(Housing Act) 등을 제정하여 주택개발을 규제한 것 중 하나가 모든 주거의 실에는 창문을 설치하도록 한 것이었다. OECD 국가 중 하나로 세계경제 10위권에 접어든 우리나라 도시에서 산업혁명 이후에나 볼 수 있는 열악한 주거형태가 버젓이 개발되어 사람이 살아가고 있다는 것은 부끄러운 일이다. 2020년 연구에 따르면 고시텔, 원룸텔 등의 이름으로 서울시에만 5,807개에 15만 5천여 가구가 거주하고 있으며[12], 가장 열악한 주거 유형 중 하나로 악명을 떨치고 있다. 그나마 2018년 서울시 국일고시원 화재사건 이후 건축법 시행령 개정을 통해 고시원에 대한 세부 건축기준을 조례로 정할 수 있도록 하였고, 이에 따라 서울시는 2022년 7월부터 고시원의 모든 방에 창문을 설치하도록 하는 건축조례를 개정하였다.

---

11   건축법 시행령 제51조(거실의 채광 등)

12   한국도시연구소, 「서울시 고시원 거처상태 및 거주 가구 실태 조사」 최종보고 자료, 2020.06.25.

주거시설과 주차장법

왜 주거지역에서 그나마 양호한 주거 유형인 다가구주택 대신 주거환경이 열악한 고시원을 지을까? 물론 수익성 때문일 것이다. 그리고 그 수익성에 큰 영향을 주는 것 중 하나가 주차장이다. 건축허가 시 건축법 규정뿐 아니라 건축물의 용도에 따라 '주차장법'의 주차기준이 적용된다. 주차장법은 국토계획법에 의한 도시지역 등에서 주차수요를 유발하는 건축물이나 시설물을 설치할 때는 그 부지에 반드시 주차장을 설치하도록 하고 있다.

> **주차장법 제19조(부설주차장의 설치·지정)**
> ① 「국토의 계획 및 이용에 관한 법률」에 따른 도시지역, 같은 법 제51조제3항에 따른 지구단위계획구역 및 지방자치단체의 조례로 정하는 관리지역에서 건축물, 골프연습장, 그 밖에 주차수요를 유발하는 시설(이하 "시설물"이라 한다)을 건축하거나 설치하려는 자는 그 시설물의 내부 또는 그 부지에 부설주차장(화물의 하역과 그 밖의 사업 수행을 위한 주차장을 포함한다. 이하 같다)을 설치하여야 한다.

그리고 건축물의 용도에 따라 주차장 설치기준을 제시하고 있는데, 주택의 경우는 주택의 종류와 면적에 따라 달라지기는 하지만 일반적으로 세대당 1대로 생각하면 되고, 1·2종 근린생활시설이나 숙박시설은 200m²당 1대, 문화 및 집회시설은 150m²당 1대, 위락시설은 100m²당 1대 등이다[13]. 따라서, 8세대 규모의 다세대 주택을 건축한다면 8대 정도의 주차장이 필요한 것이다. 자동차 1대의 주차를 위해서는 일반적으로 2.5×

---

[13] 주차장법 시행령 별표 1(부설주차장의 설치대상 시설물 종류 및 설치기준)

표3. 주택법의 도시형생활주택 및 준주택의 주차기준

구분	도시형생활주택			준주택			비고
세부유형	원룸형 주택	단지형 다세대	단지형 연립	고시원	오피스텔	노인 복지주택	
용도 분류	공동주택	공동주택	공동주택	근생시설	업무시설	노유자시설	
전용면적	12~50m²	85m² 이하	85m² 이하	85m² 이하	85m² 이하	공동주택 규정	
주차기준 전용면적	60m²당 1대 (120m²당 1대)	세대당 30m²이하 0.5대, 60m²이하 0.8대, 60m²이상 1대	다세대와 동일	연면적 130m²당 1대	30m²이하 0.5대 60m²이하 0.8대 60m²이상 당 1대	가구당 0.1 ~ 0.3대	• 서울시 조례기준: ( )은 준주거, 상업지역 • 도시형생활주택 중 주차완화 구역은 200m²당 1대

5m가 필요한데 면적으로 환산하면 12.5m²가 된다. 보통 1, 2종 일반주거지역에서의 필지 규모를 고려한다면, 8대의 주차장을 확보하기 위해서는 거의 지상층 전부를 주차장으로 계획해야 한다. 따라서 필로티로 이루어진 주차장들이 주거지역의 가로환경을 악화시킬 수밖에 없다. 이에 비해, 위 사례의 필지 규모에 고시원을 건축한다면 고시원은 제2종 근린생활시설에 해당하므로 바닥면적 130m²당 1대이기 때문에 2~3대 정도의 주차장만 갖추면 된다. 남는 지상부 부분은 임대면적으로 사용할 수 있으니 토지

그림14. 주차장법에 따라 우리나라 중저밀 주거지역의 가로는 주거용 건축물의 필로티 주차장과 골목길로 넘쳐나는 주차 수요로 신음을 앓고 있다.

그림15. 일본 도쿄의 중저밀 주거지역 가로에서는 불법주차를 찾아보기 어렵다.

소유자 입장에서는 일거양득이다.

　도시형생활주택은 소형주택 공급을 활성화한다는 명분으로 주차장 기준을 완화시켜 준 것이다. 문제는 소형주택에 거주한다고 해서 차량 소유를 하지 않는다는 것이 아니라는 점이다. 일반적인 물건이라면 당연히 보관할 장소가 없으면 구입하지 않는 것이 상식인데, 자동차만큼은 내 집에 보관할 장소가 없어도 일단 사고 본다. 집에 주차장이 없으니 주차는 골목길로 나올 수밖에 없다. 설치된 주차장도 근린생활시설의 옥외영업공간으로 사용되고 있는 경우도 많다. 지금 우리나라 전역의 중·저밀주거지역이 가지고 있는 가장 심각한 문제이다.

그림16.　그나마 설치된 부설주차장이 옥외영업공간으로 사용되는 경우도 많다.

　일본의 경우는 오래전부터 차고증명제, 즉 주차할 장소가 없으면 아예 자동차를 살 수 없는 제도를 시행해 오고 있다. 우리나라의 1, 2종 일반주거지역과 물리적 환경은 유사하지만 가로에서 불법주차를 거의 찾아 볼 수 없는 이유 중 하나이다.

근린생활시설과
식품위생법 및 관광진흥법

도시에서 주거와 일하는 기능 이외에 가장 중요한 용도는 먹고, 마시고, 노는 기능일 것이다. 식품위생법에서는 먹고, 마시고, 노는 식품접객업을 6가지로 분류하고 있다[14]. 이중 케이터링서비스라고 불리는 위탁급식업을 빼면 5가지가 핵심적인 식품접객업이다. 먼저 제과점영업은 주로 빵이나 떡, 과자 등을 제조하고 판매하는 업종으로 동네 빵집이라면 여기에 해당한다. 당연히 우리 동네에 들어온다면 누구나 환영할 만한 업종일 것이다. 따라서 건축법상 제1종 근린생활시설에 해당하고 주거지역 어디서나 허용된다. 휴게음식점업도 우리가 가장 많이 찾는 가게 중 하나일 것이다. 다과류나 아이스크림, 패스트푸드나 분식 형태의 음식류를 조리하고 판매하는 영업으로, 커피점, 분식점 등이 해당된다. 이것 역시 우리 동네에 들어서는 걸 싫어할 사람은 없을 것이다. 다만, 커피전문점의 규모가 2~5층 건축물 하나를 전부 사용할 정도로 크다면 주거지역에서 호불호가 갈릴 수 있다. 따라서 300m²가 넘어서는 휴게음식점은 건축법에서 제2종 근린생활시설로 분류된다.

일반음식점 역시 가장 흔한 영업 형태이다. 휴게음식점도 음식을 조리하지만 일반음식점과 가장 큰 차이는 술을 판매할 수 있는지 여부이다. 휴게음식점에서는 주류 판매가 금지되지만, 일반음식점은 주류 판매가 허

---

[14]   식품위생법 시행령 제21조 제8호

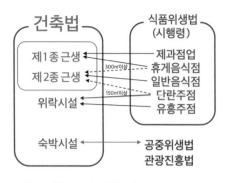

그림17. 건축법과 식품위생법의 관계

용된다. 치킨가게, 삼겹살 식당, 중국요리 식당 등 우리가 흔하게 찾는 음식점 대부분이 여기에 해당한다. 주류가 허용되니 주거지역 내 입지에 대해 호불호가 있을 것이기 때문에 제2종 근린생활시설로 분류된다.

그다음이 단란주점업이다. 단란주점은 주류를 판매할 수 있고 손님이 노래를 부르는 행위가 허용되는 업종이다. 노래방과 다른 점은 주류를 판매할 수 있다는 것이다. 제2종 근린생활시설로 분류되는 노래방에서 주류 판매가 금지되는 것은 이 때문이다. 술을 마시면서 노래를 부른다는 것 자체는 크게 이상할 것이 없다. 따라서 제2종 근린생활시설로 분류되어 일반 주거지역에서는 지자체 조례에 따라 허용된다. 그러나 150m²가 넘어가는 단란주점은 위락시설로 분류되어 주거지역에서는 불허된다.

식품접객업 중에서 가장 무거운 업종이 유흥주점업이다. 식품위생법에서 유흥주점은 손님이 노래를 부르거나 춤을 추는 행위가 허용되고, 유흥종사자를 두거나 유흥시설을 설치할 수 있는 영업의 형태로 정의된다. 여기서 유흥종사자는 "손님과 함께 술을 마시거나 노래 또는 춤으로 손님의 유흥을 돋우는 부녀자", "유흥시설"은 "손님이 춤을 출 수 있도록 설치한 무도장"으로 정의된다[15]. 홍대 앞에서 젊은층에게 가장 유명한 업종인 클럽도 여기에 해당한다. 따라서 유흥주점업은 건축법상 위락시설에 해당

15　식품위생법 시행령 제22조

그림18. 홍대 앞 클럽들은 식품위생법상 유흥주점, 건축법상 위락시설로 분류되어 일반주거지역에 허용될 수 없는 시설이었다.

하고 주거지역에서는 엄격하게 금지된다.

　여기서 홍대 앞에서 많이 영업하고 있는 클럽에 대해 궁금함이 생길 수 있다. 왜냐하면 홍대 앞은 대부분 제2종 일반주거지역이기 때문이다. 그렇다면 주거지역에서 금지되어 있는 클럽이 홍대 앞 지역에서 어떻게 영업할 수 있을까? 답은 불법이다. 이러한 클럽들은 일반음식점으로 영업허가를 받은 후 불법적으로 유흥업의 형태로 영업을 하고 있었다. 마포구청에서도 이러한 사실을 알고 있었지만 쉽게 단속을 못했던 이유는 클럽이 홍대 앞의 정체성을 대표할 수 있는 많은 젊은층들이 즐겨 찾는 영업 형태였기 때문일 것이다. 그렇다고 해서 홍대 앞 지역을 클럽이 허용되는 상업지역으로 용도지역 변경을 할 수는 없는 일이다. 상업지역으로 변경되면 건축물의 용도뿐 아니라 밀도까지 높아지기 때문에 현재 홍대 앞의 물리적 형태는 사라질 것이다. 벼룩 잡으려다 초가삼간 태우는 격이다.

고심 끝에 마포구는 묘안을 내게 되었는데, 2015년 "서울특별시 마포구 객석에서 춤을 추는 행위가 허용되는 일반음식점의 운영에 관한 조례"를 제정하였다. 여기서 "춤 허용 업소"라는 것을 도입하고 "일반음식점 중 영업장 내에 별도의 춤을 추는 공간이 아닌 객석에서 손님들이 춤을 출 수 있도록 서울특별시 마포구청장이 허용한 업소"라고 정의하였다. 그리고 별도의 춤을 추는 공간을 일반적인 나이트클럽 등에서 볼 수 있는 별도의 무대나 춤을 추는 공간이 아닌 "손님들이 음식을 섭취할 수 있도록 탁자, 의자 등을 설치한 곳(탁자와 탁자 사이의 이동통로를 포함한다)"으로 한정하였다. 물론 이러한 조례는 상위법인 식품위생법의 위임입법의 한계를 벗어난 것일 수도 있다. 왜냐하면, 식품위생법에서 정한 식품접객업의 종류를 세분화하거나 다시 분류할 수 있는 권한을 지자체장에게 위임하고 있지 않기 때문이다. 법적 논쟁을 떠나 이러한 방법은 홍대 앞의 명물 중 하나인 클럽을 주거

서울특별시 마포구 객석에서 춤을 추는 행위가 허용되는 일반음식점의 운영에 관한 조례

[시행 2016. 2. 19.] [조례 제1033호, 2015. 12. 31., 제정]

서울특별시 마포구(위생과)

제1조(목적) 이 조례는 「식품위생법 시행규칙」 제57조에 따라 별도의 춤을 추는 공간이 아닌 객석에서 손님들이 춤을 추는 것을 허용하기 위하여 일반음식점의 운영에 필요한 안전기준과 시간 등을 정하는 것을 목적으로 한다.

제2조(정의) 이 조례에서 사용하는 용어의 뜻은 다음과 같다.
　1. "춤 허용업소"란 서울특별시 마포구에 신고 된 일반음식점 중 영업장 내에 별도의 춤을 추는 공간이 아닌 객석에서 손님들이 춤을 출 수 있도록 서울특별시 마포구청장(이하 "구청장"이라 한다)이 허용한 업소를 말한다.
　2. "별도의 춤을 추는 공간이 아닌 객석"이란 영업장 내에서 손님들이 별도의 춤을 출 수 있는 공간을 설치 또는 제공하지 아니하는 장소로, 영업장 내에 객실, 조리장, 화장실, 창고, 출입구, 비상구, 무대시설 등을 제외하고, 손님들이 음식을 섭취할 수 있도록 탁자, 의자 등을 설치한 곳(탁자와 탁자 사이의 이동통로를 포함한다)을 말한다.

그림19. 일반주거지역 내 위락시설로서 유흥주점업의 종류인 클럽을 허용하기 위해 제정한 서울시 마포구 조례

지역에서도 유지할 수 있는 고육지책이었다.

숙박시설은 공중위생법과 관광진흥법에서 구체적으로 규율한다. 건축법상 숙박시설은 일반적으로 모텔로 불리는 일반숙박시설, 호텔로 불리는 관광숙박시설, 그리고 최근에 '서비스드 레지던스'라는 상품명으로 개발되어 제도권에 편입된 생활숙박시설이다. 일반적으로 일반숙박시설과 관광숙박시설은 부대시설을 설치할 수 있는지 유무가 중요하고, 생활숙박시설은 장기체류가 허용되어 주거와 경계가 모호하다.

관광진흥법에서는 호텔업에 대해 자세하게 규정하고 있는데, 관광호텔업, 수상관광호텔업, 한국전통호텔업, 가족호텔업, 호스텔업 등으로 호텔의 종류를 구분하고 있다. 또한, 외국인관광 도시민박업과 한옥체험업이 포함되어 있다. 앞서 설명한 바와 같이 주거지역에서 가장 엄격하게 허용되지 않는 용도가 위락시설과 숙박시설인데, 이중 외국인관광 도시민박업과 한옥체험업은 주거지역에서 허용되는 "호텔업"이다. 에어비앤비가 한창 유행일 때 뉴욕이나 런던에서는 이를 금지하게 되었는데, 그 이유 중 하나가 이러한 숙박업들이 주거지역을 파괴한다는 이른바 투어리피케이션 (Tourification) 현상 때문이었다. 우리나라에서도 일반주거지역에서 민박업이나 게스트하우스, 한옥체험업 등의 숙박업이 허용되는 것을 도시계획적으로 어떻게 볼 것인지에 대한 고민이 필요하다.

우리나라 용도지역제의 한계

결론적으로 말하자면 현재 우리나라 용도지역제는 건축물의 밀도 제어 이외에는 거의 역할을 못하고 있다.

엄격한 용도 분리에 의해 가로와 커뮤니티의 활력이 사라졌다는 조닝에 대한 비판은 이미 도입 초기부터 시작되어 1960년대 본격적으로 제기되었다. 도시계획 분야의 슈퍼스타인 제인 제이콥스(Jane Jacobs)가 모더니즘 도시계획의 문제점을 신랄하게 비판하면서 용도의 복합화를 통해 도시의 다양성을 확보하여 가로를 활성화시켜야 한다는 주장이 대표적이다. 또한 뉴어버니즘(New Urbanism)이나 용도지역제의 대안으로 시도되고 있는 모듈러조닝(Modular Zoning), 형태기반코드(Form-based-code) 등도 기본적으로 용도지역제의 한계인 엄격한 용도 분리를 극복하기 위해 용도복합을 추구하고 있다.

그러나 우리나라 상황은 정반대이다. 제인 제이콥스가 감탄할 만큼 우리의 용도지역제는 이미 각 용도지역 내에서 용도의 복합이 매우 활성화되어 있어, 오히려 각 용도지역의 특성이 사라지는 정도가 되었다. 이에 대해, 우리나라 용도지역제를 비빔밥에 비유하기도 한다[16]. 특히 주거지역에서 허용되는 상업이나 업무 관련 시설들은 숙박시설과 위락시설을 제외하고 상업지역과 거의 차이가 없다. 이 때문에 주거지역의 상업화가 두드러진다. 2020년 발표한 논문에서 서울시의 126개의 제2종 일반주거지역

---

16   Jeeyeop Kim, Cuz Potter, A-ra Cho, "Flexible Zoning and Mixed Use in Seoul, Korea-Planning Implications of Seoul's Zoning Model", 「Architectural Research」 22(4), 2020, pp.145-154.

	주거	상업	업무	주+상	주+업	상+업	주+상+업	총
개수	118	159	31	95	17	184	98	702
비율	16.81%	22.65%	4.42%	13.53%	2.42%	26.21%	13.96%	

그림20. 2018년 홍대 앞 지역 실제 토지 이용 현황: 일반주거지역임에도 불구하고 주거를 거의 찾아보기 어렵다.

이 포함된 블록들을 조사한 결과 평균 22%의 상업화 비율을 보이고 있으며, 홍대 앞처럼 상업화가 심한 곳은 순수 주거용 건물을 찾아보기가 어려울 정도이다[17].

또한, 소위 '힙한' 동네라고 불리는 활성화된 상권은 상업지역이 아니라 주거지역인 경우가 대부분이다. 홍대 앞을 비롯해서 가로수길, 경리단길, 해방촌, 연남동, 샤로수길 등 최근까지 '뜬' 서울 여러 동네의 대부분이 제2종 일반주거지역이다. 반면 신도시의 상업지역은 획일화되고 개성 없는 대형 건물에 각종 상업용도들이 빼곡히 들어차 있고 건물 입면은 간판으로 뒤덮여 있다. 주거지역에서 상업화된 가로보다 매력이 없는 이유이다.

주거지역이 상업화가 되기 쉬운 이유 중 하나는 주거지역에서 허용되

17   Jeeyeop Kim, et. al., 2020, pp.145-154.

그림21. 상업가로가 활성화된 일반주거지역(상)과 획일적인 건축물로 상업가로의 매력이 떨어지는 일반 상업지역(하)

는 근린생활시설이 상업을 포함한 거의 모든 용도를 포함하고 있기 때문이다. 그러다 보니 당초 "편리한 주거지역"을 조성하기 위해 지정된 일반주거지역의 근린생활시설은 상업지역에 입지할 수 있는 시설과 차별성이 없어졌다. 일반음식점이나 노래방처럼 지자체장의 재량에 따라 일반주거지역에서 허용할 수 있는 시설들은 전국적으로 모두 허용되어 버렸다.

또한, 용도지역 자체에서 건축물의 신축 이후 발생하는 용도변경에 대한 제한도 거의 없다. 원래 정온했던 주거지역이 활성화되기 시작하면 각종 근린생활시설들로 용도변경이 진행되는데, 신축 이후 건축물의 용도변경은 앞에서 살펴본 29가지의 건축물 용도 분류와는 달리 9가지의 용도군에 따라 건축허가와 건축신고로써 관리하고 있다. 이런 9가지 시설군을 왜 이렇게 분류하고, 상위인 시설군으로 변경할 때는 건축허가, 하위인 시설군으로 변경할 때는 건축신고를 통해 용도변경이 가능한지 명확하게 설명은 되지 않는다. 건축물의 안전을 고려해서 상위군으로 변경할 때에는 보다 엄격한 건축허가를 통해 행정청이 용도변경에 대한 관리를 하고자 하는 목적으로 보이지만, 구체적인 용도들을 살펴보면 꼭 그런 이유가 정확하게

표4. 건축물 준공 이후 용도변경을 위한 시설군 분류(건축법 제19조)

시설군	용도	필요 행정행위
1. 자동차관련 시설군	자동차관련 시설	허가
2. 산업 등 시설군	운수시설, 창고시설, 공장, 위험물저장 및 처리시설, 분뇨 및 쓰레기처리시설, 묘지관련시설	
3. 전기통신 시설군	방송통신시설, 발전시설	
4. 문화집회 시설군	문화 및 집회시설, 종교시설, 위락시설, 관광휴게시설	
5. 영업 시설군	판매시설, 운동시설, 숙박시설	
6. 교육 및 복지 시설군	의료시설, 교육연구시설, 노유자시설, 수련시설	
7. 근린생활 시설군	제1종 근린생활시설, 제2종 근린생활시설	
8. 주거업무 시설군	단독주택, 공동주택, 업무시설, 교정 및 군사시설	
9. 그 밖의 시설군	동물 및 식물관련시설	신고

그림22. 기존 주거용 건물 전체가 용도변경에 따라 일반음식점 등 근린생활시설로 변화한 사례는 매우 흔하다.

들어맞지도 않는다. 아무튼 이러한 규정에 따라 주거로 사용되던 건물 전체가 상업시설로 바뀌는 일도 매우 흔하게 발생하고 있다.

또한, 양호했던 주거지역이 제조업 지역으로 바뀌는 경우도 있다. 일반주거지역에서 허용하는 근린생활시설로써 봉제업이 밀집되어 있는 창신동이나 인쇄업들이 침투하여 주거환경을 악화시킨 필동 등이 대표적인 사례이다.

이러한 모습은 미국이나 유럽처럼 주거지역과 인접한 상업지역이나 생활가로등에서 저층부에만 상업관련 시설을 허용하는 것과 매우 대조적이다. 용도지역 자체에서도 한 건물에 근린생활시설이 허용되는 비율을 따로 정해 두고 있지 않다. 그러다 보니 하나의 주거지역이 완전히 상업화되어 버리는 경우가 매우 많다. 이에 대해 시장의 상황에 따라 자유롭게 용도가 변하는 것이 뭐가 문제냐는 의견도 있다. 그러나, 잊지 말아야 할 것은 이러한 중저층으로 이루어진 일반주거지역들은 주로 중저가 임대시장을 형성하여 도시 내 저렴한 주거공급처로서 중요한 역할을 하고 있다는 점이다. 상업화가 진행되어 지역이 활성화되는 것은 긍정적이지만 소중한 주거 물량이 사라진다는 것에 대한 대응도 반드시 필요하다. 결국 양호한 주거환경을 조성한다는 전용주거지역, 편리한 주거환경을 조성한다는 일반주거지역의 지정 목적도 사라지게 되고, 주거지역이 더 이상 주거지역으로 볼 수 없는 경우가 계속 발생하고 있다.

상업지역도 마찬가지이다. 강남의 테헤란로, 종로와 인사동, 익선동에 이르는 전혀 다른 특성을 가진 상업지역들이 모두 똑같이 '일반상업지역'이다. 이처럼 우리나라 용도지역제의 가장 큰 한계는 지역의 특성을 반영하지 못하고 건축물의 밀도밖에 제어하지 못한다는 점이다. 앞에서도 강조했지만 우리나라 용도지역제는 뉴욕시나 도쿄시와 달리 용도지역이 건축물의 밀도와 단선적으로만 연동되어 있다. 뉴욕시는 2014년 기준 주거지역 38개, 상업지역 83개, 공업지역 21개가 넘을 만큼 세분화된 용도지역으로 다양한 도시의 특성을 담아내고 있고, 우리와 비슷한 용도지역제를 가지고 있는 일본 도쿄 역시 12개의 용도지역 내에서 다양한 목적을 위해 50여 개가 넘는 용도지역을 운영하고 있다. 도시 속에서는 저밀 상업지역도 필요하고 고밀 주거지역도 필요하다. 또한 산업과 주거, 상업이 어우러져 있는 복합지역도 필요하다. 그러나 우리나라 용도지역제는 저밀 상업지역과 고밀 주거지역[18], 복합 산업지역 등이 조성될 수 없다는 근본적인 한계가 있다.

---

18 여기서 고밀 주거지역이란 고밀 아파트 단지가 아니라 앞서 언급한 바와 같이 도심형 주거 유형으로서 고밀 주거를 의미한다.

용도지역제의 발전 추세

'획일적'이라는 단어는 도시 분야에서 가장 싫어하는 단어 중 하나일 것이
다. 조닝의 가장 큰 단점은 획일성이다. 조닝은 각각의 대지가 갖는 특성
과 맥락을 반영하기 어렵다. 같은 크기의 대지라 해도 그 대지가 놓여 있
는 땅의 특성과 주변 지역의 맥락이 다르다. 그럼에도 불구하고 조닝은 같
은 색이 칠해져 있는 대지들은 모두 같은 도시계획 제한 또는 건축허가요
건이 적용된다. 조닝 도입 이후부터 많은 학자들이 이런 한계를 지적해 왔
는데, 특히 엄격한 용도 분리로 인해 도시의 다양성을 저해하는 주범으로
지목되어 왔다[19].

   3가지 용도지역으로 시작한 뉴욕시 초기 조닝 역시 이러한 문제점이
드러나게 되었다. 또한, 사선제한으로 인한 밀도규제에 의해 도심의 지상
부는 오픈스페이스 하나 없이 과밀이 심화되었다. 여기에 1960년대부터
주민참여의 요구도 커지게 되면서 조닝 운영에 대한 개선요구도 높아지게
되었다. 이에 따라 뉴욕시는 1961년 조닝을 대대적으로 개편하게 된다. 이
때 앞 장에서 설명한 도심 내 오픈스페이스 확보를 위해 공개공지 제도와
이를 위한 인센티브 조닝도 도입되었으며, 사선제한에 의한 밀도규제 대신
용적률(FAR)을 도입하였다.

   그리고 획일적인 도시관리가 될 수밖에 없는 조닝의 본질적인 한계

---

19   Emily Talen, "Zoning and Diversity in Historical Perspective", 「Journal of Planning History」 11(4),
2012, pp.330-347; Jane Jacobs, 「The Death and Life of Great American Cities」, 1961, New York:
Random House 등

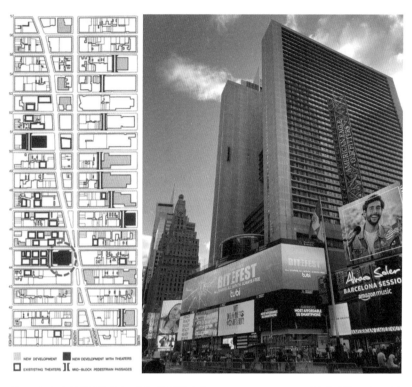

그림23. 뉴욕시 첫 특별목적지구인 극장특별목적지구(The Theater District) 도시설계 지침(좌)과 뮤지컬 극장 용도를 유지하고 인센티브를 받아 고밀로 개발된 상업 및 호텔 건물(우)

를 극복하기 위해 용도지역을 더욱 세분화하기 시작하였고, 도시의 맥락과 특성이 중요한 지역에서는 도시설계 기법을 바탕으로 한 특별목적지구(Special Purpose District)를 도입하게 된다[20].

 1960년대 당시 타임스퀘어의 극장 문제가 부각되었는데, 뉴욕 맨해튼을 상징하는 타임스퀘어의 상징적인 용도는 1900년대 초반에 이미 브로드웨이를 중심으로 밀집되어 있던 뮤지컬 극장이었다. 그러나 1960년

---

20 1960년대 도시설계팀을 신설하고 도시설계 전문가인 조나단 바넷(Jonathan Barnett)을 도시설계 팀
   장으로 영입한 후 조닝체계 개편을 추진하게 되었다.

대 타임스퀘어 주변은 개발압력으로 인해 고밀화가 진행되었고, 이에 따라 뮤지컬 극장들이 하나둘씩 사라지기 시작하고 있었다. 타임스퀘어 주변은 상업지역이기 때문에 조닝에 따라 상업이나 업무시설들이 자유롭게 들어설 수 있었기 때문이다. 그러던 중 타임스퀘어 주변 브로드웨이에 면해 있는 부지에 대형 상업시설과 호텔을 중심으로 한 건축허가가 신청되었는데, 상징적인 뮤지컬 극장 하나가 또 철거될 상황이었다. 당연히 조닝에서라면 기속행위와 같은 의미인 권리적개발(as-of-right)로 허용되어야 하지만, 뮤지컬 극장이라는 용도를 지키고 싶었던 뉴욕시로서는 난감한 상황이었다.

마침내 뉴욕시는 타임스퀘어 주변 지역을 '특별목적지구(Special Purpose District)'라는 새로운 수단을 기존의 용도지역 위에 중복하여 지정하게 된다. 이 지구 내에서 극장 용도를 유지하면 용적률 인센티브를 부여하겠다는 지침을 도입하였고, 이에 따라 사업시행자는 기존의 뮤지컬 극장을 지하에 남기면서 추가적인 용적률 인센티브로 상업시설과 호텔을 개발하게 된 것이다. 이처럼 특별목적지구는 기존의 조닝으로는 해결하지 못하는 지역적 특성을 반영하여 보다 세심한 계획수단으로 활용되게 된다. 당시 극장지구 특별목적지구의 지침에는 극장을 지정용도로 설정한 것뿐 아니라 긴 블록 중간을 관통하는 공공보행통로 등의 도시설계 수단들도 사용되었다.

뉴욕시의 두 번째 특별목적지구는 뉴욕시의 명품거리로 잘 알려진 5번가이다. 5번가의 가장 중요한 물리적 특성은 보행공간을 따라 가로벽을 이루며 이어진 상점가이다. 이러한 5번가에서 몇 개의 필지를 합필하여 대형 쇼핑몰을 개발하고자 하는 건축허가가 진행되고 있었는데, 공개공지를 활용하여 전면부에 오픈스페이스를 조성하고 공개공지 제공에 따른 용적률 인센티브를 받아 고밀로 개발하고자 하는 계획이었다. 그러나 이와 같은 건축물이 개발되게 되면 5번가의 가로벽이라는 중요한 물리적 특

그림24. 두 번째 특별목적지구인 "뉴욕 5번가 특별목적지구"의 가로벽 지침에 따라 공개공지 없이 개발된 대형 상업·업무 건축물

성이 깨지게 된다. 따라서 '5번가 특별목적지구'에서는 저층부의 건축선을 일치시키는 도시설계 지침을 수립하게 된 것이다.

이후 특별목적지구는 중심지역 개발, 역사 보존, 경관 확보, 가로활성화, 도시재생 등 다양한 목적으로 수십여 개가 지정되어 조닝제도를 보완하고 있으며, 경직된 용도 분리를 지양하고 주거와 일자리, 상업이 같은 지역 내에 조성될 수 있도록 하는 복합용도지구(Mixed-use District)도 도입하여 활용되고 있다.

또한 2000년대 이르러서는 근린과 맥락을 중시하는 방향으로 조닝이 개선되어 오고 있다. 1960년대 도입된 공개공지는 'Tower-in-the-park' 개념에 따라 도심 속에서 소중한 오픈스페이스를 제공하는 데 기여하였지만, 오히려 가로의 활력을 떨어트리고 지역의 맥락을 깨는 단점도 나타나게 되었다. 이를 보완하고자 지역의 맥락을 우선 고려해야 할 지역에서는

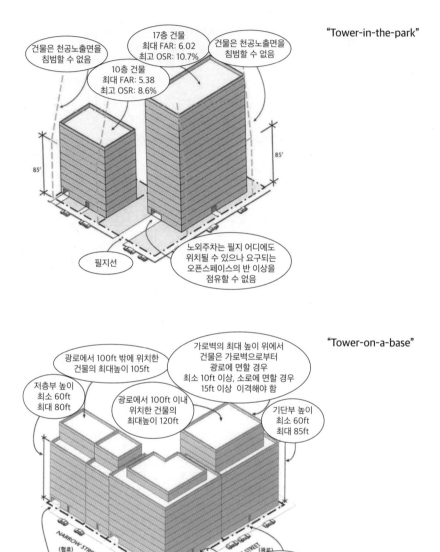

"Tower-in-the-park"

건물은 천공노출면을 침범할 수 없음

17층 건물
최대 FAR: 6.02
최고 OSR: 10.7%

건물은 천공노출면을 침범할 수 없음

10층 건물
최대 FAR: 5.38
최고 OSR: 8.6%

85′

85′

필지선

노외주차는 필지 어디에도 위치될 수 있으나 요구되는 오픈스페이스의 반 이상을 점유할 수 없음

"Tower-on-a-base"

가로벽의 최대 높이 위에서 건물은 가로벽으로부터 광로에 면할 경우 최소 10ft 이상, 소로에 면할 경우 15ft 이상 이격해야 함

광로에서 100ft 밖에 위치한 건물의 최대높이 105ft

저층부 높이 최소 60ft 최대 80ft

광로에서 100ft 이내 위치한 건물의 최대높이 120ft

기단부 높이 최소 60ft 최대 85ft

NARROW STREET (협로)

WIDE STREET (광로)

필지선

노외주차는 건물의 내부, 측면 또는 후면에만 허용되며, 가로벽과 전면필지 사이에는 설치 불가

가로벽과 전면필지선 사이의 모든 오픈공간은 식재되어야 함

그림25. 공개공지 조성을 위한 Tower-in-the-park 개념과 맥락조닝의 Tower-on-a-base 개념을 바탕으로 한 뉴욕시 조닝의 건축물 형태 제어 방법 (출처: 뉴욕시 도시계획국&서울시정개발연구원, 「뉴욕시 조닝 핸드북」 2009, 서울시정개발연구원)

'Tower-on-a-base' 개념을 바탕으로 한 '맥락조닝(Contextual Zoning)'을 활용하여 적극적으로 건축물의 형태까지 제어하고 있다.

조닝의 운영 측면에서는 1970년대에 이미 주민참여와 투명한 도시계획변경 절차를 위한 '표준토지이용심의절차(ULURP)'를 도입하여 운영하고 있다. 최근 조닝은 단순한 도시 관리 수단을 넘어 '저렴주택(Affordable Housing)' 공급을 위한 '계층혼합형 조닝(Inclusionary Zoning)', 역사보존뿐 아니라 다양한 도시설계 목적을 실현하기 위한 '용적이양제(TDR)' 등의 도시계획

그림26. 샌디에이고시 모듈러 조닝 사례

그림27. 주요한 건축형태 요소를 정하는 덴버시의 형태기반규제(Form-Based-Code) 사례

적 수단을 바탕으로 다양한 정책목표 실현을 위한 수단으로 활용되고 있다.

뉴욕시뿐 아니라 다른 지자체에서도 조닝의 단점을 극복하고자 조닝을 대체할 수 있는 계획적 수단에 대한 실험이 많이 진행되고 있다. 대표적으로 샌디에고시에서 활용하고 있는 모듈러 조닝(Modular Zoning)은 교외지역부터 근린에 이르는 지역별 특성을 용도, 건축물 형태, 밀도를 바탕으로 세분화하여 세심한 건축허가 요건을 갖추고 있으며, 뉴어버니즘의 TND(Traditional Neighborhood Development) 계획방향에 따라 시도되고 있는 형태기반규제(Form Based Codes)는 보다 과감하게 건축물의 형태를 바탕으로 도시를 관리하고자 하고 있다.

조닝의 엄격한 용도 분리를 극복하기 위해 주거지역에서 보다 다양한 용도를 허용하되 주거환경에 부정적 영향을 주는 용도만을 거르기 위한 성능기반조닝(Performance Based Zoning)도 참고할 만하다. 성능기반조닝에서 사용하고 있는 성능은 소음, 환경, 교통, 방화 등이며, 미국 버지니아주의 하노버 카운티에서는 '성능기반 주거지역(Performance Residential)'을 지정하여, 건축허가 단계에서 성능 충족 확인서를 제출하고 지속적으로 이러한 성능을 준수하겠다는 약정서를 첨부하여야 건축행위가 가능하도록 하고 있다.

우리나라도 용도지역제에 대한 개선요구가 지속되고 있다. 최근 서울시가 발표한 '2040 도시기본계획'에서는 용도지역제를 대폭 개선하기 위한 '조닝의 대안(Beyond Zoning)'에 대한 논의도 시작되고 있다. 이러한 요구들은 근본적으로 용도지역제가 갖는 획일성과 경직성에서 기인한다. 그렇다고 용도지역제의 필요성을 부정할 수는 없다. 용도지역제의 획일성과 경직성을 벗어나기 위해서는 각각의 허가가 갖는 특수성을 고려하여 인허가권자가 재량적 판단을 해 주면 된다. 그러나 바로 이 점이 불가능하다는 것이다. 건축허가나 개발사업의 인허가를 매 건마다 담당 행정청이 재량적으로 판단하는 것은 신청되는 허가 건수와 담당 공무원들의 역량을 고려한다면 현실적으로 불가능하며, 재량적 판단에 따른 특혜 시비에서도 자유로울 수 없다.

　무엇보다 용도지역제의 본질은 기속행위로써 건축허가요건을 "미리" 정해놓는 것이라는 점을 잊지 말아야 한다. 앞서 설명한 조닝의 대안으로 실험되고 있는 모듈러 조닝, 형태기반규제(Form Based Codes) 등도 건축허가요건을 미리 정해 둔다는 점에서 용도지역제와 다를 바가 없다. 다만, 우리나라 용도지역제의 건축허가요건이 용적률, 건폐율, 높이 등과 건축물의 용도에 한정된 것임에 비해, 모듈라 조닝은 개발규정이라는 보다 상세한 규정들을 포함하고 있고, 형태기반규제는 건축물의 형태가 상세하게 포함되어 있다는 점이 다를 뿐이다. 그리고 이러한 허가요건만 충족한다면 우리나라 기속행위와 같은 개념인 '권리적 개발(as-of-right)'에 의해 해당 허가가 이루어진다. 다시 한 번 강조하지만, 이러한 시스템이 없다면 모든 허가는 담당 공무원의 재량에 의해 매 건마다 이루어져야 한다. 서울시의 경우 보통 1년에 만 건이 넘은 건축허가가 발급되는데 담당 공무원 몇 명이 이 많은 허가 건을 재량행위로 처리하는 것이 가능할까? 따라서 일반적인 건축행위에 대한 건축허가요건을 미리 정해놓는 시스템은 필수불가결하다.

　또한, 용도지역제나 유사 조닝제도에 있어 "유연한" 적용이 이루어지기 위해서는 인허가권자의 재량이 폭넓게 인정되어야 한다. 그러나, 인허가권자의 재량으로만 허가가 이루어진다면 특혜 시비도 피할 수 없다. 싱가포르의 화이트조닝(White Zoning)과 유사한 제도도 이미 국토계획법에 "입지규제최소구역"으로 도입되어 있다. 그러나 이 수단을 자유롭게 쓰지 못하는 이유 중 하나는 특혜 시비 우려이다. 유연한 건축 및 도시계획 규제가 필요하다는 것은 많은 사람들이 동의하지만, 이를 위한 행정청의 재량행위는 유연하지 못하다. 기준이 없다면 행정청은 제대로 행정행위를 하기 어렵다. 감사원 감사도 커다란 제약이다. 유연한 용도지역제나 도시계획 관련 규제를 위한 제도가 없어서라기보다는 행정행위의 재량을 폭 넓게 인정해 주지 못하는 전반적인 사회 시스템이 문제이다.

따라서 용도지역제 개선의 핵심은 첫째, 각 필지가 갖는 도시적 맥락과 특성을 반영하여 최대한 세심한 건축허가요건을 갖추어야 하고, 둘째, 이러한 건축허가요건을 충족하지 못하는 경우에는 이를 재량에 따라 해결할 수 있는 유연한 행정절차 또는 체계가 있어야 하며, 셋째 기존의 건축허가요건 대신 새로운 허가요건을 적용해야 하는 특수한 부지나 상황을 위해 투명하고 공정한 절차와 제도를 갖추는 것으로 요약할 수 있다.

지구단위계획의
위상과 역할

조닝의 한계를 극복하기 위해 시도되고 있는 여러 제도들 중 우리나라에서는 지구단위계획이 대표적이다. 지구단위계획은 일반적인 용도지역 기반의 도시관리계획에서 할 수 없는 보다 세밀한 도시계획지침, 즉 건축허가요건을 정할 수 있다. 현재 지구단위계획의 역할은 실로 방대하다. 마치 수많은 무기체계를 갖추고 있는 항공모함과 비슷하다. 일반적인 도시관리를 위한 도시관리계획으로써 역할뿐 아니라, 각종 정비사업이나 개발사업의 실시계획 또는 사업계획으로써도 지구단위계획을 수립하도록 하고 있다. 2019년 연구에 따르면 서울시가지 면적의 27.4%에 해당하는 지역에 지구단위계획이 수립되어 있으며, 정비사업이나 개발사업을 위한 지구단위계획을 제외하고 도시관리를 위한 수단으로 지정된 지구단위계획 구역이 454개에 달하고 있고, 그 숫자는 앞으로도 더욱 증가할 것으로 예상된다[21]. 그러나 서울을 제외한 타도시에서는 정비사업이나 개발사업을 제외하고 지구단위계획을 그다지 많이 활용하고 있지는 않다.

　　지구단위계획의 전신은 1980년대 건축법에서 도입한 도시설계 제도이다. 이를 통해 율곡로, 테헤란로 등 서울 도심부의 주요 간선가로변에서 유도하고자 하는 건축물 형태와 가로환경을 조성하기 위한 수단으로 활용되었다. 그러나 건축법에 의한 제도로 운영되다 보니 계획 지침을 유

21　김지엽, "지구단위계획 관리 기본계획 수립의 필요성 및 역할과 위상", 2019 서울특별시 지구단위계획 관리 기본계획 공청회 자료, 서울시

도하기 위한 인센티브 등의 실현수단이 미흡하다는 한계가 있었다. 반면, 1991년 구 도시계획법에 의해 도입된 상세계획은 용도지역 변경이나 도시계획시설 설치 등의 도시관리계획 수단을 활용할 수 있었기 때문에 계획에서 원하는 방향으로 민간의 개발을 유도할 수 있는 실현 체계는 갖추고 있었다. 그러나, 도시설계 제도만큼 3차원 도시공간을 고려한 종합적인 계획이라기보다는 용도지역 상향 등의 목적에 치우쳐 획일적 규제라는 문제가 제기되었다. 이에 따라 2000년 도시설계제도와 상세계획은 지구단위계획으로 통합되어 지금에 이르고 있다.

지구단위계획의 가장 중요한 역할은 도시계획과 건축의 간극을 메꿀 수 있는 3차원 도시설계 수단이라고 할 수 있다. 이를 위해 개별 건축행위에 대한 제어수단뿐 아니라 지침의 유도 및 권장을 위한 인센티브 제도, 주민참여와 주민제안 체계도 갖추고 있다. 그러나 그 동안의 운영 과정에서는 지구단위계획의 가장 중요한 역할인 지역특성과 맥락을 반영한 입체적인 도시관리 수단으로써 기능하기보다는 규제중심의 획일적이고 평면적 계획이라는 비판도 받고 있다. 그럼에도 불구하고 기존 용도지역제를 보완할 수 있는 수단으로 지구단위계획의 역할은 더욱 커질 것으로 예상된다.

그렇다면 지구단위계획은 법적으로 어떤 위상과 권한을 가지고 있을까? 무엇보다 국토계획법에서 지구단위계획은 도시관리계획으로써 위상을 부여받고 있다[22]. 따라서 지구단위계획은 도시관리계획의 핵심적인 역할인 용도지역 지정이나 도시계획시설 결정 권한을 가지고 있다. 물론 지구단위계획 구역 내의 모든 건축 행위나 건축물의 용도 변경은 지구단위계획 지침을 따라야 한다.[23] 또한 3차원으로 도시공간을 관리하기 위해 용

---

22 국토계획법 제50조(지구단위계획구역 및 지구단위계획의 결정) 지구단위계획구역 및 지구단위계획은 도시·군관리계획으로 결정한다.

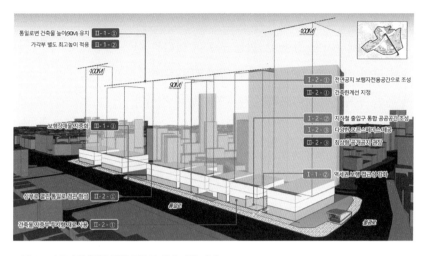

그림28. 지구단위계획을 통한 건축물 형태 지침 예시 (자료 제공: dA건축)

그림29. 특별목적지구(Special Purpose District)의 디자인가이드라인에 의해 조성된 뉴욕시의 배터리파크시티(Battery Park City)의 가로 경관 (자료제공: dA건축)

적률, 건폐율, 높이 등 건축물 규모나 볼륨뿐 아니라 건축물의 배치, 형태, 심지어 색채까지도 정할 수 있는 권한이 있다[24]. 이를 바탕으로 지구단위계획 구역 전체에 대한 물리적 환경과 도시경관 조성을 위해 개별 건축물에 대한 구체적인 가이드라인 제시도 가능한 것이다.

국토계획법 제50조(지구단위계획구역 및 지구단위계획의 결정)

지구단위계획구역 및 지구단위계획은 도시·군관리계획으로 결정한다.

국토계획법 제52조(지구단위계획의 내용)

① 지구단위계획구역의 지정목적을 이루기 위하여 지구단위계획에는 다음 각 호의 사항 중 제2호와 제4호의 사항을 포함한 둘 이상의 사항이 포함되어야 한다. 다만, 제1호의2를 내용으로 하는 지구단위계획의 경우에는 그러하지 아니하다.

1. 용도지역이나 용도지구를 대통령령으로 정하는 범위에서 세분하거나 변경하는 사항
   1의2. 기존의 용도지구를 폐지하고 그 용도지구에서의 건축물이나 그 밖의 시설의 용도·종류 및 규모 등의 제한을 대체하는 사항
2. 대통령령으로 정하는 기반시설의 배치와 규모
3. 도로로 둘러싸인 일단의 지역 또는 계획적인 개발·정비를 위하여 구획된 일단의 토지의 규모와 조성계획
4. 건축물의 용도제한, 건축물의 건폐율 또는 용적률, 건축물 높이의 최고한도 또는 최저한도
5. 건축물의 배치·형태·색채 또는 건축선에 관한 계획
6. 환경관리계획 또는 경관계획
7. 보행안전 등을 고려한 교통처리계획
8. 그 밖에 토지 이용의 합리화, 도시나 농·산·어촌의 기능 증진 등에 필요한 사항으로서 대통령령으로 정하는 사항

제54조(지구단위계획구역에서의 건축 등)

지구단위계획구역에서 건축물(일정 기간 내 철거가 예상되는 경우 등 대통령령으로 정하는 가설건축물은 제외한다)을 건축 또는 용도변경하거나 공작물을 설치하려면 그 지구단위계획에 맞게 하여야 한다. 다만, 지구단위계획이 수립되어 있지 아니한 경우에는 그러하지 아니하다.

---

23   국토계획법 제54조

24   국토계획법 제52조(지구단위계획의 내용)

또한, 지구단위계획을 통해 보다 세밀한 건축물의 용도관리를 할 수 있다. 용도지역에 따른 건축물 용도 관리는 허용용도 또는 불허용도 방식으로 일반화되어 있지만, 지구단위계획은 해당 지역의 특성을 고려하여 정교한 건축물 용도관리가 가능하다. 이를 위해 지구단위계획에서는 허용용도와 불허용도 뿐 아니라 권장용도, 지정용도를 활용하고 있다. 물론 지정용도나 권장용도의 사용은 매우 신중하게 계획되어야 한다. 특히 지정용도의 경우 부동산시장 여건을 고려하지 않으면 자칫 실행할 수 없는 과도한 규제가 될 수 있다. 권장용도는 가로의 특정한 성격을 정하거나, 가로활성화를 위한 용도 도입을 유도하기 위해 많이 사용되는 기법 중 하나이다. 예를 들어, 가로활성화를 위해 은행이나 업무시설의 로비보다는 휴게음식점이나 일반음식점, 소매점 등 보다 적극적으로 보행을 유발할 수 있는 가로활성화 용도를 권장하는 경우가 많다.

그러나 권장용도는 법적 구속력 측면에서 모호한 측면이 있는데, 지구단위계획의 권장용도는 신뢰보호의 원칙에 따른 행정의 공적견해의 표명이 아니라고 본 대법원 판례가 있다. 이 판례는 지구단위계획에서 권장용도로 숙박시설을 정하고 있는 필지의 토지소유자가 숙박시설 건축허가를 신청하였으나, 건축법에 따라 건축위원회 심의를 통해 주거환경이나 교육환경 등을 감안하여 해당 건축허가를 불허한 사건에 관한 것이었다. 여기서 대법원은 "숙박시설의 건축허가를 불허하여야 할 중대한 공익상의 필요가 없음을 전제로 숙박시설 건축허가도 가능하다는 것"일 뿐 무조건 숙박시설을 허용한다는 의미는 아니라고 판시하였다[25]. 이러한 해석은 지구단위계획의 권장용도에 대한 성격을 제대로 고려하지 못하고 있다는 아

---

25 대법원 2005. 11. 25. 선고 2004두6822,6839,6846 판결 (건축허가신청반려처분취소)

쉬움이 있으며, 권장용도의 법적 위상을 약화시키는 결과를 초래할 수 있다. 권장용도의 또 다른 문제점은 계획지침 준수를 유도하기 위한 용적률 인센티브이다. 해당 권장용도를 설치하여 인센티브를 받은 이후에 추후 권장용도가 아닌 용도로 변경할 경우, 이미 주어진 인센티브를 어떻게 처리해야 할지는 여전히 고민거리이다.

그럼에도 불구하고 보다 세밀한 건축물의 용도관리는 지구단위계획의 중요한 역할 중 하나임은 부인할 수 없다. 이와 관련된 또 하나의 법적 쟁점은 일반적인 건축법상 건축물의 용도 분류인 업종을 넘어 보다 세분화 된 업태까지도 제어가 가능한가이다. 예를 들어, 최근 젠트리피케이션 방지를 위해 프랜차이즈업의 입지를 제한하는 지구단위계획이 수립되고 있다[26]. 여러 연구들에서는 젠트리피케이션의 시작을 프랜차이즈업이 입지하는 시점으로 보고 있는데, 이에 따라 경복궁 서측 지구단위계획과 북촌 지구단위계획에서는 소형카페나 공방, 갤러리 등으로 활성화된 지역 특성을 강화하고 골목상권을 보호하기 위해 특정 지역 내에는 프랜차이즈업의 입지를 불허하고 있다. 또한, 인사동 지구단위계획은 전통관련 상권을 유지하기 위해 허용되는 용도를 '전통관련 소매점' 또는 '전통찻집' 등 세분화된 업태로 정하고 있다. 전주한옥마을 지구단위계획에서는 불허용도를 '다방 및 이와 유사한 찻집', '서구식 제과점', '도넛, 햄버거, 패스트푸드점, 꼬치구이', '일식, 중식, 양식 등 외국계 음식점', '퓨전형태 음식점' 등으로 정하고 있으며, 허용용도는 제과점 중에서도 "단팥빵, 술빵, 떡, 강정유과, 누룽지 등을 판매하는 제과점과 전통차집"으로, 일반음식점은 전통

---

26 '프랜차이즈'란 '가맹사업거래의 공정화의 관한 법률' 제2조의 "가맹본부가 가맹점사업자로 하여금 자기의 상표·서비스표·상호·간판 그 밖의 영업표지를 사용하여 일정한 품질기준이나 영업방식에 따라 상품 또는 용역을 판매하도록 함과 아울러 이에 따른 경영 및 영업활동 등에 대한 지원·교육과 통제를 하며, 가맹점사업자는 영업표지의 사용과 경영 및 영업활동 등에 대한 지원·교육의 대가로 가맹본부에 가맹금을 지급하는 계속적인 거래관계"로 정의된다.

음식만 판매하는 일반음식점으로 매우 구체적이고 세분화하여 용도를 관리하고 있다.

　이처럼 지구단위계획이 용도관리가 일반적인 용도지역에 따른 용도관리보다 세분화하여 건축물의 용도를 규제할 수 있는 것은 그 법적 근거

그림30. 하늘색 부분을 제외한 전 지역에서 프랜차이즈 업종 중 일반음식점, 휴게음식점, 제과영업점을 불허하고 있는 경복궁 서측 지구단위계획(2016)

가 다르기 때문이다. 일반적인 용도지역에 따른 건축물 용도 제한은 앞서 살펴본 바와 같이 국토계획법 제76조와 시행령 제71조에서 각 용도지역 별로 정한 허용용도나 불허용도에 따라 건축법 시행령 별표1을 연동해 놓았다. 그러나, 지구단위계획은 국토계획법 제76조가 아니라 국토계획법 제52조 제1항 제4호에서 별도로 정하고 있다. 따라서 지구단위계획에 의한 건축물 용도관리는 건축법에서 정한 29가지 용도에 구속되지 않는다.

표5. 건축물 용도는 상황에 따라 다른 법규가 적용된다.

신축 시 건축물 용도		준공 이후 용도변경 시 건축물 용도	
일반 용도지역	지구단위계획구역	일반 용도지역	지구단위계획구역
국토계획법 제76조 국토계획법 시행령 제71조 + 건축법 시행령 별표 1	국토계획법 제52조 제1항 제4호	국토계획법 제76조 국토계획법 시행령 제71조 + 건축법 제19조	국토계획법 제52조 제1항 제4호 + 건축법 제19조
허용용도, 불허용도	허용용도, 불허용도 지정용도, 권장용도	허용용도, 불허용도	허용용도, 불허용도 지정용도, 권장용도

이에 대해, 2011년 대법원 판례에서도 다음과 같이 판시하였다.

"용도지역 안 건축물 용도 등의 제한에 관하여 건축법 시행령 별표1에 규정된 용도별 건축물의 종류에 따르도록 하는 규정을 두면서도 지구단위계획에서의 건축물 용도제한 기준에 관하여는 별도로 규정하지 아니하여 이를 입안·결정하는 시·도지사 등에게 비교적 광범위한 형성의 자유를 부여하고 있는 점 등에 비추어 보면, 지구단위계획의 내용이 되는 '건축물의 용도제한'을 건축법 시행령 별표1에서 한정적으로 열거하는 용도별 건축물의 종류 중에서 선택하여야 하는 것으로 해석할 수는 없다."

이처럼 대법원에서도 지구단위계획을 통한 건축물 용도관리는 일반적인 용도지역에 의한 용도관리와는 법적으로 성격이 다른 것으로 해석하고 있다[27].

그러나, 지구단위계획에 따라 세부 업종이나 업태를 충족했다 할지라도, 준공 이후에 변경되는 용도에 대해서는 지구단위계획의 세밀한 용도관리가 지속가능할 수 있는 법적 구속력이 미흡한 상황이다. 이와 관련하여 2017년 대법원 판례를 자세히 살펴볼 필요가 있다. 이 사건의 대상지는 지구단위계획상 단독주택용지이고, 제2종 근린생활시설(일반음식점)이 허용용도로 지정되어 있었다. 토지소유자는 1층을 지구단위계획에 따라 일반음식점으로 허가를 받아 사용해 오다가 2종 근린생활시설인 1,000m² 미만의 자동차영업소로 용도를 변경하였다. 이에 대해 해당 지자체가 시정명령을 하였으나 토지소유자가 이행하지 않게 되면서 건축법에 따라 이행강제금을 부과하게 된다. 그러나, 앞 장에서 설명한 준공 이후의 용도변경에 관한 건축법의 규정에 따르면, 같은 시설군에서 용도를 변경하는 경우에는 허가나 신고 없이 건축물대장의 기재내용만 변경하면 가능하고, 특히 건축법 시행령 별표1에서 정하는 건축물 용도 분류의 각 호에 속하는 건축물 상호 간의 용도변경이나 제1·2종 근린생활시설 상호 간의 용도변경은 심지어 건축물대장 기재도 불필요하다. 따라서, 이 사건에서 같은 2종 근린

---

[27] 대법원 2011.9.8. 선고 2009도12330 판결 (국토의계획및이용에관한법률위반)

대구광역시가 산격종합유통단지 지구단위계획에서 해당 도매단지 내 각 건축물용도를 구체적인 취급품목을 기준으로 권장용도와 불허용도를 지정하였으나, 피고가 '섬유관련 제품'만을 판매할 수 있는 섬유제품관 내에서 '가전제품'을 판매함으로써 지구단위계획에 적합하지 않는 용도로 변경하였다는 이유로 기소된 사건.

대법원은 ① 대구광역시가 대구광역시는 「대구광역시 종합유통단지 조성 및 분양에 관한 조례」를 제정하여 대구광역시 북구 산격동, 검단동 일원에 조성하는 종합유통단지에 무역센타, 도매단지, 물류단지, 기타 시설을 조성하도록 하고, 위 단지에 유치할 업종, 입주업태, 지역제한 등 구체적인 사항을 대구광역시장이 별도로 정하도록 위임한 사실, ② 대구광역시장이 산격종합유통단지를 조성하여 도매단지 용지를 분양하면서 그 지상에 건립될 섬유제품관, 일반의류관, 산업용재관, 전자상가·전자관, 전기재료관·전기조명관, 비철금속관의 각 시설별 입주업종을 제한하여 분양한 사실을 근거로, 구체적인 건축물용도에 대한 계획재량을 인정하였다. 또한 지구단위계획의 용도제한을 반드시 건축법에 따라 해석할 필요는 없다고 판시하였다.

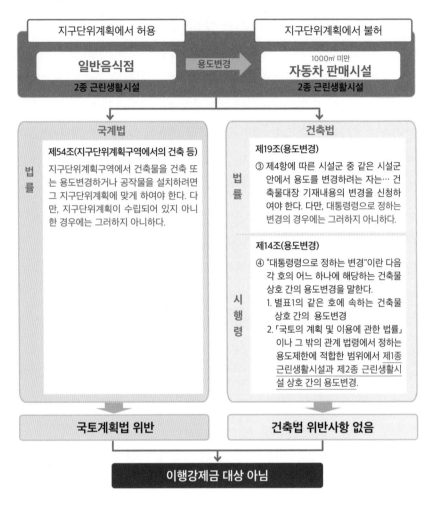

지구단위계획에서 허용	지구단위계획에서 불허
일반음식점	1000㎡ 미만 **자동차 판매시설**
2종 근린생활시설	2종 근린생활시설

용도변경

국계법

제54조(지구단위계획구역에서의 건축 등)

지구단위계획구역에서 건축물을 건축 또는 용도변경하거나 공작물을 설치하려면 그 지구단위계획에 맞게 하여야 한다. 다만, 지구단위계획이 수립되어 있지 아니한 경우에는 그러하지 아니하다.

법률

건축법

제19조(용도변경)

③ 제4항에 따른 시설군 중 같은 시설군 안에서 용도를 변경하려는 자는… 건축물대장 기재내용의 변경을 신청하여야 한다. 다만, 대통령령으로 정하는 변경의 경우에는 그러하지 아니하다.

제14조(용도변경)

④ "대통령령으로 정하는 변경"이란 다음 각 호의 어느 하나에 해당하는 건축물 상호 간의 용도변경을 말한다.
1. 별표1의 같은 호에 속하는 건축물 상호 간의 용도변경
2. 「국토의 계획 및 이용에 관한 법률」이나 그 밖의 관계 법령에서 정하는 용도제한에 적합한 범위에서 제1종 근린생활시설과 제2종 근린생활시설 상호 간의 용도변경.

시행령

국토계획법 위반

건축법 위반사항 없음

이행강제금 대상 아님

그림31. 지구단위계획에 따른 건축물용도 지침 위반과 건축법에 따른 용도변경 규정 위반에 대한 대법원의 해석 (출처: 김지엽·조아라, 2018, p.18)

생활시설인 일반음식점을 1,000m² 미만의 자동차영업소로 변경한 것은 건축법에서는 아무런 제약이 없다. 물론 지구단위계획 지침을 위반한 것이기 때문에 지구단위계획구역에서 건축물을 건축하거나 용도변경하는 경우 지구단위계획에 따라야 한다는 국토계획법 제54조를 위반한 것임에는

분명하다. 그러나, 건축법 위반이 아니기 때문에 이행강제금을 부과할 수 없다는 것이 대법원의 판시 내용이다[28]. 이처럼 지구단위계획에 의한 건축물의 용도 관리는 준공 이후에 발생하는 건축법에 따른 용도변경에 대해서는 구속력이 미흡하다는 법적 한계가 있다.[29]

28   대법원 2017. 8. 23. 선고 2017두42453 판결【이행강제금부과처분취소】

29   김지엽·조아라, "젠트리피케이션 대응을 위한 지구단위계획 건축물용도 제한의 법적 검토와 한계", 도시설계 19(3), 한국도시설계학회, 2018, pp. 5-20.

7장

도시계획 시설과
도시공간의 입체적 활용

학교는 공공시설이 아니다:
공공시설, 기반시설, 도시계획시설의 개념

도시는 주거를 기본으로 도시의 삶을 영위하기 위한 수많은 용도와 기능이 필요하다. 그 중 공공의 영역에서 필요한 시설들이 있다.

가장 기본적으로 도로는 도시의 혈관이다. 도로가 없는 도시는 상상할 수도 없다. 처음 인류가 정착생활을 시작할 때부터 도로는 마을, 지역, 도시에서 사람과 물류의 이동뿐 아니라 소통과 교류를 위한 가장 필수적인 공간이었다. 공원은 쾌적한 도시의 삶을 위해 꼭 필요한 시설이며, 주민센터나 시청, 소방서, 경찰서, 우체국, 학교, 어린이집, 도서관, 운동장 등이 없다면 도시 기능에 문제가 발생할 것이다. 이처럼 도시 속에서 반드시 필요한 기능들을 하나하나 생각하다 보면 공공의 영역에서 담당해야 하는 시설들이 분류된다. 이를 국토계획법에서는 공공시설, 기반시설, 도시계획시설로 규정하고 있다. 주택법의 기간시설과 간선시설, 도정법의 정비기반시설 등 별도의 법률에 따라 규정되는 시설도 있다. 이 용어들은 유사한 듯하지만, 엄밀하게 그 의미는 모두 다르기 때문에 정확하게 구분해서 이해할 필요가 있다.

먼저 공공시설은 국토계획법에서 도로, 공원, 철도 등 대통령령으로 정하는 "공공용 시설"이라고 그 의미를 명확하게 정의하고 있다[1]. 여기서 "공공용(公共用)"은 주로 일반 대중이 사용하는 시설이라는 의미이다. 이러

---

1   국토계획법 제2조(정의) 제13호

한 정의는 공유재산법에서도 유추해 볼 수 있다. 공유재산법에서는 공유
재산을 행정재산과 일반재산으로 분류하면서 행정재산은 공용(公用)재산과
공공용(公共用)재산으로 구분하고 있는데, 공용재산은 지방자치단체가 직접
사무용이나 사업용, 거주용 등으로 사용하는 재산이고, 공공용재산은 지방
자치단체가 직접 공공용으로 사용하거나 사용하기로 결정한 재산으로 정
의된다². 이를 통해 볼 때 공공청사는 주로 지자체 등 행정이 직접 사용하
는 시설이기 때문에 공용재산에 해당하고, 따라서 국토계획법에 따른 공
공시설에는 해당하지 않는다. 학교도 마찬가지이다. 최근 3기 신도시나 학
교 관련 계획을 보면 학교를 커뮤니티 시설로 설정하여 동네 주민들의 공
공공간으로 활용하도록 계획하는 경우를 종종 보게 되는데, 이것은 학교의
특성을 공공시설로 잘못 이해하고 있기 때문이다. 학교는 일반 대중이 사
용하는 시설이 아니라 특정 학생들을 위한 시설이기 때문에 교직원과 학
생들이 아니면 일반인이 마음대로 출입할 수 없다. 왜냐하면 학생들의 안
전과 교육환경이 가장 중요하기 때문이다. 따라서, 학교는 국토계획법에
따른 공공시설이 아니며, 학교를 커뮤니티 시설로 활용하는 데는 근본적인
한계가 있다.

공공시설과 달리 기반시설은 명확한 법적 정의가 없다. 국토계획법에
서는 기반시설을 단순히 도로, 철도, 항만, 공항, 주차장 등의 교통시설, 광
장이나 공원, 녹지 등의 공간시설, 학교, 공공청사, 문화시설, 체육시설 등
의 공공·문화체육시설, 유통업무설비나 방송통신시설 등의 유통·공급시
설 등으로 나열하고 있을 뿐이다³. 이처럼 국토계획법과 시행령에서 나열
되어 있는 시설들을 종류와 기반시설이라는 의미를 생각해 보면, 기반시설

2   공유재산 및 물품관리법 제5조(공유재산의 구분과 종류)
3   국토계획법 제2조 제6호

그림1. 국토계획법에 따른 공공시설, 기반시설, 도시계획시설의 개념

은 도시 내에서 반드시 필요한 인프라스트럭쳐(infrastructure)라는 것을 의미한 것으로 보인다.

그러나 국토계획법의 분류에 따른 공공시설 종류를 기반시설 종류와 비교해 보면 거의 차이가 없다. 다만, 앞서 설명한 바와 같이 공공청사와 학교는 기반시설에만 해당하고 공공시설은 아니다. 또한, 특이하게 구거는 공공시설에 해당하지만 기반시설에는 해당하지 않는다. 이처럼 학교, 공공청사를 제외하고, 대부분의 공공시설은 기반시설에도 해당한다.

정비기반시설은 도정법에서 도로, 상하수도, 공원, 공용주차장, 공동구 등 재건축이나 재개발사업 등의 정비사업에서 필요한 기반시설을 따로 정하고 있는 것이다[4]. 도정법상 정비기반시설에 해당한다면 정비사업 시 무상귀속과 무상양도 대상이 되고, 도시개발사업에서는 공공시설이 무상귀속 대상이기 때문에 같은 시설이라 할지라도 규율하는 법률에 따라 무상귀속 대상이 달라지게 된다.

마지막으로 국토계획법에서 도시계획시설은 기반시설 중 도시관리계

[4]   도정법 제2조 제4호

획으로 결정된 시설로 정의된다[5]. 따라서 도시관리계획에서 도시계획시설로 결정이 되어야 법적인 도시계획시설이 된다. 주변에서 우리가 무심코 사용하는 도로 중에서는 도시계획도로가 아니라 사유지인 현황도로도 매우 많다. 공원도 마찬가지이고, 주차장, 유원지, 문화시설이나 사회복지시설 등도 도시계획시설 결정 없이 민간이 설치하고 운영하는 시설도 많다. 그렇다면 도시계획시설로 결정되면 어떻게 법적 성격이 달라지는지가 중요할 것이다.

5 국토계획법 제2조 제7호

도시계획시설의 법적 성격

어떤 토지가 도시관리계획을 통해 도시계획시설로 결정된다면 해당 토지 재산권에 많은 제한이 생길 수밖에 없다. 결정된 도시계획시설로만 해당 토지를 사용해야 하는 족쇄가 채워지게 되는 것이다. 이처럼 도시계획시설 결정은 토지재산권에 중요한 영향을 미치게 되며, 그 의미는 해당 기반시설이 반드시 그 토지에 지속되어야 한다는 의미이다. 또한, 어떤 기반시설이 도시계획시설로 결정된다면 지자체장은 해당 도시계획시설을 설치할 의무가 발생하게 된다. 그리고, 도시계획시설사업 시행자에게는 해당 시설 설치를 위한 토지 수용권이 부여된다[6].

중요한 점은 도시계획시설 사업시행자는 국가나 지자체 등의 공공뿐아니라, 도시계획시설 사업을 위한 토지 면적의 3분의 2 이상에 해당하는 토지를 소유하고(국공유지를 제외) 토지소유자 총수의 2분의 1 이상에 해당하는 자의 동의를 얻는다면 민간도 될 수 있다는 것이다[7]. 따라서 민간도 도시계획시설사업의 시행자가 된다면 토지 수용권을 행사할 수 있게 된다.

헌법에 관한 앞 장에서도 언급했던 제주 예래휴양단지 판례는 민간이 도시계획시설 사업시행자가 되어 토지수용권을 부여받아 발생한 사건이었다. 민간이 운영하는 상업시설인 L마트가 도시계획시설로 결정되어 발

---

6 국토계획법 제95조(토지 등의 수용 및 사용) ① 도시·군계획시설사업의 시행자는 도시·군계획시설사업에 필요한 다음 각 호의 물건 또는 권리를 수용하거나 사용할 수 있다.
1. 토지·건축물 또는 그 토지에 정착된 물건
2. 토지·건축물 또는 그 토지에 정착된 물건에 관한 소유권 외의 권리

7 국토계획법 제86조 제5항, 제7항; 국토계획법 시행령 제96조

생한 2009년 청주지방법원 판례도 이와 같은 문제와 함께 도시계획시설의 개념에 대한 쟁점을 생각하게 해준다.

　충청북도 도지사는 1992년 청주시 내 148,400m² 규모의 토지를 도시계획시설인 유통업무설비로 도시관리계획을 결정하였다. 이 대지를 L마트주식회사가 대형마트인 L마트를 개발하기 위해 토지를 대부분 확보하고, 2007년 10월 청주시에 도시계획시설사업 시행자로 지정해 줄 것을 신청하였다. 대부분의 사람들은 L마트가 왜 도시계획시설에 해당할까? 라는 의문이 들겠지만, '도시계획시설의 결정·구조 및 설치기준에 관한 규칙(이하 "도시계획시설규칙")'에 따라 도시계획시설의 유통업무설비의 종류에 "대규모 점포"가 포함되어 있기 때문에 민간의 대형마트도 이 '대규모 점포'에 해당한다는 주장이었다. 이에 대해 청주시는 2008년 1월 L마트주식회사가 법적 요건을 충족하였기 때문에 도시계획시설 사업시행자로 지정하긴 했으나, 당시 청주시에는 이미 7개의 대형마트가 영업하고 있었고 대형마트에 대한 전통시장 상인들의 반발이 커지고 있는 상황이었다. 이에 대해 청주시는 "대형점 입점에 따른 업무개선지침에 의한 대형점 입점은 불허한다."는 조건을 부과하게 된다. 당연히 L마트주식회사는 이에 불복하여 행정심판을 청구하였으나 기각당하자 행정소송을 제기한 것이다.

　원고인 L마트주식회사의 주장은 간단하다. 해당 토지는 도시계획시설인 유통업무설비로 지정되었고, 도시계획시설규칙에 따르면 유통업무설비 지역에 대규모 점포를 설치할 수 있으며[8] 도시계획 세부결정에도 대규모 점포(대형점)는 소매시장이 세부시설로 규정되어 있기 때문에, 법령에서 허

8　'도시계획시설의 결정·구조 및 설치기준에 관한 규칙' 제62조에 따른 유통업무설비 종류: 물류단지, 대규모점포, 임시시장, 전문상가단지 및 공동집배송센터, 농수산물도매시장, 농수산물공판장 및 농수산물종합유통센터, 자동차경매장, 물류터미널, 화물차 공영차고지, 화물 운송 · 하역 및 보관시설, 축산물보관장 , 창고 및 야적장 등

용하고 있는 조건 이외에 청주시장이 다른 조건을 부과한 것은 도시관리계획결정에 위배되며 재량권을 넘어서는 위법한 행정행위라는 것이었다.

반면 청주시의 방어논리는 "도시관리계획 결정에서 대형점 설치를 명시적으로 허용한 적이 없고, 도시계획 세부결정상 '소매시장'의 개념에 대형점이 포함된다고 하더라도 그 지역에 반드시 대형점이 설치되어야 하는 것은 아니다."라는 모호한 주장을 하였다. 또한, 대형점이 설치될 경우 재래시장 및 중소상인들의 매출 감소, 중소 유통업에 종사하던 사람들의 실업률 증가, 청주의 점포에서 발생하는 매출 이익이 다른 지역의 본사로 송출하여 지역의 부가 고갈, 다른 지역의 산물을 들여와 판매함으로써 지역 생산자의 판로 위축, 비효율적인 유통구조로 지역물가 상승 유발, 과도한 경쟁으로 인한 불공정한 거래 야기, 인구 대비 적정 비율인 대형점 7개를 초과함으로써 지역경제에 악영향 등의 법적 근거가 아닌 사회, 경제적 이유를 주요 근거로 들었다.

결국 청주지방법원은 "청주시가 재래시장 활성화나 중·소 유통·판매업자 보호의 공익적 요소를 고려한 것은 정당하고 이것 자체가 재량의 일탈·남용에 해당하지는 않지만, 대규모 점포(대형점)가 입점할 경우…… 지역 생산자의 판로를 위축시키고, 비효율적인 유통구조로 지역물가 상승을 유발하며, 과도한 경쟁으로 불공정한 거래를 야기할 것이라는 등의 나머지 예측은 구체적, 합리적 근거가 없어 도무지 수긍이 가지 않는다. ……피고가 내세운 사유만으로는 이 사건 처분에 이 사건 불가 조건이 부가됨으로 인하여 원고가 입게 될 재산상의 불이익을 정당화할 정도로 큰 공익상 필요가 있다고 인정하기 어렵다. 이런 사정을 모두 고려할 때 이 사건 처분은 재량의 한계를 넘어선 것으로 보아야 하므로, 나아가 나머지 점에 관하여 살필 필요 없이 위법하다[9]."라고 판시하며, L마트 손을 들어주었다.

이에 따라 도시계획시설 사업시행자로서 토지 수용권을 얻게 된 L마트주식회사는 당시 부지 내에 포함되어 있던 청주시 소유의 공유지까지 수용가에 취득하게 되는 일도 발생하게 되었다.

이와 같은 일련의 사건들은 기반시설의 정의에 대해서도 생각해 보게 한다. 선술한 바와 같이 국토계획법에서 기반시설의 정의는 없으며 교통시설, 공간시설, 유통공급시설, 방재시설, 공공·문화체육시설 등의 유형 분류에 따라 2021년 1월 현재 총 46종의 세부시설들이 시행령에 열거되어 있다. 이것은 해당 기반시설의 종류를 도입할 당시 도시 내 반드시 필요한 시설들로 생각되는 것들을 하나하나 포함시킨 것이다. 따라서 사회적, 경제적 여건변화에 따라 더 이상 기반시설로 분류할 필요가 없는 시설들도 나타나게 되었다. 대표적으로 수영장이나 골프연습장 등은 과거에는 체육시설로 분류되어 기반시설로 확보할 필요가 있었겠지만, 우리나라의 경제적 수준이 높아감에 따라 더 이상 기반시설로 확보할 필요가 없어진 시설들이다. 청주시 사건에서 본 유통업무설비의 대규모 점포도 마찬가지이다. 시장을 기반시설로 확보해야 할 필요성이 있었던 과거에 대규모 점포의 의미는 시장이나 공판장과 같은 형태였으나, 경제적 수준이 발전하면서 대형마트나 쇼핑몰 등 민간의 영역에서 개발되는 상업형태의 발달로 인하여 그 의미가 확대되었고 기반시설로써의 역할도 모호해지게 된 것이다.

또한 유통업무설비의 설치기준에서 부대시설 및 편의시설의 종류로 설치가 가능한 사무소, 점포, 연구시설 등의 비율이 규정되어 있지 않아 유통업무설비라고 보기 어려운 기업의 사옥이나 업무시설들도 도시계획시설로 설치되는 경우가 발생하고 있다[10]. 따라서, 국토계획법에서 규정하

---

9   청주지방법원 2009. 6.11. 선고 2008구합1318 판결(도시계획시설사업시행자지정처분 중 조건에 대한 취소)

10   도시·군계획시설의 결정·구조 및 설치기준에 관한 규칙 제64조(유통업무설비의 구조 및 설치기준) ②유통업무설비에 설치할 수 있는 부대시설 및 편익시설의 종류는 다음 각 호와 같다.

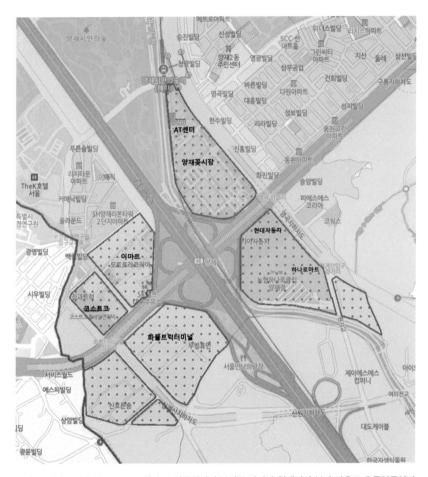

그림2. 양재IC 일대의 코스트코, 이마트, 화물터미널 부지뿐 아니라 현대기아 본사 사옥도 유통업무설비인 도시계획시설로 결정되어 있다. (출처: 서울시 도시계획포털)

1. 부대시설: 사무소, 점포, 주차장, 종업원용 기숙사, 주유소, 「대기환경보전법」 제58조제3항제2호에 따른 시설 및 유통업무와 관련된 연구시설·금융시설·교육시설·정보처리시설
2. 편익시설: 제33조제2항제2호 각 목에 해당하지 아니하는 시설
3. 제1호 및 제2호의 시설과 유사한 시설로서 도시·군계획시설결정권자 소속 도시계획위원회의 심의를 거친 시설

고 있는 기반시설의 개념과 종류에 대해서는 전반적인 개선이 필요한 상
황이다.

도시의 핵심 기반시설이자
공공시설로서 도로

도시계획시설 중 가장 많은 비중을 차지하는 것은 도로와 공원일 것이다. 특히, 도로는 도시의 핏줄이며, 도로가 없는 도시는 존재할 수도 없다. 따라서 도로는 가장 중요한 기반시설이고, 이를 도시계획시설로 결정하여 설치하고 관리한다. 그러나, 우리가 이용하는 모든 도로가 도시계획시설인 것은 아니다. 사유지 내 설치된 사도도 매우 많다. 건축법에서는 건축이 가능한 대지는 반드시 도로에 2m 이상 접하도록 하고 있고[11], 이때 도로는 도시계획시설인지 여부와 상관없이 보행과 차량의 통행이 가능한 4m이상의 폭을 가진 도로로 정의하고 있다[12].

　　도로에 대한 구체적인 설치 기준 등을 정하고 있는 '도로법'에서는 도로를 고속도로, 일반국도, 특별시도/광역시도, 지방도, 시도, 군도, 구도 등 7개로 구분하며[13], 국토계획법에 따른 시행규칙인 '도로의 구조·시설 기준에 관한 규칙(이하 "도로규칙")'에서는 도로법에서 구분한 도로의 종류를 고속도로와 일반도로로 분류한 후 다시 일반도로를 기능에 따라 주간선도로, 보조간선도로, 집산도로, 국지도로로 구분하고 있다[14]. 이처럼 도로법과 도로규칙에서는 기능과 위계에 따라 자동차 관점에서의 도로 유형을 구분하

---

[11]　건축법 제44조(대지와 도로의 관계)

[12]　건축법 제2조(정의) 제11호

[13]　도로법 제8조

[14]　도로규칙 제3조

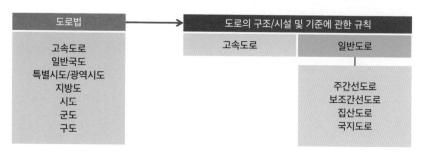

그림3. 도로법과 도로규칙에 따른 도로의 구분

고 있다.

　도로교통법에서는 도로법, 유료도로법, 농어촌도로정비법에서의 도로
뿐 아니라, 실제로 불특정 다수의 사람 또는 차마가 통행할 수 있도록 공개
된 장소까지 포함하여 도로를 가장 포괄적으로 정의하고 있다. 도로교통법
역시 주된 목적은 보행자에 대한 고려가 아니라 차량의 원활한 소통이다[15].

　보행자 관점에서 도로의 유형을 구분해 본다면, 보행자가 전혀 사용
할 수 없는 도로, 자동차가 우선인 도로, 그리고 보행과 자동차가 혼용하는
도로와 보행자만 통행할 수 있는 보행자전용도로로 구분해 볼 수 있다.

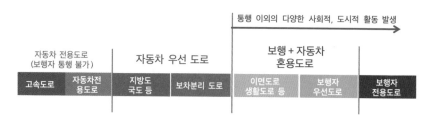

그림4. 보행자 관점에서 도로 유형 분류

15　도로교통법 제1조(목적) 이 법은 도로에서 일어나는 교통상의 모든 위험과 장해를 방지하고 제거하여
　　　안전하고 원활한 교통을 확보함을 목적으로 한다.

264

그림5. 우리 도시의 많은 부분을 차지하는 보도 없는 이면도로들은 차량에 의한 위험에도 불구하고 통행 뿐 아니라 다양한 사회적, 도시적 활동들을 담아내고 있다.

이중에서 보차분리가 되어 있지 않은 이면도로는 우리 도시 내 가장 많은 도로 유형이며[16], 수퍼블록으로 구성되어 있는 서울의 도시구조에서 블록의 내부는 거의 대부분 보차분리가 되어 있지 않은 도로로 조성되어 있다. 특히 근린생활시설이 활성화되어 있는 이면도로에서는 단순한 통행 뿐 아니라 구경하고, 쇼핑하고, 산책하고, 사람을 만나고, 대화를 나누며, 앉아 쉬기도 하는 다양한 사회적, 도시적 활동들이 일어난다. 그럼에도 불

---

16 2014년 자료에 의하면, 서울시 도로의 약 77.5%가 12m 이하 도로이며, 40% 정도는 1차로 이하의 도로이고, 보도가 차도와 분리되어 설치된 곳은 34%에 불과하다.(서울특별시 도로계획과), 「2014 도로통계」, 2013. 12. 31.

구하고 이러한 이면도로들은 보행환경이 열악한 경우가 대부분이며, 실제로 교통사고도 많이 발생하고 있다[17].

이처럼 우리의 도시 속에서 보행에 대한 고려는 많이 미흡한 상황이다. 도로규칙에서 보도의 설치는 "보행자의 안전과 자동차 등의 원활한 통행을 위하여 필요한 경우에" 보도를 설치해야 한다고 규정 할 뿐, 일반적인 도로에서 보도설치는 해당 도로의 관리권자에게 유보하고 있다[18]. 또한 8m 이하 도로에서는 보도를 분리하여 설치하는 것이 물리적으로 어렵다. 이런 상황 속에서 도로교통법에서는 여전히 보행자를 차량의 소통을 방해하는 장애물로 인식하고 있다. 그나마 2012년 제정된 '보행안전 및 편의증진에 관한 법률(이하 "보행법")'에서는 처음으로 보행권 개념을 도입하여 보행자 관점의 법적 근거를 제공하고 있다[19]. 그러나 아직 보행법에 의한 보행자길이라 해도 자연공원법에 의한 공원구역이나 도시공원법에 의한 도시공원 내 보행자의 통행 장소 이외의 도로는 여전히 도로교통법의 적용을 받게 되어 있다[20].

따라서 보차혼용도로의 개념을 바탕으로 한 보행자우선도로는 이면도로의 상황을 개선할 수 있는 매우 중요한 수단이다. 보차혼용도로는 이미 1976년 네덜란드의 보네르프(Woonerf)에서 도입되었는데, 주거 지역의 도로에서 자동차와 보행자의 공존을 위한 방법으로 시작되었다. 독

---

17   보행자 교통사고의 약 50% 정도가 3m~9m 도로에서 발생하고 있다. (도로교통공단, "교통사고 종합분석: 사망사고 특성분석을 중심으로" 2013); 오성훈·김지엽·박예솔, "보행자우선도로의 보행권확보를 위한 관련법 개선방안", 2014, 「국토계획」 49(8), 대한국토·도시계획학회, 2014, pp.80-81.

18   도로규칙 제16조

19   보행법 제3조(보행권의 보장) ① 국가와 지방자치단체는 이 법 또는 다른 법률에서 정하는 바에 따라 공공의 안전 보장, 질서 유지 및 복리 증진을 저해하지 아니하는 범위에서 국민이 쾌적한 보행환경에서 안전하고 편리하게 보행할 권리를 최대한 보장하고 진흥하여야 한다.

20   오성훈·김지엽·박예솔, 2014, 전게논문 (각주17)

그림6. 보차혼용도로 개념인 공유공간(Shared Space)으로 조성된 영국 런던의 익지비션 로드(Exhibition Road): 도로이지만 하나의 공간을 보행자와 차량이 공유한다.

일의 30구역(Tempo 30 Zone), 영국의 홈존(Home Zone), 일본의 커뮤니티존 (Community Zone) 등도 같은 개념이며, 한 발 더 나아가 네덜란드나 영국에서 조성한 공유공간(Shared Space)은 차량과 보행공간의 경계를 최소화하여 보행자 위주의 도로를 조성한 것이다. 또한 보차혼용도로에서는 보행자에게 우선권을 부여하고 차량의 속도는 보행속도를 초과할 수 없도록 하는 등의 법적 근거도 법률을 통해 마련하고 있다[21].

우리나라에서는 2012년 '도시·군계획시설의 결정·구조 및 설치기준에 관한 규칙'에서 처음 보행자우선도로를 도입하였고, 2016년에는 국토계획법 시행령에서 도로의 종류로 추가되었으며, 가장 최근인 2022년 1월에는 보행법도 보행자우선도로를 도입하여 법률적 근거를 확보하게 되었다.

또한, 2022년 1월 도로교통법이 개정되기 이전에는 보차분리가 없는 도로를 통행할 때는 길가장자리구역으로만 통행해야 한다는 한계가 있어 보행자우선도로라 할지라도 보행자가 도로의 전 부분을 활용할 수 있는

---

21   네덜란드의 '1990 Traffic Rules and Sign Regulations (RVV 1990)'이나 영국의 'The Highway Code' 등이 있다.

그림7. 서울시의 보행자우선도로 조성 사례

법적 근거가 미흡했지만, 2022년 1월 개정된 도로교통법에서 드디어 보행자우선도로뿐 아니라 중앙선이 없는 이면도로에서도 보행자가 도로의 전 부분을 통행할 수 있는 권리를 확보하게 되었다. 앞으로도 보차분리가 없는 이면도로는 도로의 개념이 아닌 생활가로의 개념을 바탕으로, 차량의 소통보다는 도시의 다양한 활동을 담아내는 공간으로 개선해 나가야 한다.

> **도로교통법 제8조(보행자의 통행): 2022년 1월 개정**
> ① 보행자는 보도와 차도가 구분된 도로에서는 언제나 보도로 통행하여야 한다. 다만, 차도를 횡단하는 경우, 도로공사 등으로 보도의 통행이 금지된 경우나 그 밖의 부득이한 경우에는 그러하지 아니하다.
> ② 보행자는 보도와 차도가 구분되지 아니한 도로 중 중앙선이 있는 도로(일방통행인 경우에는 차선으로 구분된 도로를 포함한다)에서는 길가장자리 또는 길가장자리구역으로 통행하여야 한다.
> ③ 보행자는 다음 각 호의 어느 하나에 해당하는 곳에서는 도로의 전 부분으로 통행할 수 있다. 이 경우 보행자는 고의로 차마의 진행을 방해하여서는 아니 된다.

1. 보도와 차도가 구분되지 아니한 도로 중 중앙선이 없는 도로(일방통행인 경우에는 차선으로 구분되지 아니한 도로에 한정한다. 이하 같다)
2. 보행자우선도로
④ 보행자는 보도에서는 우측통행을 원칙으로 한다.

도시계획시설의 입체적 설치

도시의 입체적 개발은 토지의 활용을 고도화하고, 보다 효율적인 도시공간의 조성을 위해 필수적인 방법이다. 이를 위해 기반시설의 입체적 설치도 반드시 필요하며, 국토계획법에서는 도시계획시설의 중복결정, 입체적 결정, 공간적 범위 등의 기법을 통해 도시계획시설의 입체적인 설치를 위한 수단들을 규정하고 있다.

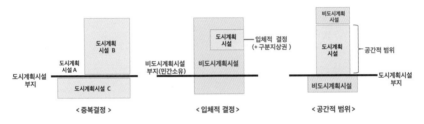

그림8. 입체적으로 도시계획시설을 결정하는 방법

도시계획시설의 중복결정은 하나의 도시계획시설 부지 내 또는 상하부 일부에 또 다른 도시계획시설을 설치할 경우에 사용한다. 도시계획시설이 결정된 민간 소유의 토지뿐 아니라 국공유지인 경우에도 각각의 도시계획시설의 기능에 문제가 없다면 여러 개의 도시계획시설 설치는 큰 무리가 없다.

> **도시계획시설 규칙 제3조(도시·군계획시설의 중복결정)**
> ① 토지를 합리적으로 이용하기 위하여 필요한 경우에는 둘 이상의 도시·군계획시설을 같은 토지에 함께 결정할 수 있다. 이 경우 각 도시·군계획시설의 이용에 지장이 없어야 하고, 장래의 확장가능성을 고려하여야 한다.

그림9. 도로+사회복지시설+근린공원을 도시계획시설 중복결정한 사례 (어린이집은 삼성문화재단에서 건립 후 구청에 기부채납)

도시계획시설의 입체적 결정은 민간 토지의 상하 일부에 도시계획시설을 설치하는 경우에 사용한다. 이때 해당 시설은 도시계획시설로써 법적 지위를 갖게 되지만, 토지지분을 확보하거나 구분지상권을 설정하여 토지에 대한 사용·수익권한을 별도로 확보해야 한다. 입체적 결정을 통해 많은 도로나 철도, 지하도로 등의 도시계획시설들이 민간의 땅 상하부에 설치되어 있으며, 정비사업이나 개발사업 등에서 민간소유 건물 내 일부를 공공청사나 도서관, 어린이집, 청소년시설, 창업공간 등의 도시계획시설로 설치하도록 하여 기부채납 또는 공공기여로 확보하고 있다.

도시계획시설 규칙 제4조(입체적 도시·군계획시설결정)
① 도시·군계획시설이 위치하는 지역의 적정하고 합리적인 토지이용을 촉진하기 위하여

필요한 경우에는 도시·군계획시설이 위치하는 공간의 일부만을 구획하여 도시·군계획
시설결정을 할 수 있다. 이 경우 당해 도시·군계획시설의 보전, 장래의 확장가능성, 주변
의 도시·군계획시설 등을 고려하여 필요한 공간이 충분히 확보되도록 하여야 한다.

② 제1항의 규정에 의하여 도시·군계획시설을 설치하고자 하는 때에는 미리 토지소유자,
토지에 관한 소유권외의 권리를 가진 자 및 그 토지에 있는 물건에 관하여 소유권 그 밖
의 권리를 가진 자와 구분지상권의 설정 또는 이전 등을 위한 협의를 하여야 한다.

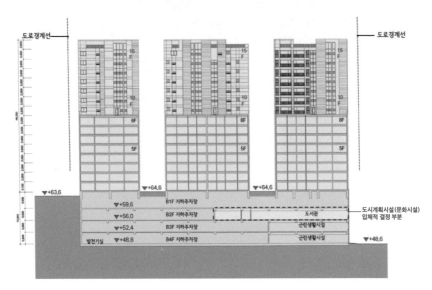

그림10. 인허가 조건인 부관으로 기부채납하는 문화시설을 입체적 결정으로 도시계획시설을 조성한 사
례: 토지에 대한 지분확보 또는 구분지상권 설정도 필요하다. (용마산역세권 공공임대주택 지구단위계획, 2019)

이처럼 중복결정이나 입체적 결정은 그 쓰임이 매우 명확하다. 그러나
한 부지에 도시계획시설과 비도시계획시설을 같이 설치하는 공간적 범위는
보다 깊은 이해가 필요하다. 중복결정과 입체적 결정은 도시계획시설 규칙
에서 다루고 있지만, 공간적 범위는 법률인 국토계획법을 근거로 하고 있다.
국토계획법상 원칙적으로는 도시계획시설이 설치된 부지의 지상, 지하 어
느 부분에도 도시계획시설이 아닌 시설의 설치가 금지되어 있다. 다만, 시장
등 허가권자가 대통령령이 정하는 경우에 해당한다면 도시계획시설이 결정

된 토지의 지상이나 수중, 공중, 지하 등에 비도시계획시설 설치를 허가할 수 있다는 예외조항을 두고 있다. 이것이 공간적 범위의 근거 조항이다.

여기서 대통령령으로 정하는 예외적인 경우란 시행령 제61조 제1호에 따라 도시계획시설로 사용되는 부분에 대해 공간적 범위를 설정하고 나머지 부분에 대해 비도시계획시설을 설치하는 경우와, 제3호에 따라 도로법 등에서 규정하는 국공유지에 대한 점용허가를 받아 건축물이나 공작물을 설치하는 경우이다.

국토계획법 제64조(도시 · 군계획시설 부지에서의 개발행위)

① 특별시장·광역시장·특별자치시장·특별자치도지사·시장 또는 군수는 도시·군계획시설의 설치 장소로 결정된 지상·수상·공중·수중 또는 지하는 그 도시·군계획시설이 아닌 건축물의 건축이나 공작물의 설치를 허가하여서는 아니 된다. 다만, 대통령령으로 정하는 경우에는 그러하지 아니하다.

국토계획법 시행령 제61조(도시·군계획시설부지에서의 개발행위)

1. 지상·수상·공중·수중 또는 지하에 일정한 공간적 범위를 정하여 도시·군계획시설이 결정되어 있고, 그 도시·군계획시설의 설치·이용 및 장래의 확장 가능성에 지장이 없는 범위에서 도시·군계획시설이 아닌 건축물 또는 공작물을 그 도시·군계획시설인 건축물 또는 공작물의 부지에 설치하는 경우
3. 「도로법」등 도시·군계획시설의 설치 및 관리에 관하여 규정하고 있는 다른 법률에 의하여 점용허가를 받아 건축물 또는 공작물을 설치하는 경우

따라서 공간적 범위를 결정하면, 해당 범위에 설치되는 도시계획시설 이외의 공간에는 비도시계획시설 설치가 가능하다. 이때 도시계획시설 부지가 민간 소유일 경우에는 공간적 범위 이외에 설치되는 비도시계획시설은 해당 도시계획 시설의 기능에 지장이 없는 범위 내에서 용도지역 상 가능한 시설들이 허용된다[22]. 그러나, 국공유지에 설치된 도시계획시설일 경우에는 간단하지 않다. 왜냐하면 국유재산법이나 공유재산법 모두 국공유 소유의 토지에는 국가나 지자체 이외의 자는 건물을 포함한 영구시설물을

축조하지 못하도록 하고 있기 때문이다[23]. 다만, 예외적으로 공유재산인 경우는 해당 지자체에 기부하는 조건으로 축조하거나, 다른 법률에 따라 지자체에 소유권이 귀속되는 공공시설을 축조[24], 또는 현재 또는 장래의 공유재산 사용과 이용에 지장을 주지 않는 범위에서 해당 공유재산의 공중·지상·지하에 공작물을 설치하는 경우[25]에 한하여 가능하다. 서울시는 이러한 경우에 설치할 수 있는 비도시계획시설을 공공목적의 시설에 한정하고, 수익시설의 경우에는 도시계획위원회 등의 심의를 통해 허용할 수 있도록 하고 있다.[26] 또한, 국공유지에는 민간의 사권 설정도 제한되기 때문에 설사 민간이 국공유지에 건물이나 시설을 설치한다 할지라도 그 시설을 사용하고 수익할 수 있는 물권 설정이 불가능하다[27].

특히, 도로는 일반적인 국공유재산보다 더욱 엄격하게 사권 설정이 제한되어 있다. 따라서 우리나라에서는 국공유지 상하부 일부에 민간이 건축물 등을 개발하여 활용하는 것은 근본적으로 한계가 있다. 일본이나 유럽 등의 도시에서 흔하게 볼 수 있는 것처럼 도로나 철도 상하부를 민간 자본으로 개발하여 도시공간을 입체적으로 활용하는 사례가 실현되기 어려운 이유이다.

따라서, 국공유지인 도시계획시설 부지에서 민간이 공간적 범위를 설정하여 비도시계획시설을 설치하는 것은 간단한 문제가 아니다. 일단 다음 사랑의 교회 사건을 검토해 보자.

---

22 공공소유의 도시계획시설인 경우에는 공공목적의 시설만 허용된다. 단, 해당 도시계획시설의 운영을 위해 필요한 경우 도시계획위원회 심의를 통해 수익시설의 설치가 제한적으로 허용된다.

23 국유재산법 제18조(영구시설물의 축조 금지), 공유재산법 제13조

24 공유재산법 제9조(영구시설물의 축조 금지)

25 공유재산법 시행령 제9조

26 행정2부시장방침 제269호, 2021.12. '도시계획시설 중복·복합화 운영기준 개선'

27 국유재산법 제11조(사권 설정의 제한); 공유재산법 제19조(처분 등의 제한) – 다만, 제1항 제3호에 따라 공익사업 시행을 위해 해당 행정재산의 목적과 용도에 장애가 되지 아니하는 범위에서 공작물의 설치를 위한 지상권 또는 구분지상권을 설정하는 경우 등은 가능하다.

사랑의 교회 사건의 쟁점과
도로점용허가

몇 년 전 사랑의 교회 사건이 이슈가 되었다. 서울시 서초구 서초역에 인접한 대지에 사랑의 교회를 신축하는 과정에서 서초구는 부지 동측에 연접한 공유지인 도로 하부 부분에 대해 도로점용허가를 내 주었고, 이에 따라 사랑의 교회가 도로 하부에 예배당과 지하주차장 램프 등을 건축한 것이 문제가 된 것이다. 이것은 앞에서 언급한 국토계획법 시행령 제61조 제3호에 따른 도시계획시설의 공간적 범위의 허용 대상인 도로점용허가를 받은 경우에 해당하고, 공유재산법 시행령 제9조에 따라 현재나 장래의 공유재산, 즉 도로의 사용과 이용에 지장을 주지 않는 범위에서 해당 공유재

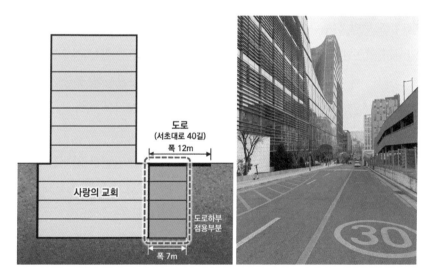

그림11. 도로 하부에 예배당 등 지하공간을 건축하여 도로점용에 대한 법적 논란이 발생한 사랑의 교회 사례

산의 지하에 공작물을 설치하는 경우에 해당하는데, 왜 문제가 되었을까?

먼저 공유지이면서 도시계획시설인 도로가 어떤 법적 성격을 가지고 있는지 파악해야 한다. 도로를 규율하고 있는 도로법의 가장 중요한 목적은 도로의 기능을 온전하게 유지하고 관리하는 것이다. 이를 위해, 도로법은 도로가 사용되는 토지의 상하부에도 도로 이외의 시설 설치를 금지하고 있다. 단, 민간이나 공공이라 하더라도 도로 일부를 사용하기 위해서는 도로점용허가를 받아야 한다[28]. 물론 도로점용허가는 임시적인 성격을 가지고 있다. 예를 들어 건축공사를 위해 도로 한 두개 차선을 막고 레미콘 등의 공사장비가 사용하는 것을 가끔 볼 수 있는데 이러한 경우가 임시로 도로점용허가를 통해 도로를 활용하는 예이다. 노점상이 문제가 되는 것도 적법한 도로점용허가 없이 도로를 무단으로 점유하고 있기 때문이다. 따라서 도로에 도로점용허가를 통해 영구적인 공작물이나 건축물을 설치하는 것은 국공유재산법처럼 엄격하게 제한되어 있을 것이라고 예상할 수 있다. 물론 도로의 상하부에 공작물을 설치하는 것이 전혀 불가능한 것은 아니다. 도로법 시행령에서는 점용허가를 받아 설치할 수 있는 공작물을 나열하고 있는데, 도로의 기능이나 안전 등에 지장을 주지 않는 것으로 대부분 공적인 목적으로 사용되는 전주와 전선, 가로등, 발전시설, 공중전화, 주차장, 철도, 간판 등에 한정된다[29]. 다만 여기에 지하상가와 지하실, 그리고 통로와 육교가 포함되어 있다.

또 하나 도로법에서 도로의 입체적 활용을 막는 강력한 장벽은 사권을 제한하고 있다는 것이다[30]. 즉 도로를 구성하는 토지나 물건에 대해서

---

28   도로법 제38조(도로의 점용)

29   도로법 시행령 제55조 (점용허가를 받을 수 있는 공작물 등)

30   도로법 제4조(사권의 제한) 도로를 구성하는 부지, 옹벽, 그 밖의 시설물에 대해서는 사권(私權)을 행사할 수 없다. 다만, 소유권을 이전하거나 저당권을 설정하는 경우에는 사권을 행사할 수 있다.

는 사권의 설정이나 행사가 엄격하게 금지되어 있다. 따라서 민간이 국공유지인 도로에 공작물 등 영구시설물을 설치한다 해도 소유권은 말할 것도 없고 지상권 등의 용익물권 설정을 통해 사용권이나 수익권을 사용하는 것이 금지되어 있다. 따라서 이러한 상황에서는 민간이 국공유지에 자본을 투자할 수가 없다.

이 글을 읽으면서 서울시 종로구 낙원상가가 생각날 수도 있을 것이다. 낙원상가는 공유지이면서 도로법에 따른 도시계획도로 상부에 15층 규모의 상가와 아파트로 건축되었으며 심지어 아파트들은 분양을 통해 개인들이 소유권까지 가지고 있다. 어떻게 이러한 것이 가능했을까? 낙원상가가 개발된 1960년대 당시는 우리나라의 건축법이나 도시계획법뿐 아니라 도로법 등의 법률들이 갖추어지기 시작한 시기였기 때문에 도로법에 대한 구체적인 개념도 잡혀 있지 않은 상황이었다. 그러나 아파트는 분양을 했지만 당연히 공동주택의 개별 주택 소유권에 포함되어 있는 토지지분이 없는 상황으로 사업이 종료되었다. 따라서 상가 및 점포 임차인들뿐 아니라 아파트를 분양받은 사람들조차 대지에 대한 권리가 없다. 만약 낙원상가를 재건축하기 위해 철거한다면 현재 아파트 소유권을 가지고 있는 소유자들은 땅에 대한 지분이 없기 때문에 난감한 상황에 처하게 된다.

도로뿐 아니라 다른 국공유지도 민간이 토지재산권을 설정하는 것이 제한되어 있다. 박근혜 정부 시절 추진된 행복주택의 모델인 양천구 신정동 양천아파트의 경우는 1990년 국유지이면서 도시계획시설인 지하철 2호선 차량기지 상부에 인공대지를 조성하여 아파트를 개발한 사례이다. 토지는 서울시 교통공사 소유이고 인공대지와 건물은 서울시 도시개발공사 소유인데, 당시 건물등기부에 건물에 대한 구분소유권은 표시되었지만 토지에 대한 공유지분 설정은 (당연히) 법적 근거가 없어 불가능했다. 그나마 국유지 위에 아파트를 개발할 수 있었던 것은 분양이 아닌 임대아파트

그림12. 공유지이자 도시계획시설인 도로 상부에 건축물을 개발한 낙원상가의 경우 건물 소유권자들은 대지에 대한 지분을 인정받을 수 없다.

였기 때문에 가능했던 것이다. 이처럼 우리나라에서는 도로 등 국공유지의 상하부 일부를 민간이 개발하여 활용할 수 있는 법적인 한계가 크다.

그림13. 양천구 신정동 지하철기지 상부에 인공대지를 조성하여 아파트 단지를 조성한 사례. 조성 당시 토지는 지하철공사, 인공대지와 건축물들은 도시개발공사가 소유하고, 건물등기부에는 건물에 대한 구분소유권을 표시하였으나 대지에 대한 권리는 없다.

지하연결통로의
법적 성격과 쟁점

이처럼 국공유지, 특히 도로의 일부를 민간이 활용하는 것은 매우 한정적이지만, 도로 상하부 일부를 민간이 가장 많이 활용하고 있는 것은 연결통로의 경우이다[31].

앞에서 설명을 미룬 도로점용허가를 받아 설치할 수 있는 지하상가와 지하실, 통로와 육교에 관련된 내용을 좀더 살펴보자. 도로법에서는 도로의 상하부 모든 공간에 영구시설물의 설치를 금지하고 있지만, 예외적으로 도로의 기능과 관리에 지장을 주지 않는 범위에서 지하상가와 지하실, 통로, 육교 등은 허용하고 있다[32].

이중 지하연결통로는 도시공간을 입체적으로 연결하여 다양한 보행 동선체계를 만들어 낼 수 있는 매우 유용한 도시계획 및 도시설계 수단이다. 그러나, 대부분의 지하연결통로는 도로의 하부를 관통해야 한다. 도시계획시설이자 공유지인 도로 하부에 다른 구조물을 설치하기 위해서는 도시계획시설로 중복결정하거나, 도시계획시설로 결정하기 어렵다면 도로

---

31 2019년 연구에서 중구에 설치된 총 74개의 지하연결통로를 분석해 본 결과 중구에서 조선호텔과 소공 지하상가 연결통로가 처음 설치된 1976년 이후 꾸준히 지하연결통로 설치를 통해 도시의 입체적 활용을 도모하고 지하공간의 보행 접근성을 강화해 오고 있음을 알 수 있으며, 이러한 경향은 앞으로도 지속될 것으로 예측된다. (김지엽·양희승, "입체적 도시공간 활용을 위한 지하연결통로 설치의 법적 쟁점과 개선 방향-서울시 중구를 사례로", 「대한건축학회 논문집」 35(4), 대한건축학회, 2019, pp.69-79)

32 도로법 시행령 제55조 (점용허가를 받을 수 있는 공작물 등)
법 제61조제2항에 따라 도로점용허가를 받아 도로를 점용할 수 있는 공작물·물건, 그 밖의 시설의 종류는 다음 각 호와 같다.
5. 지하상가·지하실(「건축법」 제2조제1항제2호에 따른 건축물로서 「국토의 계획 및 이용에 관한 법률 시행령」 제61조제1호에 따라 설치하는 경우만 해당한다)·통로·육교, 그 밖에 이와 유사한 것

점용허가가 필요할 것이다. 도시계획시설 결정은 공공필요가 전제되어야 한다. 그렇다면, 도로점용허가를 통해 지하연결통로는 설치할 수 있는 경우는 무엇일까? 다음의 대법원 판례가 중요한 방향을 제시해 준다.

서울시 동대문구에 있는 한 교회는 교회건물 부지와 8m 도로를 사이에 두고 마주한 토지 지상에 지하 7층, 지상 14층 건물의 신축허가를 받은 다음, 해당 교회 건물 지하주차장과 비전센터 지하 2층을 연결하는 지하연결통로를 개설하기 위하여 도로지하 부분에 대한 점용허가를 신청하였다. 그러나 동대문구는 해당 점용허가를 거부하였다. 이에 교회는 동대문구를 상대로 소송을 제기하게 되었다. 그러나 대법원은 해당 지하통로를 기부채납하더라도 교회 건물 및 그 관련 시설의 이용에 제공되는 것 이외에 일반의 공적, 공공적 이용에는 필요하지 않는다는 이유 등으로 도로점용의 목적을 인정하지 않았다[33]. 여기서 알 수 있는 것은 도로점용허가를 통해 지하연결통로가 설치되기 위한 최소한의 기준은 공공적 이용이 전제가 되어야 한다는 것이다. 즉 일반대중이 사용할 수 있어야 한다는 의미이다. 따라서 단지 해당 교회 신자들만이 사용할 수 있는 지하연결통로 설치를 위한 도로점용허가는 적법하지 않다는 것이다.

이 판례는 사랑의 교회 사건에도 그대로 적용된다. 사랑의 교회는 단순한 연결통로를 넘어서 도로의 하부에 예배실, 지하주차장 램프 등 교회 건물의 공간으로 활용하기 때문에 전혀 도로점용허가 요건을 충족할 수가 없다. 따라서 대법원은 해당 도로점용허가가 도로의 "일반 공중의 통행이라는 도로 본래의 기능과 목적에 직접적인 관련이 없으며, 오히려 특정 종교단체가 배타적으로 점유·사용할 수 있도록 함으로써 공익적 성격도 없

---

[33] 대법원 2008. 11. 27 선고 2008두 4985판결

다"고 판시하였다[34]. 한 발 더 나아가 대법원은 해당 도로점용허가를 도로 하부에 대한 사용·수익권을 설정해 주는 임대와 유사한 행위로 보았다[35].

따라서 도로점용허가를 통한 지하연결통로의 설치는 일반 대중이 통행의 목적으로 사용할 수 있어야 한다는 최소한의 공익적 요건이 필요하다는 것을 알 수 있다.

---

34 대법원 2016. 5. 27. 선고 2014두8490 판결 (도로점용허가처분무효확인등)

35 "위 도로점용허가로 인해 형성된 사용관계의 실질은 전체적으로 보아 도로부지의 지하 부분에 대한 사용가치를 실현시켜 그 부분에 대하여 특정한 사인에게 점용료와 대가관계에 있는 사용수익권을 설정하여 주는 것이라고 봄이 상당하다. 그러므로 이 사건 도로점용허가는 실질적으로 위 도로 지하 부분의 사용가치를 제3자로 하여금 활용하도록 하는 임대 유사한 행위로서, 이는 앞서 본 법리에 비추어 볼 때, 지방자치단체의 재산인 도로부지의 재산적 가치에 영향을 미치는 지방자치법 제17조 제1항의 '재산의 관리·처분에 관한 사항'에 해당한다고 할 것이다." 상게서 (각주34)

지하연결통로의 설치 방법

물론 모든 지하연결통로가 도로점용허가를 통해서만 설치될 수 있는 것은
아니다. 도시계획시설인 철도시설이나 도로로 설치되는 경우도 많다. 이

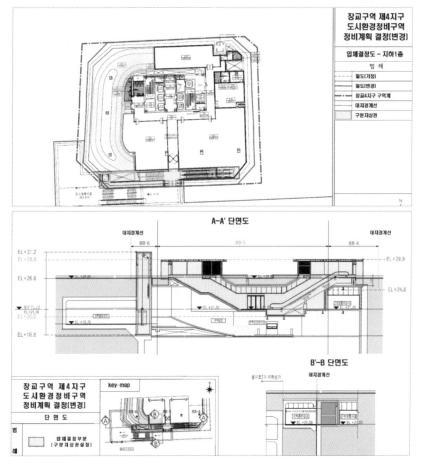

그림14. 을지로 지하상가와 연결되는 지하연결통로를 도시계획시설인 철도시설로 결정하고 사유지 부
분은 구분지상권을 설정한 사례: 장교구역 제4지구 도시환경정비구역

렇게 도시계획시설로 설치된다면 도로점용허가가 아닌 도시계획시설 중복결정을 통해 도로 하부공간을 사용하면 된다.

따라서 민간 건축물로 연결되는 지하연결통로의 유형은 도시계획시설로 설치되는 것과 도로점용허가를 통해 설치되는 것으로 구분해 볼 수 있다. 먼저 도시계획시설로 결정되는 가장 명확한 경우는 도시계획시설인 지하철역사와 연결되어 지하연결통로가 지하철역의 출입구로 사용될 때이다. 이는 철도시설과 같은 성격으로 보아 철도시설로 도시계획시설결정을 하는 것이 가장 합리적일 것이다. 그다음은 지하철역은 아니지만 지하상가 등의 출입구와 연동되어 설치되는 경우이다. 이러한 유형도 지하상가의 출입구로 보아 도시계획시설인 도로 또는 지하층연결로로 결정하여 설치할 수 있다. 이 두 가지 경우처럼 일반 대중의 통행이라는 목적이 명확한 유형 중 하나는 지구단위계획을 통해 어느 지역에 대한 보행동선 체계를 구축하기 위해 설치되는 경우이다. 따라서 이러한 유형도 도로나 지하층연결로로 도시계획시설 결정을 통해 설치되는 것이 가능하다.

또한 위와 같이 지하연결통로가 도시계획시설로 결정되기 위해서는 헌법 관련 내용에서부터 계속 강조해 온 "공공필요"의 조건이 충족되어야

표1. 지하연결통로 성격에 따른 법적 성격과 설치 방법(출처: 김지엽·양희승, 2019)

← 강	공공성			약 →
	지하철역사에 연결되는 경우	지하상가에 연결되는 경우	지구단위계획 등 공공필요에 의한 연결	공공성 높은 건축물인 경우	공공성 낮은 건축물인 경우
설치 방법	도시계획시설 '철도시설'	도시계획시설 '도로' 또는 '지하층연결로'	도시계획시설 '도로' 또는 '지하층연결로'	도로점용허가	
설치 후 소유권 이전	무상귀속	무상귀속	무상귀속	기부채납	기부채납
용익물권	사유지 내 지하연결통로 부분에 대한 구분지상권 설정 (필요시 지역권 설정 또는 지구단위계획에 의한 공공보행통로 지정)				

한다. 그러나, 지하철역이나 지하상가 등의 공적 영역과 개별 민간 건축물을 연결하는 유형들은 공공필요 측면에서는 미흡할 수밖에 없어 도시계획시설로 결정하기에는 타당성이 부족하다. 이런 경우에는 도로점용허가를 통해 도로 지하 부분을 활용할 수 있다. 물론 도로점용허가를 받기 위해서는 앞에서 다른 판례에서 언급한 것처럼 최소한 "일반 공중의 통행"이라는 조건이 충족되어야 하며, 단순히 해당 건축물의 사용자만을 위해 해당 통로가 제한적으로 활용된다면 사랑의 교회 사건과 유사한 경우로 인식되어 도로점용허가 요건에 해당되지 않을 수 있다.

아무튼 어떤 경우라도 도로 하부에 설치되는 지하연결통로는 비록 민간 사업자가 설치한다 해도 공유지 하부에 설치되기 때문에 해당 부분의 소유권도 도로의 관리청에 있어야 한다. 도시계획시설 결정을 통한 시설이라면 국토계획법에 따른 무상귀속 대상이므로 자동적으로 소유권이 이전될 것이고, 도로점용허가의 경우에는 기부채납을 통해 해당 시설의 소유권을 관리청에 이전하는 절차가 필요하다[36].

그렇다면 문제는 사유지 내에 위치하는 지하연결통로 부분이다. 도시계획시설로 결정되는 지하연결통로는 지하철역이나 지하상가로부터 도로 하부를 지나 민간부지까지 연결되는 일체의 시설물이므로 이를 하나의 시설로 보아야 하기 때문에 하나의 도시계획시설로 결정되어야 한다. 그러나 민간 토지 하부에 설치된 지하연결통로가 도시계획시설로 결정된다 할지라도 해당 토지에 대한 사용 및 수익권 확보가 필요하다. 이를 위해 용익물권인 구분지상권을 설정해 두어야 한다. 또한, 민간 부지 내의 지하연결통로 부분 역시 해당 부분의 성격에 따라 무상귀속하거나 기부채납을 통해

---

36 김지엽·양희승, 전게논문 (각주31), pp.69-79.

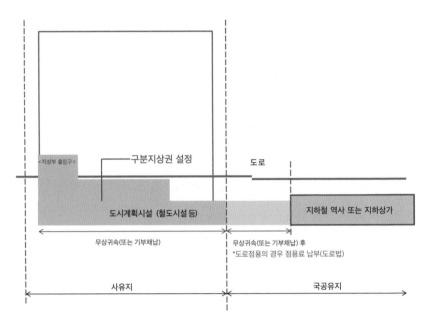

그림15. 지하연결통로의 성격에 따른 다양한 법적 처리 방법 예시

소유권을 관리청으로 이전시켜야 한다. 물론 도로점용허가에 의해 확보된 도로 하부 부분의 통로에 대해서는 도로점용료도 부과해야 하고, 공유재산 부분에 대한 사용료를 납부해야 할 수도 있다. 이처럼 하나의 지하연결통로를 설치하기 위해서는 토지소유 및 연결통로의 특성에 따라 세심한 법적 처리가 필요하다.

지하연결통로와 유사한 성격을 갖는 지상의 연결통로도 같은 맥락으로 이해해 볼 수 있다. 다만, 지상연결통로는 공공성 측면에서 논란의 여지가 있다. 왜냐하면 일반 상업시설이나 종교시설 등을 연결하는 지상연결통로들은 24시간 일반 대중에게 개방되기가 어려운 경우가 있기 때문이다. 따라서, 지상에 설치되는 연결통로에 대해서도 최소한의 공공성 또는 공익성을 확보할 수 있도록 보도나 공지 등의 공적 영역과 직접 연결하는 수직동선을 설치하는 등의 계획적 방법이 필요할 것이다.

그림16. 도로 상부에 도로점용허가를 통해 설치한 롯데쇼핑의 지상연결통로

공간적 범위의 활용

사랑의 교회 사건에서 무리하게 도로점용을 허가해 준 서초구청은 대법원에 패소함에 따라 난감한 상황에 처하게 되었다. 도로점용허가가 위법함에 따라 도로 하부 부분은 불법 시설물이기 때문에 철거해야 하지만, 사랑의 교회 본관 건물과 연결되어 있어 도로 하부 부분만 철거하는 것이 현실적으로 불가능하기 때문이다. 그렇다고 위법한 도로점용을 유지할 수도 없다.

여기서 S병원 신관 사례를 참고해 볼 만하다. 결과적인 형태를 보면 이 사례는 사랑의 교회와 다를 바가 없다. 도시계획도로 하부에 공공성을 담보할 수 없는 해당 건물의 용도인 병원의 일부로 사용되는 공간이 자리 잡고 있기 때문이다. 그렇다면 이러한 경우는 어떻게 가능하며, 사랑의 교회와는 무엇이 다를까?

결론부터 얘기하자면 법적 처리방식이 다르다. S병원은 원래 사유지였다는 것이 핵심이다. 이 사유지를 관통하는 도로를 도시계획시설로 결정하고 토지 전체, 즉 토지의 상하부 모두를 도로관리청인 영등포구에 무상귀속(도로는 공공시설이므로 국토계획법에 따라 기부채납이 아닌 무상귀속 대상)하는 것이 아니라, 도로로 활용되는 토지의 상부만을 공간적 범위를 설정하고 이에 따른 지상권을 설정하여 이를 영등포구에 무상귀속한 것이다[37]. 물론 지상권도 공유재산의 범위에 해당하기 때문에 토지소유권이 아닌 지상권의 무상귀속 또는 기부채납도 가능하다. 즉, 도로의 표면부터 상부까지만을 도

---

[37] 도로로 활용되는 공간적 범위를 좁게 잡았다면 지상권 대신 구분지상권으로도 충분했을 것이다.

로를 위한 도시계획시설의 공간적 범위로 보았기 때문에, 공간적 범위가 설정된 이외의 부분인 토지 하부에 대해서는 도시계획시설이 아닌 일반적인 시설의 설치가 가능했던 것이다.

이처럼 사랑의 교회나 S병원이나 조성된 물리적 형태는 거의 같지만 법적 처리과정이 다르기 때문에 위법한 지하시설물이냐 적법한 시설이냐의 결과가 달라지게 된 것이다. 따라서, 공간적 범위와 도로의 기부채납을 활용한다면 사랑의 교회도 법적 절차와 과정을 치유할 수 있는 방법은 있다고 생각한다.

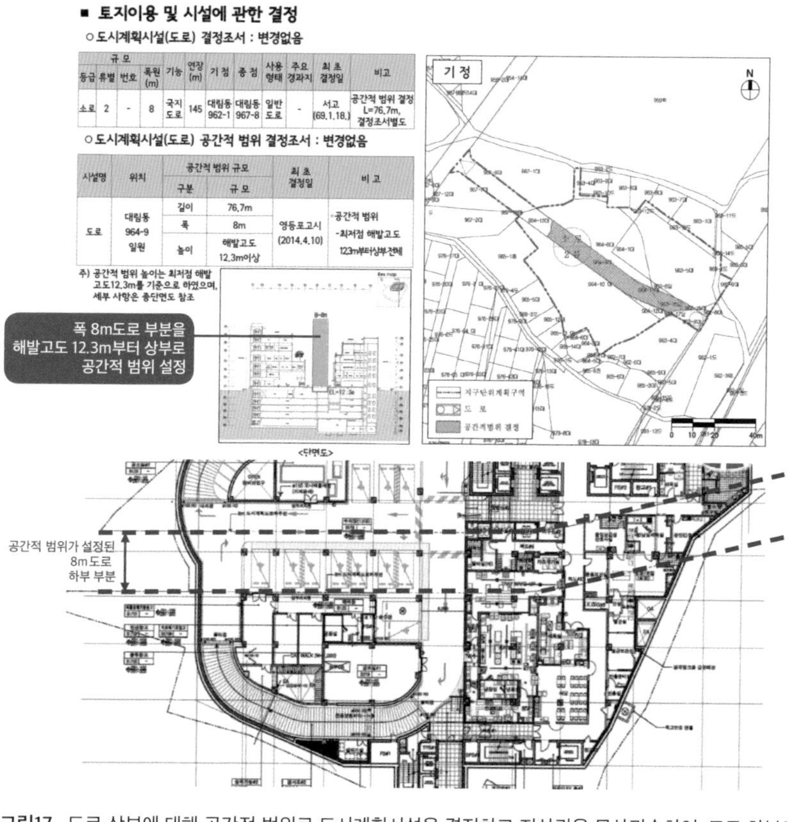
■ 토지이용 및 시설에 관한 결정

○ 도시계획시설(도로) 결정조서 : 변경없음

규모				기능	연장(m)	기점	종점	사용형태	주요경과지	최초결정일	비고
등급	류별	번호	폭원(m)								
소로	2	-	8	국지도로	145	대림동 962-1	대림동 967-8	일반도로	-	서고 (69.1.18.)	공간적 범위 결정 L=76.7m, 결정조서별도

○ 도시계획시설(도로) 공간적 범위 결정조서 : 변경없음

시설명	위치	공간적 범위 규모		최초 결정일	비고
		구분	규모		
도로	대림동 964-9 일원	길이	76.7m	영등포고시 (2014.4.10)	◦공간적 범위 -최저점 해발고도 12.3m부터상부전체
		폭	8m		
		높이	해발고도 12.3m이상		

주) 공간적 범위 높이는 최저점 해발고도12.3m를 기준으로 하였으며, 세부 사항은 종단면도 참조

그림17. 도로 상부에 대해 공간적 범위로 도시계획시설을 결정하고 지상권을 무상귀속하여, 도로 하부에는 일반적인 시설을 설치한 사례 (출처: 서울시 도시건축공동위원회 사전자문 자료)

국공유지의 민간 개발 방법

일본이나 미국 등은 도로의 상하부를 자유롭게 활용하고 있음에 반해, 살펴본 바와 같이 우리나라에서는 도로의 상하부 활용에 많은 제약이 있다. 몇 년 전 이에 대한 문제를 개선하기 위해 '도로의 입체적 활용을 위한 법률' 등 관련 법률 제정이 시도된 적이 있다. 그러나 가장 중요한 것은 도로는 사권 설정이 다른 국공유재산보다 엄격하게 금지되어 있다는 것이다. 사권 설정이 금지되어 있다면 민간자본의 투자를 가로막는 커다란 제약이 된다. 이 법률안은 법제처 검토 과정에서 도로에 대한 사권설정을 허용하지 않고, 도로점용허가와 도로점용료를 바탕으로 추진하였으나 결국 법제정이 무산되었다. 국공유재산에 사권설정을 허용하는 것은 우리나라 국공유재산법에 대한 근본적인 철학을 변경해야 하는 쉽지 않은 일일 것이다.

미국의 경우에는 공중권 개념을 바탕으로 99년(또는 그 이상 기간) 임대라

그림18. 도시계획도로 상부에 민간이 업무 및 상업 복합용도를 개발한 일본 도쿄의 사례(Toranomon Hills): 현재 우리나라에서는 이런 형태의 개발이 실현되기 어렵다.

그림19. 도로 상부에 민간자본으로 개발된 시흥하늘휴게소

는 채권적 방법으로 해결하기 때문에 국공유재산의 상하부를 민간이 활용하는 것이 비교적 자유롭다. 일본은 1989년 입체도시계획의 일환으로 입체도로제도뿐 아니라 입체도시공원, 철도의 입체적 개발 등을 지속적으로 추진해 오고 있다. 특히, 도로의 경우 민간의 도로부지의 상하부에 주거나 상업 등의 시설을 개발할 수 있으며, 자동차의 통행에 지장이 없는 한 자유롭게 해당 재산권을 행사할 수도 있다. 또한, 도로점용의 경우 '건축기준법'에 의해 업무시설, 판매시설, 창고, 주택 등 다양한 건축물이나 시설물의 설치도 가능하다.

　물론 우리나라에서도 국공유지 상부에 민간이 개발하는 방법이 전혀 없는 것은 아니다. 가장 적극적인 방법으로는 BTL(Build-Transfer-Lease), BTO(Build-Transfer-Operate) 같은 방법이 있다. 일반적으로 도로의 하부에 지하상가 등의 수익시설을 개발하는 경우에는 '사회기반시설에 대한 민간투자법'에 따른 BTO방식을 활용하여 진행되는데, 공공은 토지를 제공하고 민간에서 비용을 부담하여 개발한 후 해당 시설을 기부채납하고 이에 대한 운영권을 위탁받아 운영과 관리를 담당하는 방식이다.

　　도로와 달리 철도부지인 경우 서울역 민자역사의 사례를 살펴보면, 당시 철도청, 재단법인 홍익회, 한국화약그룹이 공동출자하여 역사주식회사를 설립하였고, 철도부지의 소유주인 철도청은 주식회사의 25%를 현금 출자하고 역사부지를 제공하는 대신 부지점용료를 부과하였다. 민자역사가 개발된 이후 역무시설이나 공공통로 등은 국가에 귀속되었고, 나머지 영업 및 판매시설, 부대시설 등은 주식회사의 소유로 등기가 가능하였는데 그 이유는 당시 철도청과 홍익회가 출자하였기 때문이다[38]. 이처럼 '철도건설법'은 '도로법'보다는 광범위하게 철도 내 설치 가능한 부속시설물과 점용가능 시설물을 허용하고 있으며, 추가적인 부대사업도 민투법에 의해 추진이 가능하다.

　　그러나 이러한 방법들은 사용 및 수익허가 기간이 만료되었을 때 원래 투자자가 다시 사용수익허가를 받을 수 있는 방법이 미흡하다는 한계도 있다. 모든 국공유재산에 대한 민간의 사용수익허가는 경쟁입찰이 기본이기 때문이다.

　　토지임대부 주택도 이러한 한계를 극복할 수 있는 제도이다. 토지임대부로 주택을 개발하는 방법의 법적 개념도 지상권에 근거한 것이다. 2013년 개정된 구 임대주택법에서는 토지에 대한 임대차계약을 체결한

38　김길찬, "구분지상권의 적용 사례 현황과 향후 개선과제", 입체도시계획 법제화 방안 정기학술워크샵 자료, p.26.

경우 해당 임대기간 동안 지상권이 설정된 것으로 명시하고 있었다[39]. 토지임대부 주택을 위한 별도의 법률인 '토지임대부 분양주택 공급촉진을 위한 특별조치법'은 2015년 폐지되었으나, 현재 주택법에서는 "토지임대부 분양주택"을 다음과 같이 정의하고 있다.

> **주택법 제2조(정의)**
> 9. "토지임대부 분양주택"이란 토지의 소유권은 제15조에 따른 사업계획의 승인을 받아 토지임대부 분양주택 건설사업을 시행하는 자가 가지고, 건축물 및 복리시설(福利施設) 등에 대한 소유권[건축물의 전유부분(專有部分)에 대한 구분소유권은 이를 분양받은 자가 가지고, 건축물의 공용부분·부속건물 및 복리시설은 분양받은 자들이 공유한다]은 주택을 분양받은 자가 가지는 주택을 말한다.

주택법에서는 토지에 대한 임대차 기간을 40년으로 설정하고 있고, 토지에 대한 사용·수익권을 확보하기 위해 임대차기간 동안 지상권을 설정한 것으로 본다[40]. 그리고 토지에 대한 임대차기간은 분양주택 소유자의 75% 이상 계약갱신을 청구한다면 다시 40년 이내 범위에서 연장할 수 있다.

국공유지에서 토지임대부를 활용한 주택개발은 공공주택특별법에 따른 공공주택지구에서 가능하다. 공공주택특별법에서는 공공주택사업자에게 사용허가나 대부를 받은 국유재산 또는 공유재산에 영구시설물을 축조할 수 있도록 허용하고 있고, 이 경우 해당 영구시설물의 소유권은 그 국유

---

39 이광석·김지엽 외, "민간임대주택 사업 활성화를 위한 토지임대부 제도의 문제점과 개선방향-서울시 공공기관 이전적지에 대한 시뮬레이션 사례를 중심으로", 도시설계 16(1), 한국도시설계학회, 2015, 101-113
임대주택법 제16조의2 (토지임대부 임대주택의 토지 임대차 관계 등)
① 토지임대부 임대주택의 토지의 임대차 관계는 토지소유자와 임대사업자 간의 임대차계약에 따른다.
② 임대사업자가 토지소유자와 제1항에 따라 임대차계약을 체결한 경우 해당 토지임대부 임대주택의 소유권을 목적으로 그 토지 위에 제1항의 임대계약에 따른 임대기간(「민법」 제280조에 따른 지상권의 존속기간보다 단축하지 못한다) 동안 지상권이 설정된 것으로 본다.

40 주택법 제78조

재산 또는 공유재산을 반환할 때까지 공공주택사업자에게 귀속된다고 규정하고 있다[41].

그러나 국공유지에 토지임대부로 분양주택을 개발하는 것은 바람직하지 않다. 왜냐하면 토지지분이 없기 때문에 토지에 대한 사용료를 매달 지불하긴 하지만 시장에서는 이미 토지가격이 주택가격에 반영되어 버리거나, 재건축 시점에서는 토지에 대한 소유권이 없어 재건축 추진도 용이하지 않기 때문이다. 1970년대 지어진 서울의 중산·시범아파트나 2011년과 2012년에 개발된 LH 서초5단지와 강남구 LH강남브리즈힐이 좋은 사례이다.

중산·시범아파트는 토지에 대한 지분이 없기 때문에 재건축이 필요한 상황임에도 불구하고 서울시 소유의 토지 확보가 쉽지 않은 실정이다[42]. 두 개의 LH단지 역시 토지는 LH가 소유하고 있지만 아파트 가격은 주변의 일반적인 아파트 시세와 큰 차이가 없을 정도이다. 토지임대부 주택이 일반 아파트에 비해 매우 저렴하다는 장점은 분양 당시를 제외한다면 사실이 아니다. 아파트 소유자나 새롭게 매입하는 구매자 역시 토지 지분이 없다는 사실은 크게 문제시하지 않고 있다. 그렇다면, 국공유지의 토지 가치를 결국 최초 분양자가 독식하는 로또가 될 가능성이 크다. 따라서 토지임대부를 활용하여 주택을 개발한다면 분양주택이 아닌 임대주택의 형태가 바람직하며, 분양주택으로 굳이 해야 한다면 최소 구매자가 토지에 대한 이익을 전용하지 못하도록 하는 법과 제도적 장치가 반드시 필요할 것이다.

41   공공주택특별법 제40조의3(「국유재산법」 등에 대한 특례) 제5항
42   이데일리 뉴스 2021.11.18. 등
      https://www.edaily.co.kr/news/read?newsId=03230806629247032&mediaCodeNo=257&OutLnkChk=Y

맺는 글

지금까지 우리나라의 건축과 도시 관련 법들을 이해하는 데 꼭 필요한 핵심 법리와 도시계획·설계 기법 및 수단들을 7개의 장으로 정리해서 설명해 보았다. 이제 우리나라의 건축과 도시와 관련한 주요 법들이 어떻게 변화되어 왔는지 살펴보는 것으로 이 책을 마무리하고자 한다.

일단 건축과 도시 관련법들은 크게 건축법, 국토계획법, 경관법 등 도시와 건축을 계획적으로 관리하기 위한 법들과 도정법, 도시개발법, 주택법 등 적극적으로 도시를 개발하기 위한 개발 관련법들로 구분해 볼 수 있다[1]. 일반법과 특별법의 의미도 알아둘 필요가 있다. 법의 위계는 헌법→법률→시행령→시행규칙 등으로 이루어진다. 여기서 법률이 입법기관인 국회에서 제정한 법이다. 모든 법률은 같은 위계이다. 어떤 법률이 우선 적용되지 않는다는 것이다. 다만 '신법 우선의 법칙'이 있는데, 만약 다른 두 법률에서 어떤 조항이 다르게 충돌한다면 새롭게 만든 법률이 우선한다는 원칙이다. 그러나 예외적으로 특별법이 있다. 단어 의미 그대로 특별한 법이라는 의미로, 특별법은 일반적인 법률보다 우위에 있다고 보아 기존 법률

---

[1] 김종보 교수는 국토계획법처럼 토지의 합리적 이용이라는 목적을 위해 건축행위의 허가요건을 규율하는 방식으로 국가의 소극적 개입을 통해 건축행위의 외적 한계를 설정하는 법과, 도시를 개발하거나 재개발하기 위한 적극적 수단을 규정하고 있는 개발사업법으로 분류하였다. (김종보, 「건설법의 이해」, 피데스, 2008, pp.15-16.)

에서 규정하고 있는 내용을 특별법이 다르게 규정할 수 있다.

　문제는 우리나라에 특별법이 너무 많다는 것이다. 도시 분야에도 많다. 택지개발촉진법, 도시재정비촉진을 위한 특별법, 도시재생 활성화 및 지원에 관한 특별법, 최근에 제정된 '도시 공업지역의 관리 및 활성화에 관한 특별법' 등 기존의 법률 위에서 새로운 규정들을 만들어 내려는 시도는 계속 되고 있다. 물론 법체계의 안정성 측면에서 바람직하지 않다. 또한, 특별법이 양산되다 보니 특별하지 않은 특별법이 되는 일이 허다하다.

　아무튼 여러 건축과 도시 관련 법들을 일반적인 계획·관리 관련 법과 개발 관련 법으로 구분해서 이해하는 것이 도움이 되기 때문에 〈그림1〉처럼 녹색 바탕은 계획·관리 관련 법들, 파란색 바탕은 개발 관련 법들의 변화과정을 표현해 보았다.

　이 그림을 보면, 애석한 일이지만 우리나라의 건축과 도시 관련 법의 뿌리는 일제강점기 때인 1934년 만들어진 '조선시가지계획령'이라는 것을 알 수 있다. 조선시가지계획령은 계획·관리 관련 법과 개발 관련 법 내용을 모두 가지고 있었다. 특히, 현재 국토계획법과 건축법의 핵심 내용들인 용도지역제와 이에 따른 건축기준, 도시계획시설에 관한 사항들을 포함하고 있었다. 조선시가지계획령은 해방 이후에도 계속 사용되다가 1962년에서야 비로소 건축법과 도시계획법으로 분리하여 제정되었다. 이 때 두 법의 목적과 내용을 보다 체계적으로 고려하지 않고 분리하다 보니 아직도 건축법과 국토계획법은 각 법률의 역할이 명쾌하지 않다. 또한, 건축법에서 다루고 있는 내용들이 건축허가와 행정에 관한 사항, 도시와 관련된 사항, 그리고 건축물의 안전과 성능에 관한 사항들을 망라하다 보니 건축법이 지나치게 방대하고 복잡해 졌다.

　개발 관련법의 뿌리도 조선시가지계획령이다. 조선시가지계획령에서 도입되어 당시 서울의 대현, 영등포, 청량리 등지에서 사용된 토지구획정

도시를 만드는 법

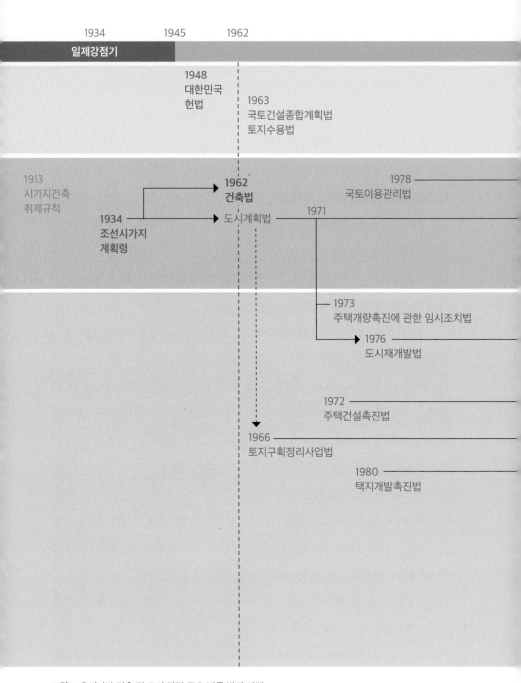

| 1934 | 1945 | 1962 |

일제강점기

1948
대한민국
헌법

1963
국토건설종합계획법
토지수용법

1913
시가지건축
취제규칙

1934
조선시가지
계획령

1962
건축법

도시계획법

1971

1978
국토이용관리법

1973
주택개량촉진에 관한 임시조치법

1976
도시재개발법

1972
주택건설촉진법

1966
토지구획정리사업법

1980
택지개발촉진법

그림1. 우리나라 건축 및 도시 관련 주요 법률 발전 과정

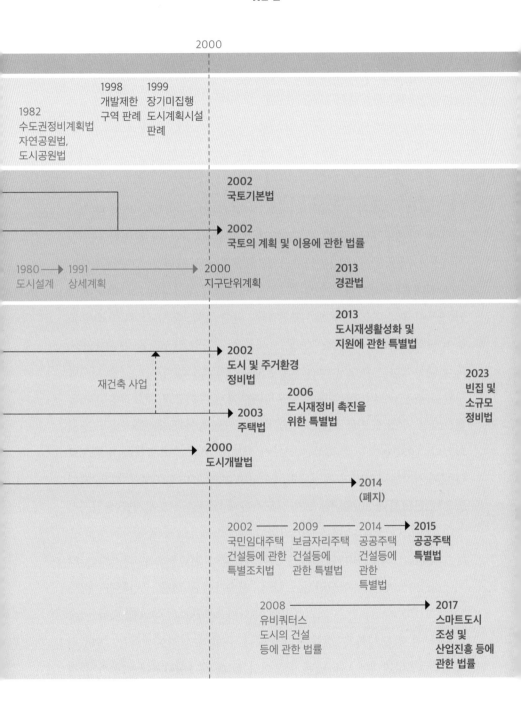

2000

1982
수도권정비계획법
자연공원법,
도시공원법

1998
개발제한
구역 판례

1999
장기미집행
도시계획시설
판례

2002
국토기본법

2002
국토의 계획 및 이용에 관한 법률

1980 ——→ 1991 ——————→ 2000
도시설계   상세계획   지구단위계획

2013
경관법

2013
도시재생활성화 및
지원에 관한 특별법

재건축 사업

2002
도시 및 주거환경
정비법

2006
도시재정비 촉진을
위한 특별법

2023
빈집 및
소규모
정비법

2003
주택법

2000
도시개발법

2014
(폐지)

2002 ——— 2009 ——— 2014 ——→ 2015
국민임대주택   보금자리주택   공공주택   공공주택
건설등에 관한   건설등에   건설등에   특별법
특별조치법   관한 특별법   관한
                        특별법

2008 ————————————————————→ 2017
유비쿼터스   스마트도시
도시의 건설   조성 및
등에 관한 법률   산업진흥 등에
                               관한 법률

리사업은 강남개발 등을 거쳐 현재에도 도시개발법으로 이어지는 가장 핵심적인 개발사업 방식이며, 사업시행을 위한 환지방식은 입체환지와 재건축사업 등에서 사용되는 관리처분으로 발전되어 왔다. 이것이 도시개발에 있어 수용방식 밖에 없는 미국 등 다른 국가들과 가장 큰 차이점이다. 즉, 우리나라는 토지소유자들이 직접 개발사업에 참여하는 방식이 뿌리 깊게 자리 잡고 있다.

1934년 조선시가지계획령 이후 우리나라의 관련 법의 변화 과정은 크게 세 단계로 구분해 볼 수 있다. 먼저 일제강점기부터 건축법과 도시계획법이 제정되는 1962년까지의 초기 단계이다. 그리고 1960년대부터 1990년대 말 정도까지는 본격적으로 우리나라가 산업화와 도시화가 진행되는 시기이다. 이 시기의 도시와 주택을 위한 정책 목표는 오직 공급에 초점이 맞춰 있었다. 도심 외곽으로는 새로운 택지와 신도시를 개발하였고, 도심 내부에서는 무허가 정착촌과 불량주거지역을 정비하기 위한 재개발사업이 추진되었다. 이 과정에서 우리나라에서 아파트가 대표적인 주거유형으로 자리 잡게 만든 핵심 기법인 합동재개발방식과 재건축사업도 도입되었다. 1980년에는 본격적인 신도시 개발을 위해 수용방식을 바탕으로 하는 택지개발촉진법이 제정되어, 1990년 초반 1기 신도시인 분당, 일산 등 5개 신도시와 2000년대 2기 신도시까지 대규모 신도시개발에 적극적으로 활용되다가 2014년에 폐지되었다.

2000년부터 2003년 까지는 관련 법들이 전면적으로 개편되는 시기이다. 2000년에 들어서면서 드디어 "지속가능한 개발", "친환경 개발", "선계획 후개발"과 같은 패러다임의 변화가 나타났다. 이러한 변화는 우리보다 먼저 도시화를 경험한 미국이나 유럽의 도시들에서는 1960년대부터 1980년대에 나타났던 일들이다. 이때는, 1960년대 이전까지 경제성과 효율성에 가치를 집중한 모더니즘(Modernism)이 포스트모더니즘

(Post-Modernism)으로 변화하던 시기였고, 미국에서는 철거형 재개발사업인 'Slum Clearance' 사업을 폐기하고 커뮤니티와 주민참여를 중시하는 방향으로 도시계획 패러다임이 크게 변화하던 때였다. 하워드(Ebenezer Howard)의 전원도시(Garden City)를 모델로 1946년 제정한 '신도시법(The New Town Act)'에 따라 활발하게 신도시 개발을 추진했던 영국도 1960년대 말 신도시사업 중단을 결정하였다. 이후 미국에서는 성장관리(Growth Management), 지속가능한 개발(Sustainable Development), 친환경 개발(Environmentally Friendly Development) 등의 개념, 영국에서는 도시재생 개념이 도입되었으며, UN 차원에서는 이미 1972년부터 기후변화에 대한 논의가 시작되었다.

우리나라는 유사한 패러다임 변화를 바탕으로 2000년대에 기존의 도시계획법과 국토기본법을 통합하여 현재의 '국토의 계획 및 이용에 관한 법률'로 개편하고, 주택재개발과 도심재개발에 관한 법들을 통합하여 '도시 및 주거환경 정비법'을 제정하였다. 1972년 아파트공급을 위해 제정된 '주택건설촉진법'은 '주택법'으로, '토지구획정리사업법'은 '도시개발법'으로 개편되었다. 2000년에는 도시설계 제도와 상세계획을 통합하여 지구단위계획으로 발전되었다.

전면적으로 노후불량 주거지역을 철거하고 아파트 단지로 개발하는 방식은 이미 1990년대부터 많은 비판이 제기되었다[2]. 그러나, 우리나라는 오히려 아파트 개발이 더욱 활성화되는데, 2006년에는 또 다른 유형의 아파트단지 개발인 뉴타운사업을 위한 '도시재정비 촉진을 위한 특별법'도 제정되었다. 물론, 철거형 재개발 사업이 아닌 새로운 방법으로 노후불량 주거지역에 대한 해결하려는 노력도 조금씩 진행되고 있었다. 대표적으로,

---

2   이러한 비판은 주로 아파트 단지 위주의 재개발 사업에 따른 도시경관 획일화, 공급자 위주의 부동산 가치 중심 개발, 공동체 파괴, 지역특성 상실, 자연경관 훼손 등으로 요약된다.

2008년 서울시는 휴먼타운 지구단위계획을 통해 주민참여형 재생사업을 시도했었고, 이것은 2012년 도정법에 주거환경관리사업이라는 이름으로 새로운 정비사업 유형으로써 도입되었다. 그리고 2007년부터 시작된 7년 간의 도시재생 R&D 연구단의 결과에 따라 2013년에는 기존의 노후불량 지역을 전면철거하고 정비하는 방식에서 벗어난 도시재생사업을 본격적으로 추진하기 위해 '도시재생 활성화 및 지원에 관한 특별법'이 제정되었다.

그러나, 1960년대 말부터 신도시 개발을 멈추고 도시재생 정책으로 전환한 영국과 달리 우리는 여전히 신도시를 개발하고 있다. 다만, 문재인 정부에서 시작한 3기 신도시는 도시 성장기에 사용되었던 택지개발촉진법이 아닌 '공공주택 특별법'에 의해 시행되는 사업이다. 이 법률은 이미 2003년부터 주택공급 대책으로 도입된 것이다. 노무현 정부의 '국민임대주택 건설등에 관한 특별조치법'은 2009년 이명박 정부의 '보금자리주택건설 등에 관한 특별법'으로 변화하였고, 박근혜 정부의 행복주택 등의 주택공급 정책을 위한 2014년 '공공주택건설 등에 관한 특별법'에 이어 2015년 '공공주택 특별법'으로 자리잡게 되었다. 이 외에도 개발사업의 유형과 특성에 따라 '민간임대주택에 관한 특별법', '경제자유구역의 지정 및 운영에 관한 특별법', '산업단지 인허가 절차 간소화를 위한 특별법', '물류시설의 개발 및 운영에 관한 법률' 등의 각종 개발 관련 법률이 있으며, 2008년 유비쿼터스법은 2017년 스마트도시법으로 계승되었다. 또한, 앞으로도 사회적 요구나 정책 목표에 따라 새로운 법률들이 계속 제정될 것이다.

법은 수단이지 목적이 아니다. 또한 법은 사회변화와 요구에 후행적이다. 따라서 법은 보수적일 수밖에 없다. 특히나 빠르게 변해가는 요즘 세상에서 필요한 법령들의 제·개정은 답답하게 느껴질 때가 많다. 그러나 결국 사회적, 경제적 여건 변화에 따라 법령들은 수없이 개정되고, 새로운 정책이나 목적을 달성하기 위한 법률들도 계속해서 만들어진다. 그러나, 전체적인 체계 속에서 숲을 고려하지 않고 즉시적이고 단편적인 목적만을 위해 법령들을 개정하다 보니 어느 순간 관련 법령들이 누더기가 되었다는 비판이 제기되곤 한다. 우리나라의 건축과 도시 관련 법에서 가장 아쉬운 점은 체계가 부족하다는 것이다. 체계가 부족하다 보니 전반적인 논리도 곳곳에 구멍이 있다. 제대로 법규의 내용과 주요 용어조차 설명이 안 되는 경우도 많다. 앞 장에서 언급했던 국토계획법의 용도지역제의 한계, 건축법의 건축물 용도 분류 체계와 논리, 용도변경을 위한 시설군, 국토계획법의 기반시설, 주택법의 준주택 개념 등 관련 법들의 많은 부분이 건축이나 도시적 관점에서 체계적이고 합리적인 설명이 어려울 때가 많다.

따라서, 무엇보다 건축과 도시와 관련한 가장 기본적인 법률인 건축법과 국토계획법은 전면적인 개편이 바람직하다. 건축법의 핵심인 건축물의 안전과 성능에 관한 사항들은 기술에 관한 내용이므로 이를 시행규칙으로 정리하여 빠르게 발전하는 기술변화에 보다 대응이 쉽도록 하고, 법률에서는 건축허가와 절차, 국토계획법과 연관된 내용들로 단순화 하는 것이 건축법을 선진화하는 방법일 것이다. 국토계획법 역시 변화가 필요하다. 무엇보다 국민소득 3만 달러 시대에 접어든 우리나라의 도시를 보다 효율적으로 관리하기 위해서는 기존의 공급 중심에서 관리 중심으로 패러다임 변화가 절실하다. 특히 지자체의 도시계획 권한 확대는 꼭 필요하다. 서울과 부산이나 대구, 광주 등 광역시, 수원 등 특례시, 일반 지방 도시와 군 들을 하나의 틀로써 관리하는 것은 합리적이지도 않고 효율적이지도 않다. 서울은 서울만의 수단이 필요하고, 중소도시는 중소도시의 특성을 고려한 수단이 필요하다. 미국에서 환경학자들이 즐겨 하는 말 중 "Think Globally, Act Locally!"가 있다. 이 말은 우리나라의 건축과 도시 분야에도 꼭 필요하다.

　사실 이 책을 쓰고 싶다는 마음을 먹은지는 10년도 더 되었다. '도시와 법'이라는 주제는 뉴욕시에 법을 공부하러 가겠다는 목표를 세웠을 때부터 모든 공부와 연구의 지향점이었다. 그러나 막상 책을 쓴다는 일을 시작하는 것은 생각만큼 쉽지 않았다. 한국에 돌아온 이후 수업이나 연구프로젝트 때문에 바쁜 일정도 있었고, 대학교 업적평가에서는 논문만 실적으로 인정되다 보니 책 쓰는 데 시간을 쓸 여력도 없었다. 물론 나의 게으름 탓이 제일 컸음은 부인할 수 없다. 그러던 중, 어떤 저녁자리에서 중앙대학교 김찬호 교수님이 하신 "교수는 말로 얘기하는 것이 아니라 책으로 얘기해야 한다."는 말을 듣고서야 정신이 번쩍 들어 비로소 첫 걸음을 뗄 수 있었다. 이 자리를 빌려 감사의 말씀을 드리고 싶다. 멀리 뉴욕시에서 생생한 사진들을 찍어 보내준 아주대 제자 정지하, 그림이나 다이어그램 작업을 도와준 건축도시공간연구실의 조아라 박사와 석사과정 전주환, 우영주, 윤상영, 김수현에게도 감사의 마음을 전한다. 또한 3쇄 준비 과정에서 꼼꼼하게 교정과 감수를 해주신 서순성 변호사님께 특별히 고마움을 표하고 싶다.

　막상 원고를 마무리 하고 보니 두려움이 앞선다. 이 책에서 발견되는 오류나 잘못된 사실들은 모두 나의 부족함 때문이다. 독자께서 이러한 오류들을 지적해 주신다면 이 책을 보완하고 개선해 나가는 데 큰 도움이 될 것이다.

For Y.S. & Max W.K.

추천사

현대사회에서 법이 점점 더 중요해 지고 있는 것은 그만큼 사회관계가 더 복잡해지기 때문이다. 신의 말씀 또는 왕의 말씀이라고 해서 일체의 토를 달지 않고 따르던 시대에는 굳이 법이란 것이 필요 없었을 것이다. 인간은 스스로가 책임을 질 수 있다는 깨달음이 다른 사람들과 어울리면서 서로 지켜야 할 규칙을 만들어야 하는 계기가 되었을 것이다.

도시는 많은 사람들이 모여 사는 사회적 공간이다. 사람이 많다는 것은 그렇지 않았을 때보다 훨씬 많은 변화가 생긴다. 서로 경쟁하고, 그 경쟁을 통해 생산력은 증가하고, 각자의 욕망을 채울 수 있는 대상도 늘어난다. 높은 생산력은 물질적 풍요를 가져왔고, 생산된 상품을 놓고 누가 더 많이 가질 것인가 다시 한 번 경쟁이 시작된다. 자본주의의 이념으로 무장된 집단은 이러한 경쟁을 가속화시키려 하지만, 경쟁에서 뒤지거나, 애초부터 경쟁력이 없던 집단은 점점 더 궁지에 몰리고 있다.

법은 도시에서 더 나은 삶을 위해 경쟁할 때, 서로를 존중하며 사회 전체의 이익을 달성할 수 있도록 하는 '게임의 룰'이다. 문제는 공정과 공익이다. 누구에게도 불리하지 않은 법은 만들기도 어려울 뿐만 아니라, 그 결과가 모든 사회 구성원에게 이익을 주기란 더더욱 어렵다. 그러다 보니 이해관계가 있는 집단 간의 타협은 불가피하다. 결국 법은 타협의 산물이다.

새로운 가치와 기준이 나타나면 법도 이에 대응해야 하지만 그 경계는 여전히 모호한 채, 어쩔 수 없이 선을 그어야만 한다. 도시계획이 추구하는 가치 또한 계속 변화해 왔고 앞으로도 그럴 것이다. 그렇기 때문에 도시계획은 법에 일일이 다 규정하기 곤란하거나 상황에 따라 변화될 수 있는 조건을 담기 위해 법률로부터 상당한 권한을 위임받았고, 이에 근거하여 앞으로 이 사회가 도시 내에서 달성해야할 목표를 수립하고, 이를 위해 재산권을 제한하고 도시민의 삶에 필요한 시설을 공급해 왔다.

그 과정에서 법 제정의 취지와는 달리 문구에 얽매이기도 하고, 해석하기에 따라 원래 취지와는 다른 방향으로 결론이 나기도 했다. 도시계획전문가 중에서 '법'을 잘 아는 전문가는 많지 않다. 또한 법률 전문가 중에서도 도시계획을 잘 아는 전문가는 거의 없다. 그러다 보니 현장에서 법을 운용할 때 편의에 따라 제각각 해석하거나, 행정기관의 해석에 의존하는 경우가 잦다.

이런 상황을 고려할 때 이 책을 지은 김지엽 교수는 매우 독특한 사람이다. 건축학을 학부 전공으로 하고, 석사과정은 도시설계와 도시계획을 전공으로 학위를 받았다. 이 정도에 그치면 그저 평범한 전문가라고 할 텐데, 그 사이에 로스쿨을 다니면서 미국변호사 자격을 취득했다. 보통은 한 분야의 학위를 따는데도 어려운데, 동시에 두 분야의 전문가가 되기란 보통 노력과 능력으로는 어림도 없었을 일이다.

마침 도시계획과 법에 능통한 김지엽 교수가 그간의 강의와 논문을 기초로 책을 출간한다고 하니 반갑기 그지없다. 책 구성 또한 단순히 개별 법을 나열한 것이 아니라 법이 추구하는 가치와 이것이 도시계획의 현장에 적용될 때의 의미와 효과까지, 그간 멀었던 법과 도시계획 간의 거리를 단숨에 줄여주었다. 구절 하나하나를 자세히 들여다볼 수 있는 시간이 있다면 더욱 좋겠지만, 한 번쯤 훑어보아도 좋은 책이다.

대한국토·도시계획학회장
중앙대학교 김찬호

참고문헌

저자 참여 출판물

대한국토도시계획학회, 「용도지역 체계 재편방안 연구」, 2017, 서울특별시

서울시립대학교, 「친환경 도시재생을 위한 용적이양제 도입방안 연구」, 2012, 서울특별시

서울특별시, 「Re-Seoul 도시재생 함께 디지로그」, 2016, 서울특별시

한국도시설계학회, 「도시설계의 이해」, 2014, 보성각

한국방재학회, 「도시계획과 방재」, 2026, 한국방재학회

김지엽·정종대·김홍주, 「한미 FTA가 한국 주택 및 부동산 정책·제도에 미치는 영향과 대응방안」, 2007, 주택도시연구원

김지엽·배웅규·정종대 편저, 「뉴욕시 조닝 핸드북」, 2009, 서울연구원

김민호·김지엽, "한미FTA의 간접수용과 한국 손실보상 법리의 비교 연구", 2008, 「토지공법연구」 39집

정종대·김지엽·배웅규, "미국 래드번 주거단지에 활용된 사적규약의 특징 및 시사점 연구", 2009, 「대한건축학회논문집」 25(3)

김지엽·배웅규·한지형, "건축선후퇴에 의한 전면공지의 법적 한계와 개선방향", 2010, 「대한건축학회논문집」 26(11)

김지엽·송시강·남진, "용적이양제 도입을 위한 법적 타당성과 법리구성", 2013, 「국토계획」 48(1)

오성훈·김지엽·박예솔, "보행자우선도로의 보행권확보를 위한 관련법 개선방안", 2014, 「국토계획」 49(8)

이광석·김지엽 외, "민간임대주택 사업 활성화를 위한 토지임대부 제도의 문제점과 개선방향-서울시 공공기관 이전적지에 대한 시뮬레이션 사례를 중심으로", 2015, 「도시설계」 16⑴

김지엽·남진·홍미영, "서울시 사전협상제를 중심으로 한 공공기여의 의미와 법적 한계", 2016, 「도시설계」 17⑵

김지엽·조아라, "젠트리피케이션 대응을 위한 지구단위계획 건축물용도 제한의 법적 검토와 한계", 2018, 「도시설계」 19⑶

김지엽·양희승, 2019, "입체적 도시공간 활용을 위한 지하연결통로 설치의 법적 쟁점과 개선방향-서울시 중구를 사례로", 「대한건축학회논문집」 35⑷

김지엽·안용진 "지구단위계획을 통한 공공보행통로 및 보차혼용통로의 법적 성격과 개선방안", 2021, 「대한건축학회 논문집」 37⑵

김지엽·배웅규·정종대, "The Limitations and Improvement Schemes of the Zoning System for "Privately Owned Public Space" in New York City", 2007, 「도시설계」 17⑵

Jeeyeop Kim, Cuz Potter, A-ra Cho, "Flexible Zoning and Mixed Use in Seoul, Korea-Planning Implications of Seoul's Zoning Model", 「Architectural Research」 22⑷

김지엽, "보행친화도시 조성을 위한 법제도 개선방향", 2015, 「건축과 도시공간」, 건축도시공간연구소

김지엽, "높이규제는 법적으로 타당한가?", 「세계와 도시」, 2018, 건축도시공간연구소

김지엽, "한미FTA의 간접수용 조항이 부동산법제에 미치는 영향", 2012, 「월간국토」, 국토연구원

김지엽, "지구단위계획 관리 기본계획 수립의 필요성 및 역할과 위상", 2019 서울특별시 지구단위계획 관리 기본계획 공청회 자료, 서울시

국내 출판물

곽윤직, 「물권법」, 1998, 박영사

권영성, 「헌법학 원론」, 1997, 법문사

김남진·김연태, 「행정법 II」, 2005, 법문사

김동희, 「행정법 I」, 2014, 박영사

김상용, 「물권법」, 2006, 법문사

긴종보, 「건설법의 이해」, 2008, 박영사

배영길, 「부동산공법」, 2010, 부경대학교출판부

오세경, 「도설 법률용어사전」, 2017, 법전출판사

윤철홍, 「소유권의 역사」, 1995, 법원사

이춘욱, 「재개발을 말하다」, 2010, 주거환경연구원

한국도시설계학회, 「지구단위계획의 이해」, 2005, 기문당

홍정선, 「행정법특강」 9판, 2019, 박영사

김상일, 「사전협상제도를 통한 도시개발의 공공성 증진방안 연구용역」, 2011, 서울시정
　　개발연구원

서울특별시, 「서울특별시 지구단위계획 수립기준·관리운영기준 및 매뉴얼」, 2020, 서울
　　특별시

강우원, "기부채납 법리를 통해서 본 도시계획 관련 법제 정비에 관한 연구", 2013, 「도
　　시행정학보」 26(3)

고헌환, "토지재산권의 사회적 구속성과 한계에 관한 법리", 2006, 「법학연구」 제24권

김갑성 외, "개발권양도제도의 도입을 통한 농업진흥구역 보전의 타당성 분석: 김포지
　　역 사례를 중심으로", 2005, 「지역연구」 21(2)

김관호, "한미 FTA와 간접수용: 국내 재산권 보호 제도에의 시사점". 2007, 「규제연구」
　　16(1)

김도연·최윤경, 2019, "공개공지 조성지침 시대별 특징 및 개선방안 연구", 「대한건축학
　　회 논문집」 34(3)

김민호, "간접수용 법리의 합헌성 연구", 2007, 「저스티스」 제96권

김배원, "한국헌법상 토지재산권의 보장과 제한: 헌법재판소 판례를 중심으로", 2005,
　　「토지법학」 제20호

참고문헌

김상원, "지하공간 이용에 관한 보상문제", 2007, 「토지법학」 23⑴

김주석·최장순·최찬환, "공개공지의 설치기준에 관한 연구", 2002, 「대한건축학회 논문집」 18⑸

김종보, "계획제한과 손실보상논의의 재검토", 1999, 「부동산 법학」 5⑸

박정훈, "기부채납 부담과 의사표시의 착오", 1998, 「행정법연구」 제3호

안신재, "기부채납에 관한 민사법적 고찰", 2011, 「법학논총」 제26집

이계만·안병철, "한국의 공익개념 연구-공익관련 법률내용 분석을 중심으로", 2011, 「한국정책화학학회보」 15⑵

전채은·최막중, "우리나라 용도지역제의 용도순화 및 용도혼합 특성에 관한 역사적 고찰-조선시가지계획령에서 도시계획법에 이르기까지", 2018, 「국토계획」 53⑹

정재요, "공공성의 정치이념적 스펙트럼과 헌법상 공공복리", 2020, 「21세기정치학회보」 30⑴

차영민·김유정, "지하공간에 대한 토지소유권의 효력범위", 2014, 「법과 정책」 20⑵

김인자, 「가로변 건축물의 전면 공지 이용에 관한 연구: 서울시 상업가로변 4개 지구를 중심으로」, 2005, 홍익대학교 대학원 석사학위논문

박철곤, 「토지소유권 제한의 한계에 관한 사법적 연구」, 2003, 전주대학교 박사학위 논문

유인출, 「도시계획제한에 따른 사유재산권의 침해와 권리구제에 관한 연구: 개발제한구역을 중심으로」, 2003, 한남대 박사학위 논문,

김길찬, "구분지상권의 적용 사례 현황과 향후 개선과제", 입체도시계획 법제화 방안 정기학술워크샵 자료

백세나·양윤재, "미관지구 내 건축선 지정의 효과분석", 2003, 도시설계학회 춘계학술발표대회 논문집

이지영·김석기·박영기, 도심상업지역의 공개공지 사유화에 대한 연구, 2008, 건축학회 학술발표대회논문집 28⑴

한국도시연구소, 「서울시 고시원 거처상태 및 거주 가구 실태 조사」 최종보고 자료, 2020.06.25.

경향신문 2007.4.6.; 서울신문 2017.10.24., 2019.6.4.; 오마이뉴스 2007.4.5.

연합뉴스 2006년 11. 16.; 이데일리 뉴스 2021.11.18.; 프레시안 2007.2.2.; 한국일보
2006.11.29.

해외 출판물

Jonathan Barnett, 「Redesigning Cities」, 2003, American Planning Association

Leonardo Benevolo, 「The Origins of Modern Town Plan」, 1967, Routledge and
Kegan Paul

Jane Jacobs, 「The Death and Life of Great American Cities」, 1961, Random House

Daniel R. Mandelker & John M. Payne, 「Planning and Control of Land
Development: Cases and Materials (5th Edition)」, 2001, Lexis

Jerold Kayden, 「Privately Owned Public Space : The New York City Experience」,
2000, The Municipal Art Society of New York

John R. Nolon & Patricia E. Salkin, 「Land Use in Nutshell」, 2006, West Group.

Kurt C. Schlichting, 「Grand Central Terminal: Railroads, Engineering, and
Architecture in New York City」, 2001, The Johns Hopkins University Press

Elliot Sclar, 「Zoning-A Guide for 21st-Century Planning」, 2020, Routledge

Vicki Been & Joel Beauvais, "The Global Fifth Amendment? NAFTA's Investment
Protections And The Misguided Quest For An International Regulatory
Takings Doctrine", 2003, 「N.Y.U. L.aw Review」 Vol.78

Sonia A. Hirt, "Rooting Out Mixed Use: Revisiting the Original Rationales", 2016,
「Land Use Policy」 50

Robert A. Johnston & Mary E. Madison, "From Landmarks to Landscapes: A
Review of Current Practices in the Transfer of Development Rights", 1997,
「Journal of the American Planning Association」 63(3)

Richard E. Klosterman, "Arguments For and Against Planning", 1985, 「Town

Planning Review」 56⑴

John R. Nolon, (2007) "Historical Overview of the American Land Use System: A Diagnostic Approach to Evaluating Governmental Land Use Control", 2007, 「Pace Environmental Law Review」 Special Edition

Pierre Reynard, "Public Order and Privilege: Eighteenth-century French Roots of Environmental Regulation", 2002, 「Technology and Culture」 43⑴

Emily Talen, "Zoning and Diversity in Historical Perspective", 2012, 「Journal of Planning History」 11⑷

Emily Talen & Luc Anselin, et. al, "Looking for Logic: The Zoning-Land Use Mismatch", 2016, 「Landscape and Urban Planning」 152

도시를 만드는 법

1판 1쇄 발행 2022년 6월 30일
1판 5쇄 발행 2024년 7월 19일

지은이   김지엽

펴낸이   유지범
책임편집   구남희
편집   현상철·신철호
외주디자인   심심거리프레스
마케팅   박정수·김지현

펴낸곳   성균관대학교 출판부
등록   1975년 5월 21일 제1975-9호
주소   03063 서울특별시 종로구 성균관로 25-2
전화   02)760-1253~4
팩스   02)760-7452
홈페이지   http://press.skku.edu

ISBN 979-11-5550-546-5 93540